EXPERIMENTS IN UNIVERSITY PHYSICS

"十二五"普通高等教育本科国家级规划教材

大学物理实验

（第二版）

主　编　牛　原

副主编　赵红敏　朱亚彬　张斌

中国教育出版传媒集团

高等教育出版社·北京

内容简介

本书是国家级精品资源共享课建设的成果，是"十二五"普通高等教育本科国家级规划教材。编者在编写时充分考虑了教育部高等学校物理学与天文学教学指导委员会编制的《理工科类大学物理实验课程教学基本要求》（2010年版）。

全书体系新颖，按照物理实验基本方法、专题实验和设计性实验阶梯式组织教学内容。全书共六章，包括测量误差、数据的表示与处理、物理实验常用仪器的使用、物理实验基本方法、专题实验和设计性实验。

本书突出实验设计思路，并介绍了一些反映新的实验技术、实验仪器和实验手段的内容。为了不扰乱实验内容的整体性和连续性，一些与实验相关的难点、扩展性内容和最新成果放入该实验后面的选读内容中；另外，为方便读者自主学习，本书还配套了一些与实验相关的视频资料，这些资源均以二维码形式在相应各章节中呈现，扫码后即可观看。

本书可作为高等学校理工科类各专业的教材和参考书。

图书在版编目（CIP）数据

大学物理实验 / 牛原主编 . －－ 2 版 . －－ 北京：高等教育出版社，2023.3
　　ISBN 978-7-04-059752-3

　　Ⅰ. ①大… 　Ⅱ. ①牛… 　Ⅲ. ①物理学－实验－高等学校－教材 　Ⅳ. ① O4-33

中国国家版本馆 CIP 数据核字（2023）第 011138 号

DAXUE WULI SHIYAN

| 策划编辑 | 缪可可 | 责任编辑 | 缪可可 | 封面设计 | 张　楠 | 版式设计 | 张　杰 |
| 责任绘图 | 李沛蓉 | 责任校对 | 刘俊艳　胡美萍 | 责任印制 | 赵　振 | | |

出版发行	高等教育出版社	网　址	http://www.hep.edu.cn
社　址	北京市西城区德外大街4号		http://www.hep.com.cn
邮政编码	100120	网上订购	http://www.hepmall.com.cn
印　刷	天津市银博印刷集团有限公司		http://www.hepmall.com
开　本	850mm×1168mm　1/16		http://www.hepmall.cn
印　张	19.75		
字　数	470千字	版　次	2023年3月第1版
购书热线	010-58581118	印　次	2023年3月第1次印刷
咨询电话	400-810-0598	定　价	68.00元

本书是北京交通大学国家级物理实验教学示范中心十余年教学改革的成果之一。随着我国大学物理实验教学的改革与创新，以及科学技术的发展，本书从"面向21世纪课程教材""九五""十一五"规划教材，发展到现在的"十二五"普通高等教育本科国家级规划教材，一路走来，我们不断总结教学和科研的经验，重新编写了该教材。

本书的编写有以下几个特点：

（1）本书按照测量误差、数据的表示与处理、物理实验常用仪器使用、物理实验基本方法、专题实验和设计性实验阶梯式地组织教学内容，突出了专题实验的设置，将内容相关的实验组合成专题实验：如用不同实验方法研究同一个物理量、同一物理现象在实验内容上循序渐进地研究等，力求使学生能够多角度、全方位地理解物理实验的本质，提高学生的综合实验能力和综合分析能力。

（2）原理叙述直接明了，突出实验设计思路，并适当减少具体实验操作步骤的描述，有助于提高学生的实验能力。将一些与实验相关的背景和扩展性内容放入实验后面的选读内容中，不仅保证了实验内容的整体性，还适当增加了相关知识。

（3）在本书内容编写上增添了较多的新实验内容，力求反映当前主流的实验理论、技术和我校科研的相关成果，例如超声波专题实验中新增超声波成像基本原理实验、超声波测量液体的浓度等，另外，新增了半导体薄膜电阻特性专题和液晶特性专题。

（4）专题实验前给出了相关专题的综合介绍、专题安排和预习要点，有助于学生预习实验时，能够对该专题的研究内容有一个大致的了解，引起学生的兴趣，并能帮助学生抓住该专题的要点。专题之后有小结和扩展，便于学生归纳梳理，深入学习。

（5）为了使学生更好地理解实验仪器和实验要点，增强学生自主学习的能力，教材中给出了部分实验仪器、相关实验指导的视频。

教学内容和课程体系的改革以及新教材的使用，应该与教学方法、教学模式的改革相配套，对此，使用本书的教师可以做多方面的尝试。我们建议分两个学期安排教学：第一学期主要以误差理论、数据处理、常用仪器使用和基本实验方法等内容来组织教学，第二学期主要进行综合性专题实验和设计性实验的教学。第 3 章设计的预备性操作练习，难度小但基础性较强，可作为与中学物理实验方面的衔接，使用者可以根据情况灵活掌握。

本书由牛原任主编，赵红敏、朱亚彬、张斌任副主编。

本书的编写出版，是北京交通大学物理实验中心相关工作人员集体智慧和劳动的结晶，编者十分感谢王玉凤、王智、梁生、滕永平、彭继迎、范玲、张丽梅、韩笑、吴迪、王亚平、陈云琳、张兴华、王保军、郑小秋、缪萍、汪家升、张进宏、胡易、赵宇琼、张永欣、谢芳、杨一君、盛新志、牛英利、吴松梅等老师提出的修改意见；感谢北京交通大学物理实验中心参与大学物理实验课程教学的同事们长期以来的支持和帮助。在修订过程中，编者参考了国内外许多大学物理和大学物理实验教材，恕不一一列出，在此谨向这些专家和作者表示由衷的谢意。

编者感谢高等教育出版社的大力支持，特别感谢缪可可和傅凯威编辑付出的辛勤劳动。

由于学识所限，本书难免存在疏漏之处，希望各位老师和同学在使用过程中提出宝贵意见。

编者

2022 年 10 月于红果园

目录

第1章　测量误差

物理实验的任务不仅仅是定性地观察物理现象，也需要对物理量进行定量的测量，并找出各物理量之间的内在联系。

由于测量原理的局限性或近似性、测量方法的不完善、测量仪器的精度限制、测量环境的不理想以及测量者实验技能的不足等诸多因素的影响，所有测量都只能达到相对的准确。随着科学技术的不断发展，人们的知识、手段、经验、技巧不断提高，测量误差被控制得越来越小，但是误差绝对不可能降为零。因此，作为一个测量结果，我们不仅应该给出被测对象的量值和单位，而且还必须对量值的可靠性（或不确定度）做出评价。

本章介绍测量与误差、误差处理、有效数字、测量结果的不确定度评定等基本知识和基本方法，这些知识不但在本课程的实验中要经常用到，而且是今后从事科学实验工作所必需了解和掌握的。

1.1　测量与误差

1.1.1　直接测量与间接测量

所谓测量就是借助一定的实验器具，通过一定的实验方法，直接或间接地把待测量与选作计量标准单位的同类物理量进行比较的全部操作。简而言之，测量是指为确定待测对象的量值而进行的一组操作。

直接测量

直接从仪器或量具上读出待测量的大小，称为直接测量。由直接测量得到的物理量称为直接测量量。

用米尺测物体的长度，用秒表测时间间隔，用天平测物体的质量等都是直接测量。

间接测量

由若干个直接测量量经过一定的运算或其他处理后获得待测量，称为间接测量。由间接测量得到的物理量称为间接测量量。

例如：先直接测出匀质球的质量 m 和直径 D，再根据公式 $\rho = \dfrac{6m}{\pi D^3}$ 计算出球的密度 ρ，这就是间接测量。

选读：等精度测量。

1.1.2 最佳估计值与偏差

真值

任何一个物理量，在一定的条件下，都具有确定的量值，这个客观存在的量值称为该物理量的真值。

绝大多数情况下真值是未知的。物理测量的目的就是要尽可能得到被测量的真值。

在物理实验中有时将一些特殊值作为约定真值或相对真值使用：如国际计量组织公布的元电荷 e、普朗克常量 h 等物理常量，标准电阻、标准砝码等误差相对较小的器件标定值等。仅在极少情况下，真值是已知的。如三角形的三个内角之和是 $180°$，真空磁导率是 $4\pi \times 10^{-7} \mathrm{N} \cdot \mathrm{A}^{-2}$ 等。

最佳值

在实际测量中，为了减小误差，常常对某一物理量 X 进行 n 次等精度测量，得到一系列测量值 x_1，x_2，...，x_n，则测量结果的算术平均值为

$$\bar{x} = \frac{x_1 + x_2 + \cdots + x_n}{n} = \frac{1}{n}\sum_{i=1}^{n} x_i \qquad (1.1\text{-}1)$$

尽量减小系统误差之后，算术平均值可作为测量的最佳估计值，简称最佳值，亦称为近真值。

误差

我们把测量值与真值之差称为测量的绝对误差（简称误差）。

设被测量的真值为 x_0，测量值为 x，则绝对误差 ε 为

$$\varepsilon = x - x_0 \qquad (1.1\text{-}2)$$

同时我们定义 $\dfrac{x - x_0}{x_0}$ 为相对误差。

由于误差不可避免，故真值是不能通过测量而准确得到的。同样，多数情况下也无法确切得知误差的值。

偏差

我们把测量值与最佳值之差称为偏差（或残差）

$$v_i = x_i - \bar{x} \qquad (1.1\text{-}3)$$

在经过多次测量之后，最佳值是可知的，所以其中任意一次测量的偏差也是可知的。我们可以用各次测量偏差的分布情况来评价测量结果的准确度。

1.1.3 误差的分类

正常测量的误差按其产生的原因和性质可以分为系统误差和随机误差两类，它们对测量结果的影响不同，对这两类误差处理的方法也不同。

1. 系统误差

在同样条件下，对同一物理量进行多次测量，其误差的大小和符号保持不变或随着测量条件的变化有规律地变化，这类误差称为系统误差。

系统误差的特征是具有确定性，它的来源主要有以下几个方面。

仪器因素：由于仪器本身的固有缺陷或没有按规定条件调整到位而引起的误差。如：仪器标尺的刻度不准确，零点没有调准，等臂天平的臂长不等，砝码磨损，测量显微镜精密螺杆存在回程差，或仪器没有放水平、偏心等。

理论或条件因素：由于测量所依据的理论本身的近似性或实验条件不能达到理论公式所规定的要求而引起的误差。如：测量质量时没有考虑空气浮力的影响，用单摆测量重力加速度时难以满足摆角 $\theta \to 0$ 的条件等。

人员因素：由于测量人员主观因素和操作技术所引起的误差。如使用停表计时，有人总是操之过急，计时比真值短；有人则反应迟缓，计时总是比真值长。又如有的人肉眼对准目标时，总爱偏左或偏右，致使读数偏大或偏小。

对于实验者来说，系统误差的规律及其产生原因，他们可能知道，也可能不知道。已被确切掌握其大小和符号的系统误差称为可定系统误差；对于大小和符号不能确切掌握的系统误差称为未定系统误差。前者一般可以通过在测量过程中采取措施予以消除，或在测量结果中进行修正。而后者一般难以进行修正，只能估计其取值范围。

2. 随机误差

在相同条件下，多次测量同一物理量时，即使已经精心排除了系统误差的影响，每次测量结果也都可能不一样，这种误差称为随机误差。

在测量次数足够多时，我们可以发现随机误差并非完全没有规律，而是服从某种统计规律。

随机误差是由测量过程中一些随机的或不确定的因素引起的。仪器的灵敏度和稳定性有限，实验环境中的温度、湿度、气流变化，电源电压起伏，微小振动以及杂散电磁场等都会导致随机误差。

除系统误差和随机误差外，还有过失误差。过失误差又称粗大误差，是实验者操作不当或粗心大意造成的。如：看错刻度、读错数字、记错单位或计算错误等。含有过失误差的测量结果称为"坏值"，被判定为坏值的测量结果应剔除不用。实验中的过失误差不属于正常测量的范畴，应该严格避免。

3. 精密度、正确度、准确度

定性评价测量结果，常用到精密度、正确度和准确度这三个概念。这三者的含义不同，使用时应加以区别。

精密度：反映随机误差大小的程度。它是对测量结果的重复性的评价。

精密度高是指测量的重复性好，各次测量值的分布密集，随机误差小。但是精密度不能确定系统误差的大小。

正确度：反映系统误差大小的程度。

正确度高是指测量数据的算术平均值偏离真值较少，测量的系统误差小。但是正确度不能确定数据分散的情况，即不能反映随机误差的大小。

准确度：反映系统误差与随机误差综合大小的程度。

准确度高是指测量结果精密度、正确度均高，即随机误差与系统误差均小。

现以测量某物体在平面上的位置为例，形象说明以上三个术语的意义。如图 1.1-1 所示，图中小黑点表示各次测量得到的位置坐标，坐标原点是位置的真值坐标。其中图（a）表示精密度高而正确度低；图（b）表示正确度高而精密度低；图（c）表示精密度、正确度均低，即准确度低；图（d）表示精密度、正确度均高，即准确度高。

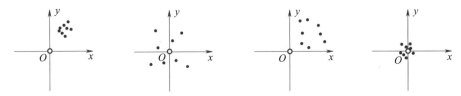

(a) 精密度高、正确度低　(b) 正确度高、精密度低　(c) 精密度、正确度均低　(d) 精密度、正确度均高

图 1.1-1　精密度、正确度与准确度

1.2　系统误差处理

1.2.1　发现系统误差的方法

系统误差一般难以发现，并且不能通过多次测量来消除。人们通过长期实践和理论研究，总结出一些发现系统误差的方法，常用的方法如下。

理论分析法：分析实验所依据的理论和实验方法是否有不完善的地方；检查理论公式所要求的条件是否得到了满足，量具和仪器是否存在缺陷，实验环境能否使仪器正常工作以及实验人员的心理和技术素质是否存在造成系统误差的因素等。

实验比对法：对同一待测量可以采用不同的实验方法，使用不同的实验仪器，以及由不同的测量人员进行测量。对比、研究测值变化的情况，可以发现系统误差的存在。

数据分析法：因为随机误差是遵从统计分布规律的，所以若测量结果不服从统计规律，则说明存在系统误差。我们可以按照测量列的先后次序，把偏差（残差）列表或作图，观察其数值变化的规律。比如前后偏差的大小是递增或递减的；偏差的数值和符号有规律地交替变化；在某些测量条件下，偏差均为正号（或负号），条件变化以后偏差又都变化为负号（或正号）等情况，都可以用于判断存在系统误差。

1.2.2 系统误差的减小与消除

知道了系统误差的来源，也就为减少甚至消除系统误差提供了依据。

首先要减少与消除产生系统误差的根源。对实验可能产生误差的因素尽可能予以处理。如：尽量采用更符合实际的理论公式，保证仪器装置良好，满足仪器规定的使用条件等。

其次，利用实验技巧，改进测量方法。对于定值系统误差的消除，可以采用如下一些技巧和方法。

交换法：根据误差产生的原因，在一次测量之后，把某些测量条件交换一下再次测量。例如：用天平称质量时，把被测物和砝码交换位置进行两次测量。设 m_1 和 m_2 分别为两次测得的质量，取物体的质量为 $m = \sqrt{m_1 m_2}$ ，这就可以消除天平不等臂而产生的系统误差。

替代法：在测量条件不变的情况下，先测得未知量，然后再用一已知标准量取代被测量，而不引起指示值的改变，于是被测量就等于这个标准量。例如：用惠斯通电桥测电阻时，先接入被测电阻，使电桥平衡，然后再用标准电阻替代被测量，使电桥仍然达到平衡，则被测电阻值等于标准电阻值。这样可以消除桥臂电阻不准确而造成的系统误差。

倒号法：改变测量中的电流方向、磁场方向等条件，取多次测量的平均值作为测量结果。例如：用霍尔元件测磁场实验中，先在一定的磁场方向和工作电流方向情况下测量霍尔电势差，然后再分别改变磁场方向、工作电流的方向及同时改变磁场方向和工作电流的方向三种情况下再次进行测量，取四种条件下测量电势差 U_H 的平均值就可以减小或消除不等位电势、温差电势等附加效应所产生的系统误差。

在采取了消除系统误差的措施后，还应对其他的已定系统误差进行分析，用修正公式或修正曲线对测量结果进行修正。例如：螺旋测微器的测量值减去零点读数就是一种修正；标准电池的电动势随温度的变化可以根据公式修正；电表校准后可以给出校准曲线等。对于无法忽略又无法消除或修正的未定系统误差，可用估计误差极限值的方法进行估算。

以上仅就系统误差的发现及消除方法作了一般性介绍。在实际问题中，系统误差的处理是一件复杂而困难的工作，它不仅涉及许多知识，还要有丰富的经验，这需要我们在长期的实践中不断积累经验。

1.3 随机误差处理

实验中随机误差不可避免，也不可能消除，但是可以根据随机误差的理论来估算其大小。为了简化问题，在下面讨论随机误差的有关问题中，我们假设系统误差已经减小到可以忽略的程度。

1.3.1 随机误差及其分布

1. 测量值的分布函数

对于任意一次测量，测量结果的随机误差是不确定的。但是当测量次数足够多，随机误差的分布却可以用误差分布函数来描述。

设对某物理量进行测量，随机误差值分布在 ε 到 $\varepsilon+\mathrm{d}\varepsilon$ 间的概率为 $\mathrm{d}P$，则可以定义误差的分布函数为

$$f(\varepsilon)=\frac{\mathrm{d}P}{\mathrm{d}\varepsilon} \tag{1.3-1}$$

分布函数是误差 ε 分布在单位间隔内的概率，又称概率密度函数。

分布函数曲线示意图如图 1.3-1（a）所示。根据上面定义，误差分布在 $\varepsilon \to \varepsilon+\mathrm{d}\varepsilon$ 之间的概率为

$$\mathrm{d}P=f(\varepsilon)\mathrm{d}\varepsilon$$

在 ε 处，以 $\mathrm{d}\varepsilon$ 为宽，$f(\varepsilon)$ 为高，作一狭长矩形如图 1.3-1（b）。此狭长矩形的面积为 $\mathrm{d}P=f(\varepsilon)\mathrm{d}\varepsilon$，数值上恰好等于误差分布在此间隔内的概率。$f(\varepsilon)$ 越大，误差在对应 ε 附近的概率也就越大。

给定任意两个误差值 ε_1、ε_2，如图 1.3-1（c）所示，随机误差分布在其间的概率为

$$P_{\varepsilon_1 \to \varepsilon_2}=\int_{\varepsilon_1}^{\varepsilon_2}f(\varepsilon)\mathrm{d}\varepsilon \tag{1.3-2}$$

它正好是图中阴影部分的面积。按照概率理论，误差 ε 出现在区间（$-\infty$，∞）范围内是必然的，即概率为 100%。所以图中曲线与横轴所包围的面积应恒等于 1，即

$$\int_{-\infty}^{\infty}f(\varepsilon)\mathrm{d}\varepsilon=1$$

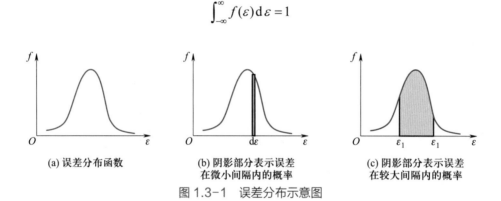

(a) 误差分布函数 　(b) 阴影部分表示误差 　(c) 阴影部分表示误差
　　　　　　　　　在微小间隔内的概率 　　在较大间隔内的概率

图 1.3-1　误差分布示意图

2. 正态分布

在物理实验中，大多数情况下随机误差都符合正态分布（或称高斯分布）。可以导出误差的正态分布函数的表达式为

$$f(\varepsilon)=\frac{1}{\sqrt{2\pi}\sigma}\mathrm{e}^{-\frac{\varepsilon^2}{2\sigma^2}} \tag{1.3-3}$$

误差的正态分布函数（1.3-3）式中唯一的待定参量就是 σ，它的物理意义是什么呢？

首先定性分析一下：从公式可以看出，当 $\varepsilon=0$ 时

$$f(0)=\frac{1}{\sqrt{2\pi}\sigma}$$

$f(0)$ 是分布函数的峰值。σ 值越小，概率密度函数的峰值越高。由于曲线与横坐标轴包围的面积恒等于 1，所以曲线峰值高，两侧下降就较快，说明测量值的离散性小，测量的精密度高。相反，如果 σ 值大，$f(0)$ 就小，误差分布的范围就较大，测量的精密度低。σ=1 或 2 两种情况的正态分布曲线如图 1.3-2 所示。

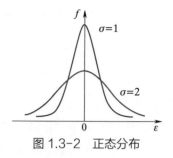

图 1.3-2　正态分布

再分析一下误差分布在 $\pm\sigma$ 区间的概率。

$$\int_{-\sigma}^{\sigma} f(\varepsilon)\mathrm{d}\varepsilon = \frac{1}{\sqrt{2\pi}\sigma}\int_{-\sigma}^{\sigma} \mathrm{e}^{-\frac{\varepsilon^2}{2\sigma^2}}\mathrm{d}\varepsilon$$

设 $\zeta = \dfrac{\varepsilon}{\sigma}$，查表计算定积分，上述积分为

$$\int_{-\sigma}^{\sigma} f(\varepsilon)\mathrm{d}\varepsilon = \frac{1}{\sqrt{2\pi}}\int_{-1}^{1} \mathrm{e}^{-\frac{\zeta^2}{2}}\mathrm{d}\zeta = 0.683$$

即任意一次测量的误差分布在 $\pm\sigma$ 区间，或者等同于测量值分布在 $x_0 \pm \sigma$ 之间的概率为 68.3%。这里同样表明 σ 值越小，测量的精密度越高。

1.3.2　标准差

1. 标准差与实验标准差

测量次数趋于无穷多时，误差平方的平均值称为方差。有概率理论计算正态分布时的方差为

$$\lim_{n\to\infty}\frac{1}{n}\sum_{i=1}^{n}(x_i - x_0)^2 = \int_{-\infty}^{\infty}\varepsilon^2 f(\varepsilon)\mathrm{d}\varepsilon = \sigma^2$$

方差的正平方根称为标准差。由上式可见正态分布的参量 σ 就是标准差，写成

$$\sigma_x = \lim_{n\to\infty}\sqrt{\frac{1}{n}\sum_{i=1}^{n}(x_i - x_0)^2} \tag{1.3-4}$$

注意上式标准差符号加了下角标 x，这是为了强调它是测量值 x 分布的标准差。

在实际测量中，测量次数 n 总是有限的，而且真值 x_0 也不可知。因此标准误差只有理论上的意义。对标准误差 σ_x 的实际处理只能是进行估算。

估算标准误差的方法很多，最常用的是贝塞尔法，它用实验标准差 S_x 近似代替标准误差 σ_x。实验标准差的表达式为

$$S_x = \sqrt{\frac{1}{n-1}\sum_{i=1}^{n}(x_i - \bar{x})^2} \tag{1.3-5}$$

显然，测量次数越多，实验标准差就越接近标准误差。本书中我们都是用（1.3-5）式来计算直接测量量的标准差。

2. 平均值的标准差

在完全相同条件下分别进行两组同样次数的测量，测量结果的算术平均值也会有所不同。这说明，

有限次数测量的算术平均值 $\bar{x}$ 也是一个随机变量，算术平均值也按照一定的统计规律分布。

由于测量次数 n 总是有限的而且真值不可知，对平均值标准误差也只能进行估算。常用平均值的实验标准差作为近似

$$S_{\bar{x}} = \frac{S_x}{\sqrt{n}} = \sqrt{\frac{1}{n(n-1)} \sum_{i=1}^{n} (x_i - \bar{x})^2} \qquad (1.3-6)$$

由此式可以看出，平均值的实验标准差比任一次测量的实验标准差小。增加测量次数，可以减少平均值的实验标准差，提高测量的准确度。但是单纯凭增加测量次数来提高准确度的作用是有限的。实验标准差 S_x 不变情况下，测量次数对 $S_{\bar{x}}$ 的影响如图 1.3-3 所示。当 $n > 10$ 以后，$S_{\bar{x}}$ 随测量次数 n 的增加而减小得很缓慢。在物理实验教学中一般测量 6～10 次就可以了。

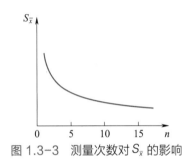

图 1.3-3　测量次数对 $S_{\bar{x}}$ 的影响

选读：置信
区间与置信
概率。

1.3.3　坏值的剔除

在一列测量值中，有时会混有偏差很大的"可疑值"。一方面，"可疑值"可能是坏值，会影响测量结果，应将其剔除不用。另一方面，当一组正确测量值的分散性较大时，尽管概率很小，出现个别偏差较大的数据也是可能的。即"可疑值"也可能是正常值，如果人为地将它们剔除，也不合理。因此要有一个合理的准则，判定"可疑值"是否为"坏值"。下面介绍常用的肖维涅（Chauvenet）准则。

肖维涅将 v_i 与 S_x 进行比较，v_i 大到一定程度被认为是坏值，予以剔除。坏值的判据可以用 $|x_i - \bar{x}| > C(n)S_x$ 表示。显然测量次数越多，出现远离 $\bar{x}$ 的测量值可能就会多一些。表 1.3-1 给出了不同测量次数对应的 $C(n)$ 值，称为肖维涅系数。测量次数越多，$C(n)$ 越大。注意，当 $n \leqslant 4$ 时准则无效，所以表中的系数 n 从 5 开始。

表 1.3-1　肖维涅系数

n	$C(n)$	n	$C(n)$
5	1.65	10	1.96
6	1.73	12	2.03
7	1.80	20	2.24
8	1.86	30	2.39
9	1.92	40	2.49

n	$C(n)$	n	$C(n)$
50	2.58	100	2.81

必须指出，按肖维涅准则判别时，若测量数据中存在两个以上测值需剔除，只能先剔除偏差最大的测值，然后重新计算平均值 $\bar{x}$ 及标准偏差 S_x，再对余下的测值进行判断，直至所有的测值均不是坏值为止。

本课程中一般可采用肖维涅准则，必要时采用格拉布斯准则判断坏值。

选读：格拉布斯准则。

1.3.4　仪器误差

1. 仪器的示值误差

测量仪器误差的来源往往很多，逐项进行深入的分析处理是很困难的，在绝大多数情况下也无必要。实际上人们最关心的是仪器提供的测量结果与真值的一致程度，即测量结果中各仪器的系统误差与随机误差的综合估计指标。

在物理实验中，常常把在正确使用仪器的条件下仪器示值与被测量真值之间可能产生的最大误差的绝对值称为仪器示值误差限，或简称示值误差。仪器示值误差提供的是误差绝对值的极限值，而不是测量的真实误差，也无法确定其符号。

仪器的示值误差通常是由制造工厂或计量部门使用更精确的仪器、量具，经过检定比较给出的，一般写在仪器的标牌上或说明书中。

不同的仪器、量具，其示值误差有不同的规定，如：

游标卡尺不分精度等级、测值范围在 300 mm 以下的其示值误差一律为游标的最小分度值。

螺旋测微器分零级和一级两类，通常实验室使用的为一级，其示值误差随测量范围的不同而不同，量程在 0～25 mm 及 25～50 mm 的一级螺旋测微器的示值误差均为 $\Delta_m = 0.004$ mm。

有的仪器直接给出的是仪器的准确度等级。各类仪器的示值误差与其准确度等级之间都存在着一定的关系。一般由仪器的量程和准确度等级可以求出仪器示值误差的大小。如电表的示值误差，可根据其量程和准确度等级计算：

$$\Delta_m = 量程 \times 准确度等级 \%$$

还有一些仪器（如电阻箱、电桥、电势差计等）的误差用基本误差表示，其值需用专用公式来计算（相应的公式将在第 3 章及具体实验中介绍）。

在我们不能知道仪器的示值误差或准确度等级的情况下，也可以取其最小分度值的一半作为示值误差。

如果测量仪器是数字式仪表，则取其末位数最小分度单位为示值误差。

2. 仪器的标准误差

在对测量结果的误差评定中，随机误差是用标准误差来估算的，相应地，也需要知道仪器的标准误差。仪器的标准误差用 $\sigma_{仪}$ 表示，它实际上是一个等价标准误差。下面要讨论的是如何确定仪器的标准误差，以及它与仪器误差 Δ_{m} 间的关系。

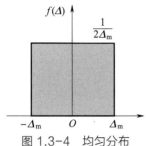

图 1.3-4　均匀分布

一般仪器误差的概率密度函数遵从如图 1.3-4 所示的均匀分布规律。在 $\pm\Delta_{m}$ 范围内，误差出现的概率相同，$\pm\Delta_{m}$ 区间以外出现的概率为零。例如，游标卡尺的仪器误差，仪器度盘或其他传动齿轮的回差所产生的误差，机械秒表在其分度值内不能分辨引起的误差，指零仪表判断平衡的误差等都符合均匀分布规律。

均匀误差的概率密度函数为

$$f(\Delta) = \frac{1}{2\Delta_{m}}$$

根据标准误差的定义，可以求出仪器的标准误差与仪器误差（限）Δ_{m} 的关系为

$$\sigma_{仪} = \frac{\Delta_{m}}{\sqrt{3}} \tag{1.3-7}$$

仪器标准误差 $\sigma_{仪}$ 的物理含义与标准误差 σ 类似。

3. 仪器的灵敏阈

仪器的灵敏阈是指足以引起仪器示值可察觉变化的待测量的最小变化值，即当待测量小于这个阈值时，仪器将没有反应。例如：数字式仪表最末一位数所代表的量就是数字式仪表的灵敏阈。对指针式仪表，由于人眼能察觉到的指针改变量一般为 0.2 分度值，于是可以把 0.2 分度值所代表的量作为指针式仪表的灵敏阈。灵敏阈越小说明仪器的灵敏度越高。一般讲，测量仪器的灵敏阈应该小于示值误差（限），而示值误差（限）应该小于最小分度值。但是也有一些仪器，特别是实验室中频繁使用的仪器，可能准确度等级降低了或灵敏阈变大了，因而使用这样的仪器前，应检查其灵敏阈。当仪器灵敏阈超过仪器示值误差限时，仪器示值误差（限）便应由仪器的灵敏阈来代替。

1.4　测量值的有效数字

1.4.1　有效数字的一般概念

为了理解有效数字的概念，我们先举一个例子。如图 1.4-1 所示，用米尺测量一个物体的长度，测量结果记为 13.4 cm、13.5 cm、13.6 cm 都可以。换不同的测量者进行测量，前两位数不会变化，我们称之为准确数字，但最后一位数字各人估计的结果可能略有不同，我们把这位数称为欠准数字或可疑数字。虽然最后这位数字欠准，但是它客观地反映出该物体比 13 cm 长，比 14 cm 短的实际情况，是有实际意义的。我们把测量结果中可靠的几位数字加上可疑的一位数字，统称为测量结果的有效数

字。有效数字的上述定义，适用于直接测量量，也适用于间接测量量。

需要指出的是，一个物理量的测量值和数学上的一个数有着不同的意义。在数学上 13.5 cm 和 13.50 cm 没有区别；但是从测量的意义上看，13.5 cm 表示十分位上的"5"是欠准数；而 13.50 cm 表示十分位上这个"5"是准确测量出来的，而百分位的"0"才是欠准的。

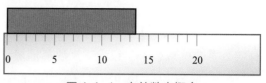

图 1.4-1　有效数字概念

因为有效数字只有最后一位是欠准的，因此大体上说有效数字的位数越多，相对误差就越小。一般来说测量结果有两位有效数字时，对应于 $10^{-2}\sim10^{-1}$ 量级的相对误差；三位有效数字时，对应于 $10^{-3}\sim10^{-2}$ 量级的相对误差。

在表示物理实验的测量结果时，为了更方便地反映有效数字的位数，应尽量采用科学记数法。即在小数点前只写一位数字，用 10 的几次幂来表示其数量级。例如：3.8×10^5 m，4.123×10^{-7} s 分别表示两个量的有效数字是 2 位和 4 位。而若将 3.8×10^5 m 记成 380 000 m 不但烦琐，而且会误导人们，使其认为有 6 位有效数字。

1.4.2　直接测量量的有效数字读取

在进行直接测量时，要用到各种各样的仪器和量具。从仪器和量具上直接读数，必须正确读取有效数字，它是进一步估算误差和数据处理的基础。

一般而言，仪器的分度值是根据仪器误差所在位来划分的。由于仪器多种多样，读数规则也是略有区别。正确读取有效数字的方法大致归纳如下：

1. 一般读数应读到最小分度以下再估读一位。但不一定估读十分之一，也可根据情况（如分度的间距、刻线及指针的粗细、分度的数值等）估读出最小分度值的 1/5、1/4 或 1/2。

2. 有时读数的估计位，就取在最小分度位。如仪器的最小分度值为 0.5，则 0.1、0.2、0.3、0.4 及 0.6、0.7、0.8、0.9 都是估计的；如仪器最小分度值为 0.2，则 0.3、0.5、0.7、0.9 都是估计的。这类情况都不必再估到下一位。

3. 游标类量具，只读到游标分度值，一般不估读，特殊情况估读到游标分度值的一半。

4. 数字式仪表及步进读数仪器（如电阻箱）无法进行估读，仪器所显示的末位，就是欠准数字。

5. 特殊情况下，直读数据的有效数字由仪器的灵敏阈决定，如：在测量灵敏电流计临界电阻时，调节电阻箱的"×10"Ω 挡，仪表上才刚刚有反应，所以尽管电阻箱的最小步进值为 0.1 Ω，测量值有效值也只能记录到 10 Ω 位，如记为 $R = 8.53\times10^3$ Ω。

6. 在读取数据时，如果测量值恰好为整数，则必须补"0"，一直补到可疑位。例如：用最小刻度为 1 mm 的钢板尺测量某物体的长度恰为 12 mm 时，应记为 12.0 mm；如果改用游标卡尺测量同一物体，读数也为整数，应记为 12.00 mm；如再改用螺旋测微器来测量，读数仍为整数，则应记为 12.000 mm；切不可一律记为 12 mm。

1.4.3 间接测量量有效数字的运算

间接测量量测量结果的有效数字，最终应由测量不确定度的所在位来决定（详见 1.5 节有关内容）。但是在计算不确定度之前，间接测量量需要经过一系列的运算过程。运算时，参加运算的量可能很多，有效数字的位数也不一致。如果数字相乘，位数会增加；如果相除而又除不尽，位数可以无止尽。为了简化运算过程，一般可以按以下规则进行运算。

（1）几个数进行加减运算时，其结果的有效数字末位和参加运算的诸数中末位数数量级最大的那一位取齐，称为"尾数取齐"。例如：278.2+12.451=290.7。

（2）几个数进行乘除运算时，其结果的有效数字的位数与参与运算诸数中有效数字位数最少的那个相同，称为"位数取齐"。例如：$5.348 \times 20.5 = 110$。

（3）一个数进行乘方、开方运算，其结果的有效数字位数与被乘方、开方数的有效数字位数相同。例如：$\sqrt{200} = 14.1$。

（4）一般来说，函数运算的有效数字，应按间接量测量误差传递公式进行计算后决定。在普通实验中，为了简便统一起见，对常用的对数函数、指数函数和三角函数按如下规则处理。

① 对数函数运算结果的有效数字中，小数点后面的位数取成与真数的位数相同；

② 指数函数运算结果的有效数字中，小数点后的位数取成与指数中小数点后的位数相同；

③ 三角函数结果中有效数字的取法，可采用试探法，即将自变量欠准位上、下波动一个单位，观察结果在哪一位上波动，结果的欠准位就取在该位上。

以上所述有效数字的运算规则，只是一个基本原则，在实际问题中，为防止多次取舍而造成误差的累积效应，常常采用在中间运算时多取一位的办法。在计算器和计算机已经相当普及的今天，中间过程多取几位有效数字不会给我们带来太多的麻烦，所以在中间运算过程中，可以适当多取几位（如多取 2～3 位）。最后表达结果时，有效数字的取位再依照不确定度的所在位来一并截取。

1.4.4 有效数字尾数的舍入法则

过去对有效数字的尾数采用"四舍五入"的规则来修约，但是这样处理"入"的机会总是大于"舍"的机会，引起最后结果偏大。为了弥补这一缺陷，目前普遍采用"小于五舍去，大于五进位，等于五上位凑偶"的规则来修约。例如：将下列数据保留三位有效数字的修约结果是：

3.542 5 → 3.54	小于五舍去	3.545 0 → 3.54	等于五上位凑偶
3.546 6 → 3.55	大于五进位	3.545 01 → 3.55	大于五进位
3.535 0 → 3.54	等于五上位凑偶	3.544 99 → 3.54	小于五舍去

1.5 测量结果的不确定度

对测量结果的表示至少应该包括测量物理量的最佳值（算术平均值）、单位、待测量值的不确定性等几大部分。

前面考虑随机误差时，测量值的分散性用实验标准差表示。在综合考虑各种误差因素后，测量值的分散性用不确定度 u 表示。

严格的不确定度理论比较复杂。考虑到本课程的性质，对不确定度评定的介绍将在保证其科学性的前提下，适当加以简化，以便初学者掌握。

1.5.1 测量不确定度的基本概念

由于误差的来源很多，测量结果的不确定度一般也包含几个分量。在修正了可定系统误差之后，把余下的全部不确定度分为 A、B 两类分量。

1. A 类不确定度分量

将多次重复测量，用统计方法求出的不确定度分量称为 A 类分量，记为 u_A。

选读：评定确定度的其他方法。

方法一：直接测量量的 A 类不确定度分量就用平均值的标准偏差表示。即

$$u_A = S_{\bar{x}} \tag{1.5-1}$$

2. B 类不确定度分量

将用其他非统计方法估算的分量称为 B 类不确定度分量，记为 u_B。在实验中尽管有多方面的因素存在，本课程中一般只考虑仪器误差这一主要因素。

我们用仪器的等价标准差 $\sigma_{仪} = \dfrac{\Delta_m}{b}$ 近似表示 B 类不确定度分量。式中 Δ_m 可以是仪器的示值误差（限）、基本误差或仪器的灵敏阈。因子 b 与仪器误差的分布规律有关。如果仪器误差服从均匀分布规律，则 $b = \sqrt{3}$；若服从正态分布，则 $b = 3$；在不能确定其分布规律的情况下，本着不确定度取偏大值的原则，也取 $b = \sqrt{3}$。

本课程中，我们一律将 b 取为 $\sqrt{3}$，即

$$u_B = \sigma_{仪} = \dfrac{\Delta_m}{\sqrt{3}} \tag{1.5-2}$$

单次测量的不确定度

在这里，我们还应该特别说明对于单次测量的不确定度处理。在实际测量中，有些量是随时间变化，无法进行重复测量；也有些量因为对它的测量精度要求不高，没有必要进行重复测量；还有些量由于仪表的精密度较差，不能反映测量值的随机误差，几次测量值都相同，这时可按单次测量来处理。

一般情况下，单次测量的不确定度我们就约定简单地取 Δ_m。

1.5.2 直接测量结果的不确定度评定

1. 标准不确定度

选读：总不确定度。

在各不确定度分量相互独立的情况下，将两类不确定度分量按"方和根"的方法合成，称为标准不确定度，简称不确定度。即：

$$u(x) = \sqrt{u_A^2 + u_B^2} \tag{1.5-3}$$

与上式所求的不确定度相对应的置信概率仍为 0.683。

2. 测量结果的不确定度表示

设砝码质量的测量结果为 95.321 g，合成标准不确定度为 $u(m) = 0.002$ g。按照国家计量技术规范，测量结果可以用下面形式报告。

（1）$m = 95.321$ g；合成标准不确定度 $u(m) = 0.002$ g。

（2）$m = 95.321(2)$ g。

（3）$m = 95.321(0.002)$ g。

（4）$m = (95.321 \pm 0.002)$ g。

特别需要注意的是，（4）中正负号之后表示的是标准不确定度，不是极限误差，也不是置信区间（因为没有指出置信概率 P）。为了避免引起歧义，国家技术规范推荐仅在高置信概率情况下使用（4）的表示方式。

对于测量结果，同时还可以用相对不确定度表示

$$E(x) = \frac{u(x)}{\bar{x}} \times 100\% \tag{1.5-4}$$

这里应特别注意以下两点。

（1）不确定度有效数字的取位：由于不确定度本身只是一个估计范围，所以其有效数字一般只取 1～2 位。在本课程中我们为了教学规范，约定对测量结果的合成不确定度（或总不确定度）只取 1 位有效数字，相对不确定度可取 2 位有效数字。

（2）测量结果有效数字的取位：对测量结果本身有效数字的取位必须使其最后一位与不确定度最后一位取齐。截取时，剩余尾数按"小于 5 舍去，大于 5 进位，等于 5 上位凑偶"的规则修约。所以 $x = (9.80 \pm 0.03)$ cm 是正确的表示，而 $x = (9.804 \pm 0.03)$ cm 或 (9.8 ± 0.03) cm 均是不正确的表示。

例如：用数字毫秒计测得某单摆周期的算术平均值为 2.183 05 s，经计算，求出合成标准不确定度为 0.003 13 s，其结果应表示成：

$$T = 2.183\,(0.003)\ \text{s}$$

它表示此单摆周期的真值落在（2.183−0.003，2.183+0.003）范围内的概率有 68.3%。这一测量列的相对不确定度为

$$E(T) = 0.14\%$$

3. 直接测量量不确定度评定的步骤

设某直接测量量为 X，其不确定度评定的步骤归纳如下：

（1）修正测量数据中的可定系统误差；

（2）计算测量列的算术平均值 $\bar{x}$ 作为测量结果的最佳值；

（3）计算测量列实验标准差 S_x；

（4）审查各测量值，如有坏值应予以剔除，剔除后再重复步骤（2）、（3）；

（5）计算平均值的实验标准差 $S_{\bar{x}}$ 作为不确定度 A 类分量 u_A；

（6）计算不确定度的 B 类分量 $u_B = \dfrac{\Delta_m}{\sqrt{3}}$；

（7）求标准不确定度 $u(x) = \sqrt{u_A^2 + u_B^2} = \sqrt{S_{\bar{x}}^2 + \left(\dfrac{\Delta_m}{\sqrt{3}}\right)}$；

（8）写出最终结果表示式：

$$\begin{cases} x = \bar{x} \pm u(x) \\ E(x) = \dfrac{u(x)}{\bar{x}} \times 100\% \end{cases}$$

例：用一级螺旋测微器对一小球直径测量八次，测量结果见表 1.5-1 第一行数据。螺旋测微器的零点读数为 0.008 mm，试处理这组数据并给出测量结果。

表 1.5-1

次数 n	1	2	3	4	5	6	7	8
D'/mm	2.125	2.131	2.121	2.127	2.124	2.126	2.123	2.129
D/mm	2.117	2.123	2.113	2.119	2.116	2.118	2.115	2.121

解：（1）修正螺旋测微器的零点误差：$D = (D' - 0.008)$ mm，填入表 1.5-1 中的第二行；

（2）直径的算术平均值 $\bar{D}$ = 2.118 mm；

注：也可以先求 $\bar{D'}$，再减掉零点读数，得 $\bar{D}$。

（3）求实验标准差

$$S_D = \sqrt{\frac{1}{8-1}\sum_{i=1}^{8}(D_i - \bar{D})^2} = 0.003\,3 \text{ mm （中间运算多取一位，以下同）}$$

（4）按肖维涅准则 $n = 8$ 时，系数 $C(n) = 1.86$，则应保留测量值范围为 $(2.118 - 1.86 \times 0.003\,3)$ mm 至 $(2.118 + 1.86 \times 0.003\,3)$ mm，即 $2.112 \sim 2.124$ mm。经检查，无坏值。

（5）计算 A 类分量（平均值的实验标准差）

$$u_A = S_{\bar{D}} = \frac{S_D}{\sqrt{8}} = 0.001\,2 \text{ mm}；$$

（6）计算 B 类分量的估算值：按照国家计量标准，一级螺旋测微器在测量范围 0～100 mm 内的仪器误差限 $\Delta_{仪} = 0.004$ mm，$u_B = \dfrac{\Delta_m}{\sqrt{3}} = 0.002\,3$ mm；

（7）合成不确定度 $u(D) = \sqrt{S_{\bar{D}}^2 + \left(\dfrac{\Delta_m}{\sqrt{3}}\right)^2} = 0.002\,6$ mm ≈ 0.003 mm；

（8）测量结果为

$$D = 2.118\,(0.002)\text{ mm}$$

$$E(D) = \frac{0.002\,5}{2.118} = 0.12\%$$

1.5.3 间接测量量的不确定度评定

设间接测量量 N 与直接测量量 $x, y, z, \cdots$ 的函数关系为

$$N = f(x, y, z, \cdots) \tag{1.5-5}$$

由于 x, y, z 具有不确定度 $u(x), u(y), u(z), \cdots$，N 也必然具有不确定度 $u(N)$，所以对间接测量量 N 的结果也需采用不确定度评定。

1. 间接测量量的最佳值

在直接测量中，我们以算术平均值 $\bar{x}, \bar{y}, \bar{z}, \cdots$ 作为最佳值。

在间接测量中，将各直接测量量的算术平均值代入函数关系式得到间接测量量的最佳值，即间接测量量的最佳值为 $\bar{N} = f(\bar{x}, \bar{y}, \bar{z}, \cdots)$。

2. 间接测量量不确定度的合成

由于直接测量量具有不确定度而导致间接测量量也具有不确定度。

当直接测量量 $x, y, z, \cdots$ 彼此独立时，间接量 N 的不确定度平方为各分量的平方和：

$$u^2(N) = \left[\frac{\partial f}{\partial x}u(x)\right]^2 + \left[\frac{\partial f}{\partial y}u(y)\right]^2 + \left[\frac{\partial f}{\partial z}u(z)\right]^2 + \cdots$$

或

$$u(N) = \sqrt{\left[\frac{\partial f}{\partial x}u(x)\right]^2 + \left[\frac{\partial f}{\partial y}u(y)\right]^2 + \left[\frac{\partial f}{\partial z}u(z)\right]^2 + \cdots} \tag{1.5-6}$$

相对不确定度

$$E(N) = \frac{u(N)}{N} \tag{1.5-7}$$

求方和根时要保证各项是独立的。如果出现多个 Δx（或 $\Delta y, \Delta z, \cdots$）项，要先合并同类项，再求平方和。

对于加减运算为主的函数，先用（1.5-6）式求不确定度 $u(N)$，再用 $\dfrac{u(N)}{N}$ 求相对不确定度比较简便。

而对以乘除运算为主的函数可以先对函数 f 取对数。注意到 $E(N) = \dfrac{u(f)}{f}$ 及 $\mathrm{d}\ln f = \dfrac{\mathrm{d}f}{f}$，有

$$E(N) = \sqrt{\left[\frac{\partial \ln f}{\partial x}u(x)\right]^2 + \left[\frac{\partial \ln f}{\partial y}u(y)\right]^2 + \left[\frac{\partial \ln f}{\partial z}u(z)\right]^2 + \cdots} \tag{1.5-8}$$

再求 f 的不确定度

$$u(N) = NE(N) \tag{1.5-9}$$

3. 间接测量结果不确定度评定的步骤

（1）按照直接测量量不确定度评定步骤求出各直接量的不确定度 $u(x), u(y), u(z), \cdots$；

（2）求间接测量量的最佳值 $\bar{N} = f(\bar{x}, \bar{y}, \bar{z}, \cdots)$；

（3）用不确定度合成公式（1.5-6）式—（1.5-9）式，分别求出 N 的不确定度 $u(N)$ 和相对不确定度 $E(N)$

（4）写出最后结果的表示式

$$
\begin{cases}
N = \overline{N} \; (u(N)) \\
E(N) = \dfrac{u(N)}{\overline{N}} \times 100\%
\end{cases}
$$

对不确定度 $u(N)$、$E(N)$ 及算术平均值 $\overline{N}$ 有效数字的取位与直接测量量的取位规则相同。

例： 已知质量为 $m = (213.04 \pm 0.05)\,\text{g}$，$P = 0.683$ 的铜圆柱体，用 $0\sim125\,\text{mm}$，分度值为 $0.02\,\text{mm}$ 的游标卡尺测量其高度 h 6 次；用一级 $0\sim25\,\text{mm}$ 螺旋测微器测量其直径 D 6 次，测量值列入表 1.5-2（设仪器零点示值均为零），求铜的密度。

表 1.5-2

次数	1	2	3	4	5	6
高度 h/mm	80.38	80.37	80.36	80.38	80.36	80.37
直径 D/mm	19.465	19.466	19.465	19.464	19.467	19.466

解： 铜的密度 $\rho = \dfrac{4m}{\pi D^2 h}$。可见 ρ 是间接测量量，由题意，质量 m 是已知量，直径 D、高度 h 是直接测量量。

（1）高度 h 的最佳值及不确定度：

$$\overline{h} = 80.37 \text{ mm}$$

$$S_h = \sqrt{\frac{1}{6-1} \sum (h_i - \overline{h})^2} = 0.008\,9 \text{ mm（按肖维涅准则检查无坏值）}$$

$$S_{\overline{h}} = \frac{S_h}{\sqrt{6}} = 0.003\,6 \text{ mm}$$

游标卡尺的示值极限误差 $\Delta_\text{m} = 0.02\,\text{mm}$。

所以 $u(h) = \sqrt{S_{\overline{h}}^2 + \left(\dfrac{\Delta_\text{m}}{\sqrt{3}}\right)^2} = 0.012 \text{ mm（中间运算，多取一位）}$

（2）直径 D 的最佳值及不确定度：

$$\overline{D} = 19.465\,5 \text{ mm}$$

$$S_D = \sqrt{\frac{1}{6-1} \sum (D_i - \overline{D})^2} = 0.001\,1 \text{ mm（按肖维涅准则检查无坏值）}$$

$$S_{\overline{D}} = \frac{S_D}{\sqrt{6}} = 0.000\,45 \text{ mm}$$

一级螺旋测微器的示值极限误差 $\Delta_\text{m} = 0.004\,\text{mm}$

所以 $u(D) = \sqrt{S_{\overline{D}}^2 + \left(\dfrac{\Delta_\text{m}}{\sqrt{3}}\right)^2} = 0.002\,4 \text{ mm}$

（3）密度的算术平均值：

$$\bar{\rho} = \frac{4\bar{m}}{\pi \overline{D}^2 \bar{h}} = 8.907 \text{ g/cm}^3$$

（4）密度的不确定度：

$$\ln\rho = \ln4 + \ln m - \ln\pi - 2\ln D - \ln h$$

$$E(\rho) = \frac{u(\rho)}{\rho} = \sqrt{\left[\frac{u(m)}{m}\right]^2 + \left[2 \times \frac{u(D)}{D}\right]^2 + \left[\frac{u(h)}{h}\right]^2}$$

$$= \sqrt{\left(\frac{0.05}{213.04}\right)^2 + \left(2 \times \frac{0.002\,4}{19.466}\right)^2 + \left(\frac{0.012}{80.37}\right)^2} = 0.037\%$$

$$u\ (\rho) = \bar{\rho} \cdot E(\rho) = 8.907 \times 0.037\% \text{ g/cm}^3 = 0.003\,3 \text{ g/cm}^3$$

（5）密度测量的最后结果为

$$\rho = 8.907\ （0.003）\text{ g/cm}^3$$
$$E\ (\rho) = 0.037\%$$

4. 微小误差准则

　　当合成不确定度来自多个分量的贡献时，常常可能只有一二项或少数几项起主要作用。对不确定度贡献小的不确定度项可以忽略不计。通常某一不确定度项小于最大不确定度项的 1/3，最小平方项小于最大平方项的 1/9，就可略去不计。这就是微小误差准则。在进行误差分析或计算不确定度时，这样处理可以使问题大大简化。

练习题

一、试判别下列几种情况产生的误差属于何种误差？

1. 由于米尺的分度不准而产生的误差。

2. 由于天平横梁不等臂而产生的误差。

3. 由于水银温度计毛细管不均匀而产生的误差。

4. 由于非不良习惯引起的读数误差。

5. 由于游标卡尺或外径螺旋测微器零点不准而产生的误差。

6. 由于电表接入被测电路所引起的误差。

7. 由于检流计零点漂移而引起的误差。

8. 由于电源电压不稳定引起电表读数不准的误差。

二、指出下列表示或说法的错误并加以修正。

1. 用最小分度为 mm 的米尺测出某物体的长度为 3 cm；

2. 用分度值为 1 mA 的表测得电流读数为 20 mA；

3. $10.22 \times 0.033\ 2 \times 0.41 = 0.139\ 114\ 64$；

4. $1\ 624 + 487.27 + 1\ 844.4 + 27.2 = 3\ 982.87$；

5. $L = 3.\ 07\ \text{cm} = 37.0\ \text{mm} = 0.000\ 037\ \text{km}$；

6. $R = 6\ 371\ \text{km} = 6\ 371\ 000\ \text{m} = 637\ 100\ 000\ \text{cm}$；

7. 把 $0.002\ 005\ 0$ 修约成三位有效数字为 0.002；

8. 把长度 L 和时间 t 的测量结果表示为

$$L = （3.823 \pm 0.3）\times 10^2\ \text{km}$$

$$t = （406.9 \pm 0.742）\ \text{s}$$

9. $（8.54 \pm 0.02）\ \text{m} = （8\ 540 \pm 20）\ \text{mm}$；

10. 用不确定度评价某电阻的测量结果，其表达式为 $R = （35.78 \pm 0.05）\ \Omega\ （\text{P}=0.683）$，表示此电阻的阻值在 $35.73\ \Omega$ 到 $35.83\ \Omega$ 之间。

三、用一级螺旋测微器（示值误差限为 0.004 mm），测量某物体的长度 8 次，测量值分别为 14.298 mm、14.256 mm、14.290 mm、14.262 mm、14.234 mm、14.263 mm、14.242 mm、14.278 mm，请把测量值列表并求：

1. 算术平均值及各测量值的残差；

2. 任一次测量值的标准偏差 S_x；

3. 平均值的标准偏差 $S_{\bar{x}}$；

4. 测量结果的不确定度；

5. 正确表达测量结果。

四、某人测量单摆周期 8 次，测量值分别为 1.572 s、1.574 s、1.573 s、1.590 s、1.596 s、1.580 s、1.576 s、1.544 s，试用肖维涅准则判断测量列中是否有坏值，并给出周期 T 的最后结果。

五、用分度值为 0.01 mm 的一级螺旋测微器测得钢球的直径为 15.561 mm、15.562 mm、15.560 mm、15.563 mm、15.564 mm、15.560 mm，螺旋测微器的零点读数为 0.011 mm，试求钢球体积的测量结果。

六、利用单摆测重力加速度 g，当摆角很小时有 $g = \dfrac{4\pi^2 L}{T^2}$，式中 L 为摆长，T 为周期，它们的测量结果用不确定度分别表示为：$L = （97.69 \pm 0.02）\ \text{cm}（P=0.683）$；$T = （1.984\ 2 + 0.000\ 2）\ \text{s}（P=0.683）$，试求重力加速度 g 的测量结果。

七、一个铅圆柱体，测得其直径 $d = （2.040 \pm 0.001）\ \text{cm}（P=0.683）$；高度 $h = （4.12 \pm 0.01）\ \text{cm}（P=0.683）$；质量 $m = （149.18 \pm 0.05）\ \text{g}（P=0.683）$，试求其密度 ρ 的测量结果。

八、根据不确定度的传递与合成关系，由直接测量量的不确定度或相对不确定度表示出下列各间接测量量的不确定度或相对不确定度。

（1）$N = x + y + z$；　　　　　（2）$f = \dfrac{uv}{u+v}$；　　　　　（3）$I_2 = I_1 \dfrac{r_2^2}{r_1^2}$；

（4）$f = \dfrac{l^2 - d^2}{4l}$；　　　　（5）$n = \dfrac{\sin i}{\sin r}$；　　　　　（6）$V = \pi r^2 h$

九、要测量电阻 R 上实际消耗的功率 P，可以有三种方法，它们分别是 $P = IU$、$P = \dfrac{U^2}{R}$，$P = I^2 R$。假若限定仪器条件只能用 0.5 级电压表、1.0 级电流表和 0.2 级电桥分别测量电压、电流和电阻，试选择测量不确定度最小的测量方案（单次测量，不计电表内阻的影响）。

第2章 数据的表示与处理

测量获得的大量实验数据首先必须清楚、准确地表示出来。同时还需要对测量所得到的数据进行必要的分析、计算或其他处理，才能够得到间接物理量的可靠测量结果，或验证、寻找经验规律。

本章结合大学物理实验教学的要求，介绍几种最基本、较常用的数据表示与处理方法。

2.1 数据的表示

2.1.1 列表法

将实验数据列成表格是记录和处理数据最基本、最常用的方法。列表可以简单而明确地表示出有关物理量之间的对应关系，便于对照检查和分析计算，同时也为作图表示奠定了基础。

列表的基本要求：

1. 表的上方应有表头，写明所列表格的名称、测量使用的仪器名称、仪器型号或量程、等级等参量。

2. 各行、列栏目设计要简单明了，便于看出有关量之间的关系和进行计算处理。

3. 各行、列栏目标题应该标明物理量的名称和单位。名称可以用符号表示，单位和数量级写在该符号的标题栏中。

4. 表格中的数据要正确反映测量结果的有效数字。

5. 必要时应写明其他有关参量，作简要的说明。

应用举例　用游标卡尺测量一个金属杯的内径 d、外径 D、深度 h 和高度 H，以便利用测量得到的数据计算出金属杯的体积 V。实验数据用列表法表示如表 2.1-1：

表 2.1-1　金属杯体积测量数据

卡尺的规格及技术指标：量程：125 mm 分度值：0.02 mm

物理量	测量次数						平均值
	1	2	3	4	5	6	
内径 d/mm	14.02	14.00	14.02	13.98	13.96	14.04	

物理量	测量次数						平均值
	1	2	3	4	5	6	
外径 D/mm	34.80	34.82	34.80	34.78	34.76	34.80	
深度 h/mm	29.98	29.96	30.00	30.02	29.98	29.96	
高度 H/mm	40.00	40.02	39.98	39.98	40.02	49.96	

2.1.2 作图法

作图法可把一系列数据之间的关系或其变化情况直观地表示出来，它是研究物理量之间的变化规律，找出对应的函数关系，求出经验公式的最常用方法之一。作图法有多次测量取平均的效果，并易于发现测量中的错误，还可以把复杂的函数关系简化。

作图的基本规则是：

1. 选用合适的坐标纸

作图一定要用坐标纸，可以根据需要选用直角坐标纸、双对数坐标纸、单对数坐标纸或极坐标纸。其中直角坐标纸使用最广泛。坐标纸的大小应根据所测数据的有效数字和对测量结果的要求来确定。如有可能，应使坐标纸的最小格对应测量值中可靠数字的最后一位。

2. 定坐标轴与坐标标度

通常以横坐标表示自变量（一般为误差较小的物理量），纵坐标表示因变量。应标出坐标轴的方向，并在坐标轴的末端标明物理量的符号和单位。

为了使图线在坐标纸上的布局合理和充分利用坐标纸，坐标轴的起点不一定从变量的"0"开始。要尽量使图线比较对称地充满整个图纸（图 2.1-1），避免使图偏于一角或一边（图 2.1-2）。

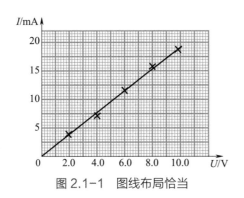

图 2.1-1 图线布局恰当

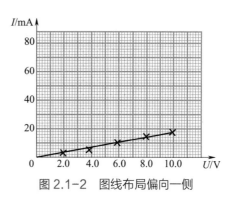

图 2.1-2 图线布局偏向一侧

在坐标轴上，按选定的比例标出若干等距离的整齐的数值标度。标度数值的位数应尽可能与实验数据的有效数字位数一致。为便于读数和描点，选定比例时，应使最小分格代表"1""2""5""10"等，而不要用"3""6""7""9"来划分标尺。

3. 标点与画线

根据测量数据，找到每个实验点在坐标纸上的位置，用削尖的铅笔以"×"标出各点的坐标位置。力求与测量数据对应的坐标准确地落在"×"的交点上。一张图上要画几条曲线时，每条曲线可用不同标记，如"+""⊙""△"等符号，以示区别。

画线一定要用直尺或曲线板等作图工具。根据不同情况，把数据点连成直线或光滑曲线。由于测量存在误差，所以图线不一定通过所有的点，而应该使测点较均匀地分布在图线的两侧。在画图线时，如果发现个别偏离图线过大的点，应重新审核，进行分析决定取舍。这样描绘出来的图线具有"取平均"的效果。

对于仪器仪表的校正曲线，连线时应将相邻的两点连成直线，整个校正曲线呈折线形式（如图 2.1-3 所示）。

4. 图注

在图纸的醒目位置写出图线的名称、测试条件、作者姓名和日期。

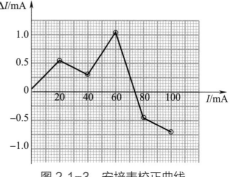

图 2.1-3　安培表校正曲线

2.2　线性回归

回归也称拟合，线性回归是直线拟合，非线性回归是曲线拟合。回归分析是处理变量之间相关关系的一种数理统计方法。它是应用数学的方法，通过对大量的观测数据进行处理，从而得出比较符合事物内部规律的数学表达式。

一元回归是处理两个变量之间的关系，即寻找两者之间关系的经验公式。假如两个变量之间的关系是线性的就称为一元线性回归，这就是经常遇到的直线拟合问题。线性关系是最简单的函数关系，在各种场合经常会遇到。本节着重介绍一元线性回归。

一般来说，若两个变量 x，y 满足线性关系，为了求出它们的函数关系式 $y = a + bx$，只要求出系数 a，b 即可。通常的做法是在一系列 x_i 的取值下，测得一系列 y_i 值，得到 n 组数据，按照一定的数据处理程序得到两个待求量 a 和 b，这个问题实际上就是一元线性方程的回归问题。a 和 b 称为回归系数。

最常用的数据处理方法有图解法和最小二乘法。

2.2.1　图解法

对于满足一元线性关系的实验结果作图，所有数据点将基本分布在一条直线附近；反之，如果图中的数据点基本成一条直线，就能用（或近似用）$y = a + bx$ 来描述自变量 x 和因变量 y 之间的函数关系。利用已作好的图线可以确定回归系数 a、b，即确定直线方程，求得待测量之间的关系。

1. 求斜率 b

在直线的两端（测量点内侧）任取两点 $A(x_1, y_1)$，$B(x_2, y_2)$，用不同于测量值坐标点的符号标出，并注明该点坐标（图 2.2-1）。为了减少误差，A、B 两点的距离应尽量选得远一些。为了便于计算，x_1 和 x_2 两数值可取为整数。将 A、B 点的坐标值代入直线方程，得到斜率：

$$b = \frac{y_2 - y_1}{x_2 - x_1} \qquad (2.2\text{-}1)$$

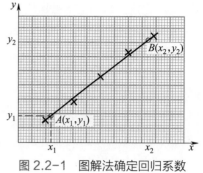

图 2.2-1　图解法确定回归系数

2. 求截距 a

如果横坐标原点是零，则直线的截距 a 为 $x = 0$ 时的 y 值，可以直接从图上读出。如果横坐标原点不是零，则由下式求得

$$a = \frac{x_2 y_1 - x_1 y_2}{x_2 - x_1} \qquad (2.2\text{-}2)$$

应用举例　一物体作匀速直线运动，在不同时刻 t，观察运动距离 s，实验数据见表 2.2-1，用作图法求物体运动的速度。

表 2.2-1　运动物体的时间、距离测量数据

物理量	测量次数							
	1	2	3	4	5	6	7	8
t/s	1.00	2.00	3.00	4.00	5.00	6.00	7.00	8.00
s/cm	16.8	22.8	29.0	34.9	40.8	46.3	52.4	58.6

解：（1）作图

在直角坐标系上建立坐标，横轴代表时间 t，在横轴右端标上 t/s。每两小格代表 1.00 s，原点标度值为 0，每隔 2 小格依次标出 1.00, 2.00, …, 8.00；纵轴代表距离 s，在纵轴上端标上 s/cm。以一小格代表 5.0 cm，原点标度值为 10.0 cm，每隔两小格依次标出 10.0, 20.0, 30.0, …, 60.0。

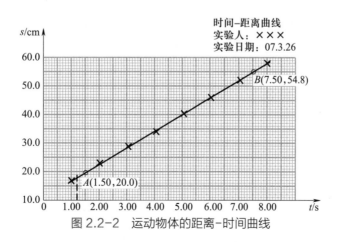

图 2.2-2　运动物体的距离-时间曲线

根据表 2.2-1 所给数据，用符号"×"描出各测量点，然后用直尺画一直线。连线时，注意 8 个测量点靠近直线且均匀地分布在直线两侧。在曲线上方空白处写上图名"距离－时间曲线"，并写明实验者姓名和实验日期，如图 2.2-2 所示。

（2）图解法求物体运动的速度

由理论公式 $s = s_0 + vt$ 可知，求速度 v 即求所作直线的斜率。为求斜率，在直线的两端（测量点内侧）任取两点 A（1.50, 20.0）、B（7.50, 54.8），用符号"○"标出，斜率：

$$b = \frac{s_2 - s_1}{t_2 - t_1} = \frac{54.8 - 20.0}{7.50 - 1.50} \text{ cm/s} = 5.80 \text{ cm/s}$$

所求物体的运动速度 $v = 5.80$ cm/s。

2.2.2 最小二乘法

用作图法处理数据虽有许多优点，但它是一种粗略的数据处理方法。不同的人，用同一组数据作图，由于在拟合直线（或曲线）时有一定的主观随意性，因而拟合出的直线（或曲线）往往是不一样的。由一组实验数据找出一条最佳的拟合直线（或曲线），更严格的方法是最小二乘法。用这种方法不仅能准确求出 a 和 b，而且能评价它们的不确定度，还能检验这两个变量之间线性关系的符合程度。限于本课程的教学要求，我们只讨论用最小二乘法进行一元线性拟合。

1. 求一元线性回归方程

假设两个物理量之间满足线性关系，其函数形式可写为 $y = a + bx$。现由实验等精度地测得一系列数据 $x_1, x_2, \cdots, x_n$；$y_1, y_2, \cdots, y_n$。为了讨论简便起见，认为 x_i 值是准确的，而所有的误差都只与 y_i 联系着。那么每一次的测量值 y_i 与按方程 $y = a + bx_i$ 计算出的 y 值之间的偏差为

$$v_i = y_i - (a + bx_i) \qquad (2.2-3)$$

根据最小二乘法原理，a、b 的取值应该使所有 y 方向偏差平方之和即 $S = \sum_{i=1}^{n} v_i^2 = \sum_{i=1}^{n} [y_i - (a + bx_i)]^2$ 为最小值。根据求 S 极值的条件，令 S 对 a 和对 b 的一阶偏导数为零，可得

$$\frac{\partial S}{\partial a} = -2\sum_{i=1}^{n}(y_i - a - bx_i) = 0$$

$$\frac{\partial S}{\partial b} = -2\sum_{i=1}^{n}x_i(y_i - a - bx_i) = 0$$

整理以后得到

$$a + \bar{x}b = \bar{y}$$

$$\bar{x}a + \overline{x^2}b = \overline{xy}$$

联立求解，可得

$$a = \bar{y} - b\bar{x} \qquad (2.2\text{-}4a)$$

$$b = \frac{\bar{x} \cdot \bar{y} - \overline{xy}}{(\bar{x})^2 - \overline{x^2}} \qquad (2.2\text{-}4b)$$

其中，$\bar{x}=\dfrac{1}{n}\sum_{i=1}^{n}x_i;\quad \bar{y}=\dfrac{1}{n}\sum_{i=1}^{n}y_i;\quad \overline{xy}=\dfrac{1}{n}\sum_{i=1}^{n}x_iy_i;\quad \overline{x^2}=\dfrac{1}{n}\sum_{i=1}^{n}x_i^2$。

由 a、b 所确定的方程 $y=a+bx$ 是由实验数据 (x_i,y_i) 所拟合出的最佳直线方程，即回归方程。

2. y_i、a、b 的误差估算

一般地说，一列测量值 y_i 的偏差 v_i 大（即数据点对直线的偏离大），那么由这列数据求出的 a、b 值的误差也大，由此确定的回归方程的可靠性就差；如果一列测量值的偏差 v_i 小，那么由这列数据求出的 a、b 值的误差也小，回归方程的可靠性就好。可以证明，在前述假定只有 y_i 有明显随机误差的条件下，a 和 b 的标准偏差可以用下列两式来计算。

截距 a 的实验标准偏差：

$$S(a)=\frac{\sqrt{\overline{x^2}}}{\sqrt{n[\overline{x^2}-(\bar{x})^2]}}S(y) \tag{2.2-5}$$

斜率 b 的实验标准偏差：

$$S(b)=\frac{1}{\sqrt{n[\overline{x^2}-(\bar{x})^2]}}S(y) \tag{2.2-6}$$

式中，$S(y)$ 为测量值 y_i 的实验标准偏差：

$$S(y)=\sqrt{\frac{1}{(n-2)}\sum_{i=1}^{n}v_i^2}=\sqrt{\frac{1}{(n-2)}\sum_{i=1}^{n}(y_i-a-bx_i)^2} \tag{2.2-7}$$

3. 相关系数

对回归方程 $y=a+bx$ 的确定，在于预先假定了两变量之间存在线性关系。如果实验是要通过 x、y 的测量数据来寻找经验公式，那么还应判断由上述一元线性拟合所找出的线性回归方程是否恰当，这可以用相关系数 γ 来判别。

$$\gamma=\frac{\overline{xy}-\bar{x}\cdot\bar{y}}{\sqrt{[\overline{x^2}-(\bar{x})^2][\overline{y^2}-(\bar{y})^2]}} \tag{2.2-8}$$

相关系数 γ 表示两个变量之间的关系与线性函数符合的程度。γ 值总是在 0 与 ±1 之间。若 $\gamma=\pm1$ 表示变量 x、y 完全线性相关，拟合直线通过全部实验点；相反，如果 $|\gamma|$ 远小于 1，而接近于零，说明 x 与 y 不相关，不能用线性函数拟合。$\gamma>0$ 时拟合直线的斜率为正，称为正相关；$\gamma<0$ 时拟合直线的斜率为负，称为负相关。

应用举例 同前例，实验数据如表 2.2-1，用最小二乘法求物体运动的速度。

解： 实验中时间 t 的测量精度比距离 s 的高。设时间 t 为自变量，距离 s 为因变量，令 $t=x$，$s=y$，二者满足线性关系：$y=a+bx$。

根据公式

$$a=\bar{y}-b\bar{x}\quad \text{和}\quad b=\frac{\bar{x}\cdot\bar{y}-\overline{xy}}{(\bar{x})^2-\overline{x^2}}$$

计算斜率为

$$b = \frac{\overline{x}\cdot\overline{y} - \overline{xy}}{(\overline{x})^2 - \overline{x^2}} = \frac{\overline{t}\cdot\overline{s} - \overline{t\cdot s}}{(\overline{t})^2 - \overline{t^2}} = \frac{4.50\times 37.7 - 200.8}{20.25 - 25.5}\,\text{cm/s} = 5.93\,\text{cm/s}$$

截距为

$$a = \overline{y} - b\overline{x} = \overline{s} - b\overline{t} = (37.7 - 5.93\times 4.50)\,\text{cm} = 11.0\,\text{cm}$$

则直线方程为

$$y = a + bt = 11.0 + 5.93\,t$$

所以

$$v = \frac{\mathrm{d}s}{\mathrm{d}t} = \frac{\mathrm{d}y}{\mathrm{d}t} = 5.93\,\text{cm/s}$$

选读：最小二乘法应用条件及基本原理。

2.2.3 曲线改直

多数物理量之间的关系不是线性的，但是在许多情况下，通过适当的变化可以使它们成为线性关系，即把曲线改为直线（或称线性化）。这样就可以采用上述两种方法对实验数据进行处理。常用的可以线性化的函数举例如下：

1. $y = ax^b$，a、b 为常数。

则 $\lg y = \lg a + b\lg x$，$\lg y$–$\lg x$ 图是直线，斜率为 b，截距为 $\lg a$。

2. $y = ae^{-bx}$，a、b 为常数。

则 $\ln y = \ln a - bx$，$\ln y$–x 图是直线，斜率为 $-b$，截距为 $\ln a$。

3. $y = ab^x$，a、b 为常数。

则 $\lg y = \lg a + x\lg b$，$\lg y - x$ 图是直线，斜率为 $\lg b$，截距为 $\lg a$。

4. $x\cdot y = c$，c 为常数。

则 $y = \dfrac{c}{x}$，$y - \dfrac{1}{x}$ 图是直线，斜率为 c。

5. $y^2 = 2px$，p 为常数。

则 y^2–x 图为直线，斜率为 $2p$。

6. $x^2 + y^2 = a^2$，a 为常数。

则 $y^2 = a^2 - x^2$，$y^2 - x^2$ 图为直线，斜率为 -1，截距为 a^2。

2.3 Excel 用于处理物理实验数据

数据处理的工作是烦琐、枯燥的，值得庆幸的是现在这些工作可以交给计算机来完成。目前，可以用来进行数据处理的软件很多，比如 Excel、Origin、MATLAB 等。Microsoft 软件公司的 Excel 软件在 Windows 平台工作，可以完成物理实验常用的数据处理、误差计算、绘图和曲线拟合等工作。

Excel 由于操作便捷，比较普及，所以应用较多。本节结合具体的例子说明该软件在数据处理中的应用。

2.3.1 Excel 用于误差计算

第 1 章中我们介绍了用螺旋测微器测量小球直径的例子，8 次测量数据分别为：2.125, 2.131, 2.121, 2.127, 2.124, 2.126, 2.123, 2.129（mm），零点读数 0.008 mm。现在用 Excel 来处理测量数据。

操作步骤如下：

1. 启动 Excel，在 A1～L1 单元格中分别输入各列的表示符号（如图 2.3-1 所示）。

2. 在 B2～I2 单元格中输入小球直径测量值。

3. 在 B3 中输入公式"=B2-0.008"，回车即可得到第一个数据修正后的结果。其他列的值也是相应列的值与 0.008 之差。采用特殊数据输入方法，即把鼠标移到 B3 右下角的黑色小方块上，直到出现一黑色十字形光标时按下左键，并向右拖动鼠标，直到所需位置 I3 时释放鼠标，各列的值就自动算出。

4. 单击 J3 单元格使其成为活动单元格，单击工具栏中的插入函数"f_x"按钮，在插入函数对话框中选择求平均"AVERAGE"函数，点击确定，在函数参数对话框中选择数据范围（B3:I3）并点击确定，即可获得 8 次测量的平均值。同样，在 K3 中输入公式"=VAR（B3:I3）"可计算方差，L3 中输入公式"=SQRT（K3）"，可计算实验标准差。表格及计算结果如下。

	A	B	C	D	E	F	G	H	I	J	K	L
1	次数	1	2	3	4	5	6	7	8	平均值	方差	实验标准差
2	D'/mm	2.125	2.131	2.121	2.127	2.124	2.126	2.123	2.129			
3	D/mm	2.117	2.123	2.113	2.119	2.116	2.118	2.115	2.121	2.11775	1.05E-05	0.00324

图 2.3-1 Excel 表格记录直径测量值及计算结果

2.3.2 Excel 用于绘制实验曲线

Excel 的图表功能为实验数据的作图、拟合直线或曲线、求拟合方程和相关系数的平方值的讨论带来很大方便。下面结合具体的例子来说明。

一小球由静止下落，在不同位置处测量得到小球下落经过的时间，根据得到的数据（表 2.3-1）求重力加速度。

表 2.3-1 不同位置小球下落时间测量结果

s/m	0.000	0.200	0.400	0.600	0.800	1.000	1.200
t/s	0.000	0.203	0.288	0.348	0.407	0.450	0.496

重力加速度满足公式：$t^2 = 2s/g$。用 Excel 作 t^2-s 图，求斜率即可得到重力加速度 g。具体操作步骤如下：

1. 启动 Excel，在 A1～A3 单元格中分别输入各列的表示符号。

2. 在 B2:H2 单元格区域输入实验数据。

3. 因为要绘制 t^2-s 图，所以要计算 t^2 值。在 B3 单元格中输入公式"=POWER（B2，2）"，回车即可算出 B2 单元格的数值的平方。把鼠标移到 B3 右下角的黑色小方块上，直到出现一黑色十字形光标时按下左键，并向右拖动鼠标，直到所需位置 H3 时释放鼠标，第 3 行的 t^2 值就自动算出（图 2.3-2）。

B3		f_x	=POWER(B2, 2)				
	A	B	C	D	E	F	G	H
1	s/m	0.000	0.200	0.400	0.600	0.800	1.000	1.200
2	t/s	0.000	0.203	0.288	0.348	0.407	0.450	0.496
3	t^2/s^2	0.000	0.041	0.083	0.121	0.166	0.203	0.246

图 2.3-2　s,t 测量结果及 t^2 的计算

4. 选定表格数据区 A1:H3（操作步骤见选读）。在"插入"下拉菜单中选中"图表"。

（1）图表类型。从中选出希望得到的图表类型，如 XY 散点图。单击"确定"按钮生成图表（图 2.3-3）。

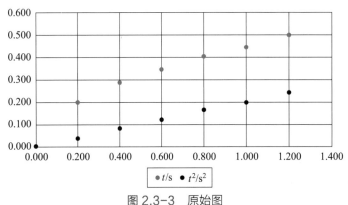

图 2.3-3　原始图

（2）如果图中不需要"t"的数据，可以单击图表中任意一个"t"的数据点，点击鼠标右键删除即可实现。

（3）单击图表，右侧出现三个图表设置按钮。图表元素按钮可以用于添加、删除或更改图表元素（例如图表标题、图例、网格线和数据标签等）。图表样式按钮可以设置图表样式和配色方案。图表筛选器按钮可以编辑图表上显示哪些数据点和名称，不需要的数据点的删除也可以在此实现。

5. 对原始图进行修饰

（1）单击原始图，右侧出现三个图表设置按钮

（2）单击图表筛选器按钮，在数值下可以看到数据系列，选中需要处理的数据，点击应用，原始图中只显示需要处理的数据点。如果想删除不需要的数据，则点击选择数据按钮，勾选不需要的数据，点击删除，则这些数据将不会在数据系列中出现。

（3）单击图表样式按钮，选择图表的样式和颜色。

（4）单击图表元素按钮，勾选坐标轴标题和图表标题。因为只涉及一组数据的处理，可以不勾选图例选项。鼠标分别单击图表标题和坐标轴标题，输入图表、X 轴和 Y 轴名称，双击即可调整字体、

字号和颜色。单击 X 轴和 Y 轴上的任意一个数据，可以对坐标轴单位、边界等参数进行设置。鼠标右键单击则可以对数据的字体、字号和颜色进行设置。

（5）双击图表，可以对图表边框进行设置。修饰后的图表见图2.3-4。

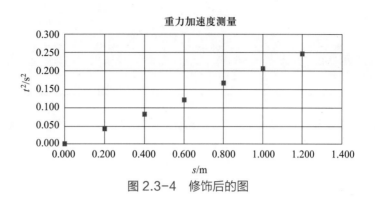

图 2.3-4　修饰后的图

6. 求趋势线方程

（1）单击图表元素按钮 ⊞，勾选趋势线，即可添加趋势线（图2.3-5）。点击趋势线中的更多选项，可以对趋势线线条参数和颜色进行设置。

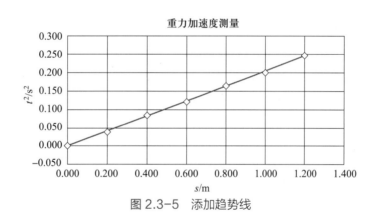

图 2.3-5　添加趋势线

（2）鼠标双击趋势线，可以设置趋势线格式，勾选显示公式，则在图表中显示趋势线公式。右键单击公式，可以更改字体大小和颜色等。用鼠标左键可以拖到合适的位置（图2.3-6）。

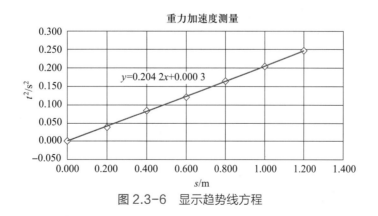

图 2.3-6　显示趋势线方程

（3）由于斜率 0.204 2 s²/m = 2/g，于是可以得到 $g = 9.79$ m/s²。

当然，Excel 的功能远不止这些。有兴趣的同学可以通过软件使用手册或软件的"帮助文件"了解其更多的功能。

选读：Excel
的基本操作。

练习题

1. 用伏安法测电阻，数值如下表所示（表 2.4-1）。用直角坐标纸作图，从图线上求出电阻值 R。

表 2.4-1

次数	1	2	3	4	5	6	7	8	9	10	11	12
I/mA	0.00	2.00	4.00	6.00	8.00	10.00	12.00	14.00	16.00	18.00	20.00	22.00
U/V	0.00	1.00	2.01	3.05	4.00	5.01	5.99	6.98	8.00	9.00	9.99	11.00

2. 用单摆测重力加速度实验中，改变摆长 L，分别测量摆动 50 个周期的时间 t_n，实验数据如下表所示（表 2.4-2）。试用图解法求重力加速度 g。

表 2.4-2

次数	1	2	3	4	5	6
L/cm	50.0	60.0	70.0	80.0	90.0	100.0
t_n/s	70.82	77.90	83.99	89.81	95.06	100.50

3. 水的表面张力在不同温度时的数值如下表所示（表 2.4-3）。设 $F = \alpha T - b$，其中 T 为热力学温度，试用最小二乘法求常数 α 和 b 及相关系数 γ。

表 2.4-3

次数	1	2	3	4	5	6	7
T/K	283	293	303	313	323	333	343
F/（10^{-3}N/m）	74.22	72.75	71.18	69.56	67.91	66.18	64.41

4. 一长度为 l 的金属丝随温度 t 的变化关系满足方程 $l = l_0(1 + \alpha t)$。式中，l_0 为 0 ℃时金属丝长度，α 为金属材料的线膨胀系数，实验数据如下表所示（表 2.4-4）。分别用（1）图解法（2）最小二乘法（3）Excel 软件求 l_0 和 α 的值。

表 2.4-4

次数	1	2	3	4	5	6	7	8
t/ ℃	20.0	30.0	40.0	50.0	60.0	70.0	80.0	90.0
l/cm	59.004	59.044	59.086	59.122	59.164	59.202	59.246	59.280

第3章 物理实验常用仪器的使用

3.1 基本物理量测量及实验室常用器具

3.1.1 长度的测量及常用器具

长度是一个基本的物理量。历史上曾经用铂铱合金米原器作为 1 m 的标准，后来改用 ^{86}Kr 原子 $2p_{10}$ 至 $5d_5$ 能级间跃迁光辐射在真空中波长的 1 650 763.73 倍作为 1 m 的标准。但是跃迁谱线也是有宽度的，按此方法定义的长度单位相对不确定度在 $\pm 4 \times 10^{-9}$ 左右。1983 年国际计量大会上重新定义真空中光在 1/299 792 458 s 内的行程为 1 m 。如此定义的长度单位不依赖于复现方法，随着科学技术的发展，米的复现准确度会不断提高。

大学物理实验中经常进行的长度测量范围在 $10^{-6} \sim 10$ m 之间。在准确度要求不高的情况下可以用米尺（钢卷尺、钢板尺等）测量长度，其分度值为 1 mm。在准确度要求稍高时可采用游标卡尺和螺旋测微器测量长度。

1. 游标卡尺

游标卡尺由主尺和可沿主尺滑动的副尺（游标）构成。主尺上的刻度以 1 mm 为分度，如图 3.1-1 所示。

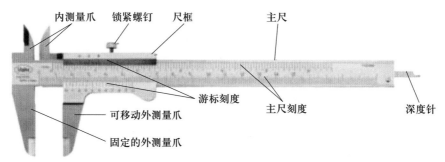

图 3.1-1 游标卡尺

如果副尺上只有一条标线而没有刻度尺时，卡尺的读数原理与普通米尺一样。这时当副尺标线正好与主尺某刻线对齐时，可直接读出测量长度，如图 3.1-2（a）所示的读数为 6 mm。当副尺标线与主尺刻线错开少许如图 3.1-2（b）所示，我们只知道其长度大于 6 mm，而不能准确读出下一位数值。

实际上游标卡尺的副尺上有一小刻度尺。若副尺的最小刻度为 0.9 mm，如图 3.1-2（c）所示，当副尺第二条线与主尺的 7 mm 对齐，表明测量长度是 7 mm-0.9 mm＝6.1 mm。同理，当副尺第三条线与主尺 8 mm 对齐，测量长度为 8 mm-0.9 mm×2＝6.2 mm，以此类推。这样就将游标卡尺的分度值降低到 0.1 mm。

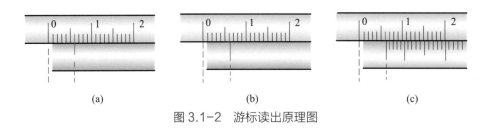

(a)　　　　　　　　(b)　　　　　　　　(c)

图 3.1-2　游标读出原理图

注意：用卡尺测量前应进行校零，即将两量爪合紧，看主、副尺零位线是否对齐。若不对齐，要记下此时读数，以便测量后进行修正。

如果副尺的最小刻度为 0.95 mm，则游标卡尺的分度值可达 0.05 mm。如果副尺最小刻度为 0.98 mm，游标卡尺分度值为 0.02 mm。

实验室常用游标卡尺的分度值有 0.02 mm 和 0.05 mm 两种。在测量长度小于 300 mm 时，游标卡尺的示值误差与分度值相同。游标卡尺的基本测量功能有三种，如图 3.1-3 所示。

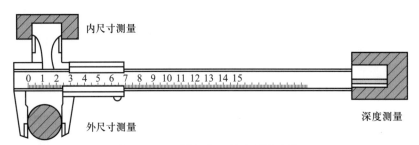

图 3.1-3　游标卡尺基本测量功能

在 3.3.1 中将进行游标卡尺的使用练习。

游标卡尺测长原理在许多力学和光学仪器上都有应用。此外主尺和游标不仅可以做成直的（如游标卡尺），用于长度测量，也可做成圆形的，用于角度测量。角度测量见 3.4.3 节"分光计的调整和使用"。

2. 螺旋测微器

螺旋测微器的精度比游标卡尺更高。其结构如图 3.1-4 所示。

螺旋测微器固定套筒上刻有以 0.5 mm 为分度的主尺。测量螺杆和外套筒（又称微分筒）一起可以旋转，同时相对固定套筒做直线移动。螺杆的螺距一般为 0.5 mm。外套筒上均布 50 个分度线。当套筒转动一周（50 个刻度线），螺杆移动一个螺距（0.5 mm）。当套筒转动一个刻度，螺杆移动

0.5/50=0.01 mm。这种螺旋测微器的分度值（准确度）就是 0.01 mm。例如，图 3.1-5（a）的读数为 7.485 mm，图 3.1-5（b）中的读数为 7.985 mm（均包括估读 1 位）。

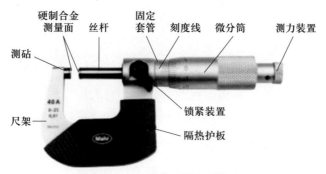

图 3.1-4　螺旋测微器结构图

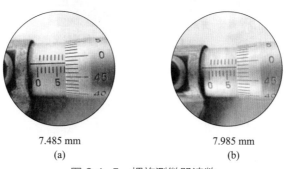

7.485 mm （a）　　　　　7.985 mm （b）

图 3.1-5　螺旋测微器读数

物理实验室常用的螺旋测微器的准确度等级有 0 级和 1 级两种。在测量长度小于 100 mm 时，0 级螺旋测微器的示值误差为 ±0.002 mm，1 级螺旋测微器的示值误差为 ±0.004 mm。

螺旋测微原理不仅用于螺旋测微器，也可用于光学测微目镜和读数显微镜等。

在 3.3.2 中将进行螺旋测微器的使用练习。

注意：

1. 使用螺旋测微器测量时也应该先校零，即转动尾部的棘轮，使固定测量头和活动测量头轻微接触，看此时读数是否为零。不为零时可用专用工具调整，使其指零。也可读下此初始值（称为零点读数），测量后用于数据修正。例如图 3.1-6（a）（b）初始读数分别为 +0.038 mm 和 −0.012 mm。

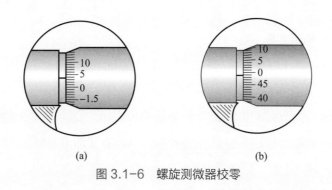

图 3.1-6　螺旋测微器校零

2. 校准或测量时不能直接拧外套筒，一定要拧棘轮来带动螺杆，听到内部摩擦片打滑引起的"咔咔"声时就要停止转动，以免两测量头间或测量件与测量头之间产生过大的压力而导致变形和损坏。

3. 测量读数时要特别注意半毫米刻度的读取。

3. 读数显微镜

读数显微镜是综合利用光学放大和螺旋测微原理测量长度的一种仪器。图 3.1-7 就是一种实验室常用的读数显微镜。它的镜筒可以通过螺旋机构左右移动（有的读数显微镜的镜筒与测量件之间可以在二维平面上相对移动或转动）。移动距离可以通过以 1 mm 为分度的主尺和螺旋盘读出。其中螺旋盘的读数原理与螺旋测微器一样，它的螺距为 1 mm，盘上有 100 个分度，每转动一个刻度镜筒移动 0.01 mm。新型读数显微镜镜筒的相对移动距离还可以更方便地用 4～5 位数字显示。

视频：读取
显微镜。

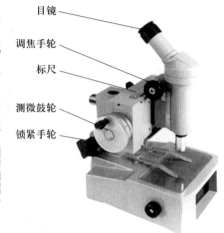

图 3.1-7　读数显微镜

读数显微镜的使用方法：

（1）调整目镜，看清十字叉丝。

（2）将待测物放在测量工作台上，转动反光镜，以得到适当亮度的视场。

（3）旋转调焦手轮，使镜筒下降到接近物体的表面，然后逐渐上升，看清待测物体的表面。

（4）转动测微鼓轮，使叉丝交点和被测物体上的一点（或一条线）对准，记下读数；继续转动鼓轮，使叉丝对准另一点，再记下读数，两次读数之差即为所测两点间的距离。

注意：测量中必须保证两次读数时叉丝像是沿同一方向移动的。如果不小心使叉丝像移动过大，超过了测量点，不能立即退回读数。这时必须退回较大距离后，再沿原方向移动到测量点进行读数，这样做是为了消除螺杆与螺母间空隙引起的"空程"误差。

读数显微镜特别适用于测量细孔内径、刻痕宽度、刻痕间距等用游标卡尺、螺旋测微器难以测量的对象。

在 3.3.3 中将进行读数显微镜的使用练习。

3.1.2　质量的测量及常用器具

国际单位制中质量单位是千克（kg），现在 1 kg 的国际标准是 2018 年国际计量大会用普朗克常量确定的。

天平是一种测量物体引力质量的仪器，其种类繁多，应用广泛。不仅在物理、化学、生物、材料等众多学科的实验中发挥重要的作用，而且作为计量工具，在工农业生产、市场经济和技术部门也发挥着巨大的作用。

物理实验室常用的质量测量器具是天平。

1. 机械天平

物理实验室常用的机械天平是物理天平，它是一种利用杠杆称量物体质量的等臂双盘天平，其结构如图 3.1-8 所示。天平的横梁上有三个刀口。中间的刀口向下，是横梁（杠杆）的支点。另两个刀口在横梁的两端，是秤盘的悬挂点。横梁下装有长指针。指针上有一个感量砣，是用来调节天平的灵敏度的。当天平两秤盘平衡时，指针垂直向下，指向分度盘的零点。天平失去平衡时指针发生偏转。指针偏转一个分度时，在总质量较轻的盘中加一定质量的砝码可使天平恢复平衡，该砝码的质量称为天平的分度值（以前也称感量）。物理天平的最小砝码一般为 1 g，为了使用方便，1 g 以下的砝码用横梁上的游码来代替。游码移动一个刻度相当增减的质量一般与天平的分度值一样。天平的底座上装有水平仪，调节底座前面的调平螺丝，使水平仪的气泡在圆圈中间，即为天平的工作位置。

图 3.1-8

天平的主要规格有准确度、最大允许称重和分度值。天平检定的标尺分度值可由仪器铭牌读出，分度值的倒数称为灵敏度。常用的 TW02 型和 TW05 型物理天平的分度值分别为 20 mg 和 50 mg。

不同准确度级别的天平配置有不同等级的砝码。各种等级的天平和砝码都有规定的允许误差，使用时可以查看相应的产品说明书。

天平的使用方法：

（1）调节水平：称量前，调节底座上的调平螺丝，使水平仪指示水平。

（2）调节零点：又称空载时调准零点，将游码移动到横梁左端零刻度线上，轻轻地升起横梁，观察指针的摆动情况，再降下横梁，调节横梁两端的平衡螺母后，再轻轻升起横梁观察，如此反复几次直至指针摆动后可以停在分度盘的零刻度线上，或指针相对零线做对称微幅摆动（一分格左右）。若上述操作仍无法调准零点，则应检查砝码盘的位置是否放错。

（3）称衡：一般将被测物体放在左盘，砝码放在右盘。最初称衡时，不必将横梁全部抬起，只要轻轻少许转动手轮待能够判断出两边砝码盘载物的轻重差异后即旋回手轮，降下横梁。

注意：在称衡过程中严禁在横梁处于非休息状态时进行取放物体、增减砝码或移动游码等操作。

（4）称衡完毕：必须立即放下横梁，并将砝码放回砝码盒中，以免丢失。实验中使用镊子移动游码和小砝码，天平与砝码应预防锈蚀，以免影响测量准确度。

在需要更高精度的场合可以使用分析天平和精密分析天平。分析天平分度值一般小于 1 mg，精密分析天平为 0.1 mg，而微量天平的分度值最高可以达到 0.001 mg。它们有等臂双盘结构的，也有不等臂单盘结构的，基本工作原理与物理天平大致相同。称量时，为了使称盘尽快停止摆动，分析天平通常装有空气阻尼装置。另外，较高精度的分析天平不采用手直接拨动的游码，而是用专门的机械装置加载 1 g 以下的砝码。在光电分析天平中［图 3.1-9（a）］，通过光学系统放大指针的偏转，可以读出最小砝码以下的读数。

在 3.3.4 中将进行物理天平的使用练习。

2. 电子天平

电子天平应用各种压力传感器将压力变化转变为电信号输出，放大后再通过 A/D 转换直接用数字显示出来［图 3.1-9（b）］。电子天平使用方便，操作简单。现在市售电子精密天平的分度值为 1 mg，电子分析天平的分度值达到 0.1 mg。

(a) 光电分析天平　　　　　　　　　　(b) 电子天平

图 3.1-9　光电分析天平和电子天平

3.1.3　时间的测量及常用器具

国际单位制中时间的单位是秒（s）。2018 年国际计量大会确定当铯频率 $\Delta\nu_{Cs}$，也就是铯 133 原子不受干扰的基态超精细跃迁频率，以单位 Hz 即 s^{-1} 表示时，取其固定数值为 9 192 631 770 来定义秒。

实验室常用的计时仪器是秒表（或称停表）。秒表有机械秒表和电子秒表两种。前者的最小计时单位为 0.1 s，后者常为 0.01 s。秒表是由人手动来操作计时的起止，这样会引起误差，该误差因人而异，可低至 0.1 s 以下。

数字毫秒计有更高的计时精度。它采用石英晶体振荡产生的频率稳定的脉冲信号作为计时标准，最小计时单元很容易达到 0.1 ms 甚至更小。数字毫秒计一般用光电信号来控制计时的起止，仪器误差很小。

几种常用计时器具如图 3.1-10 所示。我们将在 3.3.5 和 3.3.6 中了解它们的使用。

(a) 机械秒表　　　　　　　(b) 倒计时秒表　　　　　　　(c) 数字毫秒计

图 3.1-10　常用计时器具

3.1.4 电学量的测量及常用器具

1. 电流的测量与仪表

电流也是国际单位制中的一个基本物理量，其单位为安培（A）。对电流的测量是最重要的电学量测量之一。常见的电流测量仪表有直流电流表、交流电流表、检流计等。

（1）直流电流表

物理实验中常用的直流电流表是磁电系电流表，它的表头及内部结构如图 3.1-11 所示。偏转线圈放置在永久磁铁产生的磁场中，当直流电流流过线圈，它在磁场中受一力矩的作用，带动指针发生偏转。偏转后游丝弹簧产生一个与电磁力矩相反的阻力矩。当二者相等，指针稳定地偏转在某一角度。电流表指针偏转角度（格数）与流过电流表的电流大小成正比，通过表盘上的刻度可以直接读出电流大小。

(a) 直流指针表头　　　　　(b) 磁电式电流表头结构

图 3.1-11　直流表头

电流表头指针偏转格数 n 与流过的电流大小 I 之比称为电流灵敏度，记作 S_I，即 $S_I = \dfrac{n}{I}$。S_I 越大，电流表越灵敏。电流表可测电流的最大值，也就是表盘上满刻度对应的电流数值，称为电流表的量程，记作 I_m。通过表头的电流实际是经由线圈和游丝流过的，线圈和游丝的电阻就是表头的内阻，记做 R_g。

电流表的线圈和游丝只能流过较小的电流。在表头并联一个小阻值（与 R_g 相比）的分流电阻，使大部分电流从分流电阻流过，小部分电流由线圈流过，这样就扩大了电流表的量程。许多大量程表头就是在小量程表头上并联了分流电阻而改装成的。

将电流表头装在外壳内，并连上接线柱，就组成电流表。有些电流表上还有多个接线柱，分别对应不同的量程，如图 3.1-12 所示。

电流表的量程最小的只有 10 μA，最大的有几个安培或更大。

图 3.1-12　电流表

国家标准（GB/T 7676.2—2017）规定，各种电表分为 11 个准确度等级，分别为 0.05、0.1、0.2、0.3、0.5、1.0、1.5、2.0、2.5、3.0、5.0 级。设电表等级为 a，则示值误差为 $\Delta_m =$ 量程 $\times a\%$。例如量程为 100 mA 的 0.5 级电流表，示值误差为 $\Delta_m = 100\ \text{mA} \times 0.5\% = 0.5\ \text{mA}$。物理实验中常用电流表等级为 0.5～1.5 级。

在电流表的表盘上用数字或符号标有该表的准确度等级、仪表的类型、使用条件及其他参量，常用标识符号的意义列在表3.1-1中，仪表准确度等级的规定和各种符号的意义不仅适用于电流表，也适用于其他电表。

表 3.1-1　电流表表盘上常用标识符号及其意义

符号	意义	符号	意义
∩	磁电式	≃	交直流两用
≸	电磁式	⊥	垂直使用
 ⊕	电动式	⊓	水平使用
—	直流电表	∠	倾斜使用
~	交流电表	0.5	准确度等级 0.5

电流表的使用：

① 测量前应先微调调零螺丝使电表指针指零。

② 直流电流表是有极性的。测量时应使电流由正极（+）流入，由负极（-）流出。

③ 测量时要选择适当的量程，最好使指针在 1/2 量程以上。

④ 高精度电流表表盘上有反射镜。读数时应正对表盘，使指针与镜中像重合。在 3.3.9 节实验中将对直流电流表的使用进行学习。

⑤ 电流表不能与电源直接连接，否则会烧坏电表。

注意：量程越小，示值误差越小，用大量程测量小电流将增大误差。

（2）交流电流表

电磁系电表的线圈中有定、动两个铁片。线圈中通过电流时，无论是直流电还是交流电，都会使两个铁片同时同方向磁化，两者之间产生斥力，使指针偏转。电动系电表中有定、动两个线圈。两个线圈同时通过电流，产生斥力，带动线圈偏转。这两种电流表都是交流、直流两用的。电磁系、电动系电表也有共同的缺点，表盘的起始部分精度低，而且容易受到外磁场的干扰。

磁电系仪表加上整流装置后也可以用来测量交流电。

（3）检流计

检流计也是一种磁电系仪表，但是它的灵敏度比一般电流表高得多，专门用来测量 $10^{-9} \sim 10^{-6}$A 的小电流。

AC-15 直流检流计具有便携型磁电式结构，是实验室常用的检流计。它的外形及光标读数原理如图 3.1-13 所示。它以反射光的光标替代了机械指针。当反射镜转动角度 α 时，光标转动 2α。另一方面，光标指针可以做得很长，又进一步提高了灵敏度。

由于检流计极其灵敏，一般通过的电流不能超过 1 μA，否则会损坏检流计。在实际测量电路中要经过分流，才能加到检流计上。

另外，还有冲击电流计，有关原理和使用将在 4.4.2 节中对它进行详细的介绍。

(a) 检流计外形   (b) 读数装置

图 3.1-13   AC-15 直流检流计

2. 电压测量与仪表

电压也是重要的物理量。用各种电压表测电压时都不需要改变原来的电路，只要把电压表的两个接线端与待测点相连就可以了。所以测电压比测电流要方便得多。另外，包括电流在内的许多其他电磁参量都可以通过测量电压间接实现。

实验室常用电压测量仪表有直（交）流电压表、数字电压表、毫伏表、电势差计等。

（1）电压表

一个电流表串联一个阻值较大的电阻就构成电压表，如图 3.1-14 所示。a、b 间的电压与流过表头的电流成正比，所以在表头上刻上刻度后就能直接读出电压值。

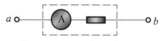

图 3.1-14   电压表原理

电压表的主要参量有电压灵敏度、内阻、量程、准确度等，其中量程 V_m 和准确度等级 α 的含义与电流表相似。电压灵敏度定义为 $S_V = \dfrac{n}{V}$。

用电压表进行测量时，将有一部分电流流过电压表，改变了原来回路中的电流和电压分布。电压表的内阻越大，对原回路的影响就越小。所以电压表内阻越大越好。电压表的使用见 3.3.9。

用电压表直接测量毫伏以下电压是困难的。例如，用灵敏度较高的量程为 50 μA 的电流表接成 50 mV 电压表，电压表总内阻为 $\dfrac{50\ \text{mV}}{50\ \mu\text{A}} = 1\,000\ \Omega$，而 1 kΩ 的内阻对电压表来说确实太小了。

（2）数字电压表

数字电压表是一种有源电压表。直流电压经过 A/D 模数转换电路变成数字量，再经过译码电路将数字信号显示在数码管或液晶显示屏上。

常用数字电压表表头有 $3\dfrac{1}{2}$ 位，$4\dfrac{1}{2}$ 位，$5\dfrac{1}{2}$ 位，…。$3\dfrac{1}{2}$ 位表头如图 3.1-15 所示。其中右边三位可显示 0~9 共 10 个不同的数字。左边第一位只能显示 0 或 1，就是所谓的"1/2"位。当 $3\dfrac{1}{2}$ 位数字表量

程为 1.999 V 时，其最小分度为 0.001 V。如果上述表头输入端加上一个放大倍数为 10 倍的电压放大电路。分度值就变成 0.1 mV，表的量程变成 0.199 9 V。普通物理实验室常用的数字表是 $3\frac{1}{2}$ 位或 $4\frac{1}{2}$ 位的，在需要精密测量的场合，可以使用 $7\frac{1}{2}$ 位数字电压表，其分度值可以达到 0.1 μV。

图 3.1-15 $3\frac{1}{2}$ 位数字电压表及其表头

由于集成电路的应用，电子放大电路的输入阻抗可以很大，在 10^6 Ω 以上，一般情况下，数字电压表的内阻可以视为无穷大。

（3）毫伏表

图 3.1-16   毫伏表

毫伏表也是一种有源仪表，如图 3.1-16 所示。它主要用来测量交流电压（也有交流、直流两用毫伏表）。与数字电压表相近，毫伏表的输入阻抗大，可以测量较低的电压。毫伏表一般分有多挡，量程从 30 μV 到 30 V 不等。

若将指针式表头换成数字表头，就构成了数字式毫伏表，使用起来更加方便。

（4）电势差计

用一个普通电压表去测电池的电动势 E_X 是得不到准确值的，这是由于电池内阻 R_r 的存在，测得的结果为路端电压 U：

$$U = E_X - IR_r \qquad\qquad (3.1\text{-}1)$$

要得到准确的电动势，须设法使输出电流为零。在图 3.1-17 的电路里，工作电源与电阻 R_N 组成一回路，电阻上的电压 V_N 与待测干电池极性相对而接。若调整 R_N，使通过电流计 G 的电流为零，即有

$$E_X = V_N = I_0R_N \qquad (3.1\text{-}2)$$

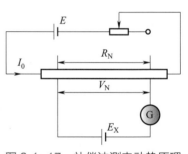

图 3.1-17   补偿法测电动势原理

这种测量电动势的方法称为补偿法。电势差计就是使用这一原理测量微小电压（电势差）的。

为了进一步提高测量准确度，实际的电势差计除采用补偿法外，

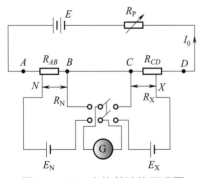

图 3.1-18   电势差计的原理图

还要采用比较法去获得测量结果，其原理如图 3.1-18 所示。先用 R_N 上的电压去补偿标准电动势 E_N，再用 R_X 上的电压去补偿待测电动势 E_X。由于电源 E 与回路总电阻（$R_P + R_{AB} + R_{CD}$）不变，且 $I_g = 0$，无分路电流，因而两次补偿时的工作电流 I_0 相同，于是可得到

$$E_X = \frac{R_X}{R_N}E_N \qquad (3.1\text{-}3)$$

E_X 与 R_X 成正比，这意味着可将 R_X 之值直接标定为被测电压

之值。

电势差计具有多种规格与型号，不同型号的电势差计其测量准确度和测量范围有所不同，但调节原理与操作方法却大致相同，下面以 UJ25 型电势差计为例，简单介绍其功能与使用方法。

UJ25 型是一种高电势电势差计，测量上限为 1.911 110 V，准确度为 0.01 级，工作电流 $I_0 = 0.1$ mA。图 3.1-19 是它的面板，上方 12 个接线柱的功能在面板上已标明。标准电池的电动势是随温度变化的。图中的 R_{AB} 为温度补偿电阻，由两个步进电阻组成，标有不同温度的标准电池电动势之值，在调节工作电流时做标准电池电动势修正之用。R_P（标有粗、中、细、微的四个旋钮）做调节工作电流 I_0 之用。R_{CD} 是标有电压值（即 $I_0 R_X$ 之值）的六个大旋钮，用以测出未知电压的值。左下角的功能转换开关，当其处于"断"时，电势差计不工作；处于"N"时，接入标准电池可进行工作电流的检查和调整；处于"X_1"或"X_2"时，分别测第一路或第二路未知电压。标有"粗""细""短路"的三个按钮是检流计的控制开关，通常处于断开状态，按下"粗"，检流计接入电路，但串联一大电阻 R'，用以在远离补偿的情况下保护检流计；按下"细"，检流计直接接入电路，使电势差计处于高灵敏度的工作状态；"短路"是阻尼开关，按下后检流计线圈被短路，摆动不止的线圈因受很大电磁阻尼而迅速停止。调节工作电流或测量时，都应该先用"粗"钮调节，初步平衡后再用"细"钮调节达到最后平衡。

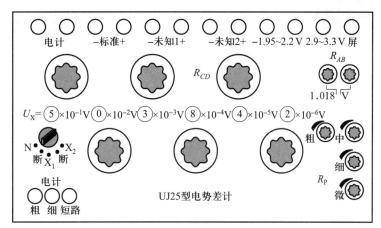

图 3.1-19　UJ25 型电势差计面板

使用前先接入标准电池和检流计，并做好标准电动势的修正。然后通过调整 R_P 使检流计指零，即调整工作电流。最后进行测量：将功能开关扳向"X_1"或"X_2"，接入待测电动势，调整 R_{CD} 使检流计指零，通过 R_{CD} 指示值读出测量结果。

电势差计的主要误差来源是仪器误差限 $\Delta_{仪}$ 及仪器灵敏度引起的误差 $\Delta_{灵}$（当检流计等外部附件配套使用时通常可略去）：

$\Delta_{仪} = a\% \left(U_X + \dfrac{U_N}{10} \right)$，其中 a 为准确度等级，U_X 为测量示值，U_N 为有效量程的基准值，其大小为该有效量程内 10 的最高整数幂，对于 UJ25 型电势差计 $U_N = 1$。

$\Delta_{灵} = \dfrac{0.2}{S}$，其中 $S = \dfrac{\Delta n}{\Delta U_X}$ 为电势差计灵敏度；0.2 是光点式灵敏检流计分度格的 1/5，当光点中标

线移动 1/5 格时，人眼即可察觉。

电势差计的测量精度高，不仅可用来检定标准直流电压发生器等，还常作为标准对数字电压表进行检定。但是它需要配合检流计、标准电池等才能使用，操作也不很方便，在许多场合有被高精度数字电压表逐渐取代的趋势。

各种电势差计的具体操作方法可以阅读仪器使用说明书。电势差计的使用见 3.3.8。

3. 万用表

万用表是实验室电学测量的常用仪表。它集直流电压表、交流电压表、直流电流表、交流电流表、欧姆表等功能于一身，通过旋钮或按键进行功能转换，使用非常方便。有的万用表还有频率测量、电感测量、电容测量等功能。万用表使用见 3.3.9。

万用表有指针式和数字式两种，如图 3.1-20 所示。数字式万用表又有便携式与台式之分。便携式万用表一般为 $3\frac{1}{2}$ 位和 $4\frac{1}{2}$ 位，台式万用表一般为 $5\frac{1}{2}$ 位至 $7\frac{1}{2}$ 位。

视频：GDM-8245 万用表介绍。

(a) 指针式万用表　　(b) 便携式数字万用表　　(c) 台式数字万用表

图 3.1-20　万用表

视频：GDM-8245 万用表使用。

指针式万用表的测量准确度较低，但是指针摆动能比较直观地反映了电流等电信号变化的瞬态过程。在电压挡数字表的内阻很大，对被测量信号的干扰影响小。在电阻挡数字表的工作电流小，指针表的工作电流大，适用于不同测量对象。

4. 示波器

示波器不仅可以用来测量交、直流电压，还可以把各种交流电压波形显示出来。工作频率带宽是示波器的一项重要指标。简单的中学生示波器的带宽只有 5 MHz，而广播、电信及一些科学研究领域需要使用带宽为 2 GHz 甚至更高的示波器。按可以接收的信号路数，示波器可以分为单通道、双通道、三通道、四通道等。按显示屏上可以同时显示的波形条数，示波器又可以分为单踪、双踪、八踪等。

随着电子技术和科研、生产的发展，各种新型高性能、多用途的示波器也不断推出。CRT 读出示波器可以通过活动光标在显示屏上直接读出信号电压幅值和时间间隔，长余辉示波器可以显示长达数十秒至数百秒的慢扫描信号。存储示波器可以将瞬时信号存储下来。示波器家族的后起之秀——数字存储示波器更显示了强大的生命力，它除了可以显示、存储从超低频到高频的各种周期信号、脉冲信号外，还可以方便地与计算机连接，进行数据处理、远程传输、打印输出等。

示波器的具体工作原理和使用见 3.4.2 节。

5. 直流电源

（1）直流稳压电源

直流稳压电源是实验室中常用的供电装置，它将电网的 220 V 交流电经变压、整流、滤波及稳压后以直流电压形式输出。

直流晶体管稳压电源有单路输出、双路输出及更多路输出几种。多路电源可以输出几路独立的电压，也可以将两路或多路输出串、并联使用。

稳压电源输出的多路电压和电流可以用一个电压表和一个电流表来监视。通过监视选择开关选择监视哪一路，或选择监视电压还是监视电流。一般监视表的精度较低（如 1.5 级），实验中要精确知道电压或电流值时，还应该使用高精度电压表和电流表来测量。

直流稳压电源面板上一般有电源开关、输出电压调节旋钮（有的分为粗调和细调）、仪表监视选择开关和输出端子（正极、负极和接地端）等。典型晶体管直流稳压电源如图 3.1-21（a）所示。

直流稳压电源主要参量有输出电压范围、最大输出电流、电压稳定度、负载稳定度等。

有的直流稳压电源设有短路保护装置。当输出电流过大或短路时自动切断电源，外电路正常后才可以恢复工作。尽管如此，我们还是应该养成良好的工作习惯，实验前仔细检查电路，避免电流过大和短路情况的发生。

（2）直流稳流电源

直流稳流电源可以输出连续可调的恒定电流。稳流电源也装有电压表和电流表监视输出。

新型的稳压稳流电源同时具有稳压和稳流功能，其外形如图 3.1-21（b）所示。

视频：稳压电源。

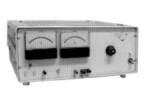 

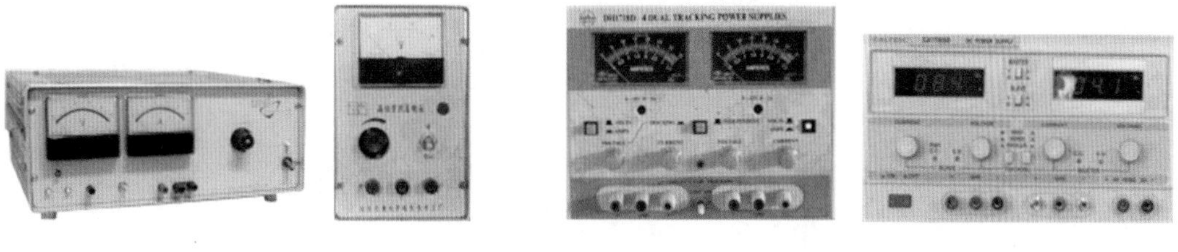

(a) 稳压电源   (b) 稳压稳流电源

图 3.1-21　直流电源

6. 信号发生器

在电学实验中，提供各种标准交流测试信号的信号源称信号发生器。有的信号发生器带有功率输出，则不仅可以用作信号源，也可以作为小功率电源使用。

信号发生器最重要的参量之一是信号频率范围。低频信号发生器产生的信号频率一般可以在 1 Hz～1 MHz 连续调节。简单的信号发生器只能产生正弦波信号，而函数信号发生器能产生正弦波、方波、三角波、锯齿波及脉冲信号。

信号发生器输出电压的最大幅度，即电压最大值与电压最小值之差，称为电压峰－峰值，用 V_{p-p} 表示，其值一般在 5～30 V。输出电压可以连续调节。如果需要的输出幅度较小，则必须对信号进行衰

减。衰减幅度用分贝（dB）数表示。设衰减倍数为 K，则

$$1 \text{ dB} = 20 \text{ lg} K \tag{3.1-4}$$

例如衰减 1 000 倍，就是 60 dB；衰减 100 倍，就是 40 dB，衰减 10 倍，就是 20 dB。

信号发生器的输出频率可以用旋钮调节，输出频率可以从旋钮刻度盘读出。现在多数信号发生器附有频率计，可对信号进行测量和数字显示。

下面以 DG1022U 函数／任意波形发生器为例进行介绍。该发生器可以输出频率为 100 mHz～200 MHz 的正弦波、三角波、方波等 5 种基本波形信号，支持即插即用 USB 存储设备，并可通过 USB 存储设备存储、读取波形配置参量及用户自定义任意波形，升级软件。面板示意图如图 3.1-22 所示。使用时选择适当的频率范围，然后用调节钮可以连续调节输出信号的频率。信号频率以六位有效数字进行显示。电压输出端的电压最大为 20 $V_{\text{p-p}}$，信号发生器的基本使用见 3.4.2。

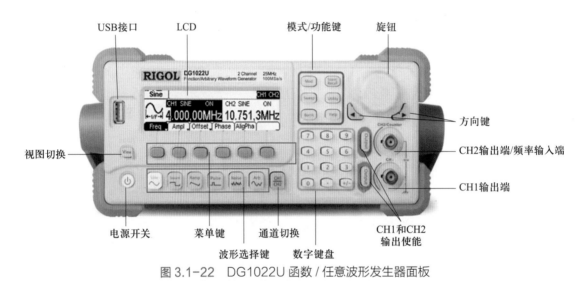

图 3.1-22　DG1022U 函数／任意波形发生器面板

7. 电阻箱

电阻箱是由锰铜合金线绕制的低温度系数、高精度电阻相串联，装在盒子内而制成的。电阻箱上一般有 6 个（或 4 个）旋钮，可以用它们步进调节电阻值。

电阻箱的最小步进值有 0.1 Ω 和 0.01 Ω 两种，功率为 0.1～0.5 W 不等。电阻箱各挡的准确度等级不同。以 ZX21 型电阻箱为例，×0.1 挡、×1 挡和 ×10 挡的准确度等级分别为 5、0.5 和 0.2；×100 挡、×1 000 挡和 ×10 000 挡的准确度等级均为 0.1。按国标 JB/T 8225-1999 规定，电阻箱基本误差限为各挡误差限之和。如各挡示值为 $R_i (i = 1, 2, 3, 4, 5, 6)$，则基本误差限为 $\pm \sum R_i \cdot a_i \%$。

典型的电阻箱如 ZX21 型，内部结构示意图及外形如图 3.1-23 所示。由图可以看出，需要阻值≤0.9 Ω 时，应接在 0.9 Ω 接线端；需要阻值在 0.91 Ω～9.9 Ω 时，应接在 9.9 Ω 端；需要阻值≥10 Ω 时，接在 99 999.9 Ω 接线端（这样可以减小仪器误差）。也有的电阻箱只有两个接线端。

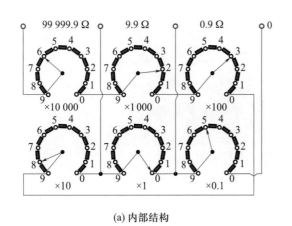

(a) 内部结构   (b) 外形图

图 3.1-23　电阻箱

8. 滑动变阻器

滑动变阻器是将电阻丝均匀绕在绝缘瓷管上制成的。它有两个固定接线端，另一个接线端与滑动触头相连。通过滑动触头的移动，它与两个固定端之间的电阻发生变化。双管滑动变阻器有四个固定接线端和一个滑动接线端，可以只使用一个绕线管，也可以双管并联或串联使用。滑动变阻器的电路原理图及外形如图 3.1-24 所示。

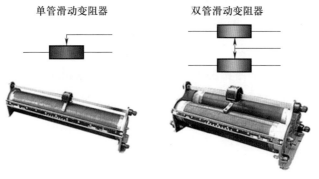

图 3.1-24　滑动变阻器

视频：电阻箱和
滑动变阻器。

滑动变阻器的主要参量是电阻值和额定电流。电阻值就是两固定端之间的电阻值，它是固定不变的。

滑动变阻器在电路中的主要作用是限流和分压，具体使用见 3.4.1 节。

9. 开关

控制电路通断的装置都可称作开关，在电路图中一般用符号 S 表示。开关的活动部分称作"刀"，所要连通的路数称作"掷"。可以根据"刀"和"掷"的数目命名开关，如"单刀单掷""双刀单掷""双刀双掷"等。

双刀双掷开关经特殊连接就构成了物理实验中常用的"倒向开关"。（见图 3.1-25）当双刀掷向右，"1"与"a"相连，"2"与"b"相连；当双刀掷向左，"1"与"b"相连，"2"与"a"相连，实现了倒向。

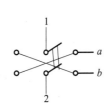

图 3.1-25　倒向开关

3.1.5　温度的测量及器具

国际单位制的温度采用热力学温标确定,并定义水的三相点温度的 1/273.16 为 1 开尔文(1 K)。我们日常生活中常用的摄氏温标 t(单位为 ℃)定义为

$$t/℃ = T/K - 273.15 \qquad\qquad (3.1-5)$$

其中 T 是热力学温度。

实际上热力学温度的测量十分困难,温度计的制造和校正也不可能都采用热力学温标来进行。为此需要一种尽量与热力学温度一致且使用方便的"实用温标"。目前国际上采用的是 1990 国际温标(ITS—90 标准),它定义了包括水的三相点、汞的三相点、锡的凝固点在内的 17 个固定定义点,并且规定了不同温度区间温度测量方法。例如它规定在 −259.35～961.78 ℃区间可以用 Pt 电阻值来定义温度。物理实验中使用的温度计大部分是用 ITS—90 标准标定的。

物理实验室中常用的测温器具有水银温度计、酒精温度计和热电偶等。

水银温度计的测温范围为 −35～350 ℃。作为计量标准的水银温度计的分度值可至 0.05 ℃,实验室常用水银温度计的分度值一般为 0.2 ℃或 0.5 ℃。水银温度计结构简单,读数方便。但是由于肉眼读数的人为因素及玻璃膨胀变形等温度计结构、材料的问题,它的误差也比较大。另外温度读数较难转换成电信号,不便于自动测量和计算机数据处理。3.3.10 中将用到水银温度计。

其他温度测量方法见 4.5 节温度测量及其应用。

3.1.6　光源

1. 白炽灯

白炽灯是通过加热钨丝而发射连续辐射的光源。它的发光频率一般分布在近红外及整个可见光范围,也包括部分紫外线。白炽灯基本上可以看作点光源(与灯丝的大小及形状有关)。放在凸透镜焦点上的白炽灯通过透镜后成为近似的平行光。

如果在白炽灯泡内加入微量的碘或溴,就制成碘钨灯或溴钨灯(统称金属卤素灯)。灯泡内加热灯丝蒸发的钨可以与碘、溴等卤族元素反应生成卤钨化合物。在灯丝周围,化合物又受热分解,钨重新沉淀回灯丝,形成卤钨循环,起到保护灯丝的作用。金属卤素灯可以增加工作电流、提高发光效率并能延长使用寿命。金属卤素灯一般在 12～24 V 电压下工作,功率为 100～300 W。

2. 钠灯

钠光灯是一种气体放电灯，如图 3.1-26 所示。在放电管内充有金属钠和氩气。与家用日光灯类似，点燃灯管需要外接镇流器，而启辉器是装在灯管内的。

在开启电源的瞬间，由于启辉器的作用，产生高压使氩气放电，发出粉红色的光。氩气放电后金属钠被蒸发成钠蒸气，蒸气放电发出黄色光。随着钠不断蒸发，黄光越来越强，几分钟后形成稳定的黄光，又称"钠黄光"。钠光在可见光范围内有两条谱线，波长分别为 589.59 nm 和 589.00 nm。这两条谱线很接近，所以可以把它视为单色光源，并取其平均值 589.30 nm 为钠光灯波长。

图 3.1-26　钠灯

注意：在钠光灯工作过程中不要轻易将其熄灭，频繁开关不仅耗费时间，还会极大影响使用寿命。

常用 GP20 Na 型钠光灯，其功率为 20 W，工作电压 220 V，管端工作电压 20 V。

3. 汞灯

汞灯（又称水银灯，如图 3.1-27 所示）也是一种气体放电光源。汞灯灯管中充有汞蒸气，按工作时汞蒸气压大小又分为低压汞灯、高压汞灯和超高压汞灯。

低压汞灯的结构、工作原理及使用注意事项与钠光灯相近。低压汞灯发光的能量主要集中在紫外波段 253.7 nm 的谱线上，发光颜色为青紫色，在可见光波段主要有 6 条谱线，波长分别为 404.7 nm，435.8 nm，491.6 nm，546.0 nm，577.0 nm 和 579.7 nm。

图 3.1-27　汞灯

高压汞灯工作时汞蒸汽压在几个大气压以上，工作电流也比较大。它在可见光部分的辐射能量增加，其主要谱线有 435.8 nm，546.1 nm，577.0 nm，579.7 nm 等，是光学实验和光谱分析的理想光源。

4. 氢灯

氢灯是一种高压气体放电光源。其结构是在两个大的玻璃管中间用一根毛细玻璃管连接，内充氢气。氢灯工作时需要霓虹灯变压器提供 8 kV 的高压电，所以使用时要注意安全。氢灯发出粉红色的光，其谱线波长主要有 656.28 nm 和 486.13 nm。

5. He-Ne 激光器

He-Ne 激光器是物理实验室中最常见的激光器，它具有单色性好、方向性强、相干性好等特点。激光器内充有 He 气和 Ne 气的混合气体，激发后经谐振腔的作用，只让 Ne 原子的波长为 632.8 nm 的光得到放大并射出，得到红色激光。He-Ne 激光器需要专用电源供电，电极上加有高达数千伏的直流电压。实验室常用的小型 He-Ne 激光器，如图 3.1-28 所示，其输出功率为 1 mW，尽管这个功率远低于钠光灯等光源，但是激光束很细，只有 1~2 mm²，单位面积光通量为 0.1 W/mm²，达到了太阳光直射的能量通量。

图 3.1-28　He-Ne 激光器

6. 半导体光源

随着半导体技术的进步，半导体激光器发展迅速，目前品种已超过 300 多种。由于体积小、重量轻、运转可靠、耗电少、效率高等众多优点，半导体激光器在激光测距、激光通信、激光制导跟踪、自动控制、检测仪器等方面获得了广泛的应用。

目前已开发出并投放市场的半导体激光器的波段有很多，其中 1 310 nm、1 550 nm 主要用于光纤通信领域。405~670 nm 为可见光波段，780~1550 nm 为红外线波段，370~390 nm 为紫外线波段。实验室常用的半导体激光器，其工作波长主要在可见光波段，如图 3.1-29（a），一般是以准直光束形式用于光的干涉、衍射和偏振实验。图 3.1-29（b）是利用大功率输出的半导体激光器，将激光扩展形成强度合适的面光源，通过切换工作波长实现激光单色谱和多色谱的扩展输出，在一定的使用场合可替代钠灯、汞灯、氢灯等光源。

另外，随着半导体和照明光源的相互渗透，发光二极管（LED 光源）近十年取得了新突破，它也是一种半导体固体发光器件，利用固体半导体芯片作为元件，在半导体中通过载流子发生复合而引起光子发射，直接发出红、黄、蓝、绿、青、橙、紫等各色光，并通过颜色叠加可进一步得到白色光。3.1-29（c）是实验室常用 LED 白光面光源。LED 光源的工作电压低、工作电流小、易组装，是新一代节能低碳光源，可以取代耗电的白炽灯。

(a) 半导体激光器

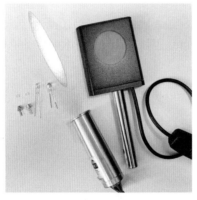
(b) 半导体激光扩展光源

(c) LED白光面光源

图 3.1-29 He-Ne 激光器

视频：常用
光源。

3.2 基本操作技术

3.2.1 仪器调整与通用操作技术

实验中使用各种仪器、仪表和装置，这些设备在使用之前都需进行仔细地调整，以达到最佳状态。正确的调整和操作可将系统误差减小到最低限度，对实验结果的准确度有直接影响。因此仪器调整是我们进行科学实验的一项基本技能，也是物理实验中的重要训练内容。

实验的基本调整技术内容广泛，下面介绍一些最基本的通用调整技术。一些专用技术可通过相应的实验去学习。不论通用还是专用技术，都必须通过自身的实践才能掌握，没有捷径可走。

1. 零位调整

在进行实验前首先应检查仪器或量具的零位是否正确，然后才能用其进行测试。虽然仪器出厂时已经校准，但由于搬运，使用中的磨损及环境的变化，其零位会发生变化（如指针式电表没通电时指针不指零位），如果实验前未检查、校准，就将人为地引入系统误差。

零位校准有两种情况。一种是测量仪器本身有零位校准器，如电表等，则可进行调整，使仪器在测量前处于零位。另外一种，仪器虽然零位不准，但无法调整、校准，如磨损了的米尺、游标卡尺等，则需在测量前记录初始读数，以备在测量结果中修正。

2. 水平、竖直调整

物理实验所用的仪器或装置中，有些需进行水平或竖直调整，如平台的水平、支柱的竖直等。大部分需调整的仪器自身就装有水平仪或铅锤，底座有两个或三个（排成等边或等腰三角形）可调节的螺丝，我们只需调节螺丝，使水平仪的气泡居中或铅锤的锤尖对准底座上的座尖，即可达到调整要求。有些仪器虽然没有水平仪及铅锤，但用自身装置就可进行调整，如焦利秤实验等。

有些仪器需要借助其他器具进行调整。例如在调整仪器水平的时候，可选用通用水平仪。若采用长方形水平仪来调整一般的平面，可在互相垂直的两个方向上调整；另有一种圆形水平仪，本身有互相垂直的两个方向的气泡，用它可较方便地调整较小的圆形平面，如三线摆的上下圆盘，分光计的载物平台等。

3. 消除视差的调整

在实验测量中从仪器上读取数据时，会遇到读数准线（如电表的指针等）与标尺平面不重合的情况，这时观察者的眼睛在不同方位读数时，得到的示值不相同，这就是视差造成的。对于这些仪器仪表，读数时应做到正面垂直观测。精密的电表在刻度盘下有平面反射镜，读数时只有垂直正视，指针和其在平面镜中的像重合时，读出的标尺的示值才是无视差的正确数值。

对于测量用的光学仪器，如测微目镜、分光计望远镜、读数显微镜等，在其目镜焦平面内侧装有作为读数准线的十字叉丝或是刻有读数准线的玻璃分划板，当我们用这些仪器观测待测物体时，有时会发现随着眼睛的移动，物体的像和分划线、叉丝间有相对位移，这说明二者之间也有视差存在。这些仪器必须进一步调节目镜（包括叉丝）与物镜的距离，边调节边稍稍移动眼睛观察，直到叉丝与物体所成的像之间基本无相对移动，则说明被测物体经物镜成像到叉丝所在的平面上，视差消除。

调整光学仪器需要耐心、细致，要通过具体实验去体会并积累实践经验。

4. 逐次逼近法

仪器的调整都需经过仔细的反复调节，才能达到预期目的，实验中常采用"逐次逼近法"调整，快捷而有效。特别是运用零示法的实验或零示仪器，如天平称质量、电势差计实验、电桥测电阻等实验中，采用"反向区逐次逼近"调节，效果显著。方法是：首先估计待测量的值，然后选择仪器的一个相应量程进行测量，根据偏离情况渐次缩小调整范围，达到所需结果。例如输入量为 x_1 时，零示器向右偏转 5 个分度，输入量为 x_2 时，向左偏转 3 个分度，可判断出零示的平衡位置应在输入量 $x_2 < x < x_1$ 范围内。再输入 $x_3(x_2 < x_3 < x_1)$ 时，若向右偏 2 个分度，输入量 $x_4(x_2 < x_4 < x_3)$ 时，向左偏 1 个分度，则平衡位置在输入量 $x_4 < x < x_3$ 的范围内。这样逐次逼近调节，就可找到平衡位置。

5. 先定性、后定量原则

实验前，我们通过预习对实验内容、使用的仪器设备都已有所了解，在进行实验时，不要急于获取实验结果，而是采取"先定性、后定量"的原则进行实验。具体做法是：仪器调整好，在进行定量测定前，先定性地观察实验变化的全过程，了解物理量的变化规律。对于有函数关系的两个或多个物理量，要注意观察一个量随其他量改变而变化的情况，得到函数曲线的大致图形，在定量测试时，可根据曲线变化趋势分配测量间隔，曲线变化平缓处，测量间隔大些，变化急剧处，测量间隔就应小些。这样采用由不同测量间隔测得的数据作图就比较合理。

3.2.2 电学实验和光学实验的专门技术

电学实验接线方法及注意事项

电学实验需要电源、电气仪表、电子仪器等，许多仪表都很精密，实验中既要完成测试任务，又要注意人身安全和仪器的安全，为此应注意以下几方面。

1. 合理布局、正确接线

实验前对实验线路进行分析，按实验要求安排仪器位置，需经常操作和读数的仪器放在面前，开关应放在便于使用的位置。接线时注意如下问题：

* 按复杂电路拆分为若干分回路，逐次接线。一个分回路接完后再接另一个分回路。每个回路一般都应按由高电势到低电势的顺序接线。

* 合理分配每个接线端上的导线，注意利用等势点，以使每个接线端的线尽量少。

* 实验中所用的电子仪器，如示波器、信号发生器等，其"地"端要接到一个端子上，以防止杂乱信号串入影响测试。

* 特别注意直流电表的"+""−"极性。

电路接线完成后进行检查，应将各种器件都置于尽量安全的使用状态，如电源及分压器的电压置于最小位置，限流器电阻置于最大处，电表选择适当挡位，电阻箱的电阻不能为零等。确认电路无误，经指导教师检查同意后，才可接通电源进行实验。接通电路的顺序为：先接通电源，再接通测试仪器（示波器等）；断电时顺序相反。目的是防止电源接通或断开时因含有感性元件产生瞬间高压损坏仪器。

实验完成后，经教师检查数据，合格后，先切断电源，再拆除线路，整理好仪器，并注意将仪器恢复到原来状态（如电源输出调节置于零位）。有零点保护的仪器（如灵敏检流计）要置于保护状态（开关扳至短路挡）。

2. 安全用电

实验中常用电源有 220 V 交流电和 0～30 V 的直流电，一般人体接触 36 V 以上的电压，就会有触电的危险，因此实验中一定要注意用电安全，不要随意移动电源，接、拆线路时应先关闭电源，测试中不要触摸仪器的高压带电部位。

3. 光学仪器的等高共轴调整

用光学仪器观测待测物体，需保证近轴成像，要求仪器装置中的各光学元件的主光轴重合，因此要在观测前进行等高共轴调整。

首先用目测进行粗调，把光学元件和光源的中心都调到同一高度，同时要求调节各光学元件相互平行且均垂直于水平面。这样各光学元件的光轴已接近重合。

然后依据光学成像的基本规律来细调。调整可根据自准直法、二次成像法（共轭法）等，利用光学系统本身或借助其他光学仪器来进行。有关的理论详见 3.3.11 "薄透镜焦距的测量" 及 3.4.3 "分光计的调整和使用"。

4. 光学实验其他注意事项

光学仪器是精密仪器，有些仪器结构复杂，使用之前须进行仔细调整，以达到最佳使用状态。光学仪器的机械部分很精密，操作时动作要轻缓，用力均匀平稳，调节不能超过行程范围。

光学元件大部分都是特种玻璃经过精密加工制成（如三棱镜），表面光洁；有些元件表面有均匀镀膜（如平面反射镜），在使用时要防止磕、碰、打碎，也不要擦、划、污损表面。若发现光学元件表面不洁，需根据元件表面的具体情况，或用镜头纸，或用无水乙醇、乙醚等来处理，切忌哈气、手擦等违规操作。光学仪器、元件平时应注意防尘。

对于光学实验所用的各种光源，实验前应了解其性能、正确使用，光源的高压电源要注意防护。高亮度的光源不要直视，特别是激光，绝对不要用眼睛正视，以防灼伤眼睛。

在暗房工作，各种器具、药品要按固定位置摆放，不能随意放置，以防用错药品，造成操作失误。

随着科学技术的发展，实验仪器、设备不断更新。例如许多智能化的仪器已经引入实验，自动绘图仪可直接绘出物理量的变化曲线、光学仪器可以实现自动调焦、自动计时和自动测温仪器也得到广泛应用。不断涌现的新设备、新技术的将会提出一些新的要求，实验调整技术也会增加新的内容。我们应当不断关注科学技术的发展，不断适应新的形势，提高自己的实验水平。

3.3 预备性操作练习

3.3.1 游标卡尺测金属杯体积

实验要求

用游标卡尺在图 3.3-1 所示金属杯的不同部位测内、外径和高度、深度各 6 次，按有效数字运算法则计算其体积。

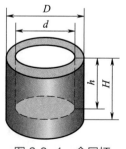

图 3.3-1 金属杯

注意：操作时应注意保护量爪不被磨损，只要轻轻把物体卡住就可读数，不能把卡住的物体在卡口内移动。

数据记录与处理

表 3.3-1　金属杯体积测量数据

卡尺的规格及技术指标：量程 ＿＿＿＿　分度值 ＿＿＿＿

单位：mm

序号 i	1	2	3	4	5	6	平均
外径 D							
内径 d							
高度 H							
深度 h							

计算体积　$\overline{V}=\dfrac{\pi}{4}(\overline{D}^2\overline{H}-\overline{d}^2\overline{h})$

计算不确定度 $u(D)$、$u(d)$、$u(H)$、$u(h)$ 及 $u(V)$，给出结果

$$V = \underline{\qquad\qquad} \text{ cm}^3$$
$$u(V) = \underline{\qquad\qquad} \text{ cm}^3$$

3.3.2　螺旋测微器测钢珠体积

实验要求

用螺旋测微器在钢珠不同位置测直径共 6 次，按有效数字运算法则计算钢珠的体积。

数据记录与处理

表 3.3-2　钢珠体积测量数据

螺旋测微器的规格及技术指标：等级 ＿＿＿＿＿　量程 ＿＿＿＿　分度值 ＿＿＿＿　零点读数值 ε ＿＿＿＿

单位：mm

序号 i	1	2	3	4	5	6	平均
外径 D							

计算体积 $\overline{V}=\dfrac{\pi}{6}\overline{D}^3$

计算不确定度 $u(D)$、$u(V)$，给出结果

$$V = \underline{\hspace{3cm}} \text{cm}^3$$
$$u(V) = \underline{\hspace{3cm}} \text{cm}^3$$

3.3.3 读数显微镜测毛细管内外径

移动读数显微镜至主尺刻度的不同位置分别测毛细管内外径共 6 次。

注意：读数显微镜进行调焦时，必须自下而上移动显微镜镜筒，不得由上而下移动，以防压坏被测物和物镜。测量时须注意消除空程误差，每组数据均应为显微镜同方向移动的读数。

表 3.3-3 毛细管内外径测量数据

内径测量：   单位：mm

序号 i	1	2	3	4	5	6	平均
x_1							
x_2							
内径 $d\,(=x_2-x_1)$							

外径测量：   单位：mm

序号 i	1	2	3	4	5	6	平均
x_3							
x_4							
外径 $D\,(=x_4-x_3)$							

计算不确定度 $u(D)$、$u(d)$，给出结果

$D = \underline{\hspace{2.5cm}} \text{mm} \qquad u(D) = \underline{\hspace{2.5cm}} \text{mm}$

$d = \underline{\hspace{2.5cm}} \text{mm} \qquad u(d) = \underline{\hspace{2.5cm}} \text{mm}$

3.3.4 流体静力称衡法测物体密度

物体的密度定义为

$$\rho = \frac{m_1}{V} \qquad (3.3\text{-}1)$$

其中，m_1 为物体的质量，V 为物体的体积。m_1 可由天平测定，V 可根据阿基米德原理测得。设物体在空气中的重量为 $W_1 = m_1 g$（m_1 为物体的质量），若它全部浸入液体中的视重为 $W_2 = m_2 g$（m_2 为物体在液体中的表观质量）。根据阿基米德原理：物体所受液体的浮力等于与物体浸入液体排开的同体积液体的重量，物体所受浮力为实重与视重之差：

$$F = (m_1 - m_2)g = \rho_0 V g \qquad (3.3\text{-}2)$$

式中的 ρ_0 为液体的密度。由此可得物体的体积 V：

$$V = \frac{m_1 - m_2}{\rho_0} \qquad (3.3\text{-}3)$$

将（3.3-3）式代入（3.3-1）式，得物体密度 ρ：

$$\rho = \frac{m_1}{m_1 - m_2}\rho_0 \qquad (3.3\text{-}4)$$

实验要求

将待测物用细线挂在天平左边秤钩上，称其质量 m_1 共 6 次，再将待测物浸入液体中，称其表观质量 m_2 共 6 次。按公式计算物体的密度。

数据记录与处理

表 3.3-4　固体密度测量数据

天平规格：型号_____　最大称量_____　分度值_____

单位：g

次序	1	2	3	4	5	6	平均
m_1							
m_2							

已知液体的密度

$$\rho_0 = \underline{\qquad} \text{ g/cm}^3$$

$$\overline{\rho} = \frac{\overline{m}_1}{\overline{m}_1 - \overline{m}_2}\rho_0 = \underline{\qquad} \text{ g/cm}^3$$

计算不确定度 $u(m_1)$、$u(m_2)$、$u(\rho)$，给出结果

$$\rho = \underline{\qquad} \text{ g/cm}^3$$

$$u(\rho) = \underline{\qquad} \text{ g/cm}^3$$

3.3.5　焦利秤研究简谐振动

实验原理

如图 3.3-2 所示，弹性系数为 k 的弹簧，下挂一个质量为 m 的物体。当物体处于平衡位置 O 时，弹簧的伸长量为 y_0，则

$$mg = -ky_0 \tag{3.3-5}$$

当物体距平衡点为 y 时，受弹性回复力 $-k(y_0+y)$ 与重力的作用，在垂直方向做简谐振动。若弹簧质量远小于悬挂物体质量 m，振动周期为

$$T = \frac{2\pi}{\omega} = 2\pi\sqrt{\frac{m}{k}} \tag{3.3-6}$$

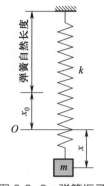

图 3.3-2　弹簧振子

若弹簧质量不可以忽略，则振动周期为

$$T = \frac{2\pi}{\omega} = 2\pi\sqrt{\frac{m+m_0}{k}} \tag{3.3-7}$$

式中 m_0 为弹簧的折合质量，T 取决于振动系统本身的性质，与初始状态无关。上式也可以改写成

$$T^2 = \frac{4\pi^2}{k}(m+m_0) \tag{3.3-8}$$

实验要求

首先按胡克定律用静态法测定弹簧的弹性系数 k。改变不同质量 m_i，用秒表分别测出对应的振动周期 T，作 T^2-m 图，由直线斜率求出弹簧弹性系数，（由直线在 T^2 轴上的截距求折合质量），将其与静态法测量值进行比较。测量周期时，可以测量连续振动 50 个周期的时间 t，取 $T = t/50$，以减小误差。

注意：用焦利秤测弹性系数时，需旋动标尺调节旋钮 7（如图 3.3-3 所示）将弹簧提升，直至镜上水平刻线 G 与玻璃管上水平刻线 D 及 D 在镜中的像相互重合，即实现所谓"三线重合"。

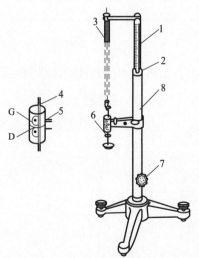

1—刻有毫米刻度的金属管；2—游标；3—弹簧；4—带有刻度线指示的挂钩；
5—刻有水平线的平面镜；6—砝码盘；7—升降调节旋钮；8—套筒。

图 3.3-3　焦利秤

表 3.3-5 简谐振动测量数据

序号 i	1	2	3	4	5	6	7	8
m/g								
y/cm								
t/s								
T/s								
T^2/s^2								

1. 静态法测弹簧弹性系数 k

采用最小二乘法处理数据，将数据代入（3.3-5）式计算：

$$k = \underline{\hspace{3cm}} \ \mathrm{N/m}$$

2. 动态法测量并验证周期与系统参量的关系

采用最小二乘法处理数据，代入（3.3-8）式计算：

$$k' = \underline{\hspace{3cm}} \ \mathrm{N/m}$$

与静态法测量值比较：

$$\frac{|k'-k|}{k}\times100\% = \underline{\hspace{3cm}} \ \%$$

3.3.6　单摆测重力加速度

实验原理

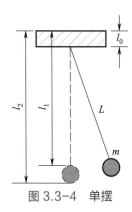

图 3.3-4　单摆

单摆是由长度为 L 的细线和悬挂在线下端的质量为 m 的重球构成。在线长远大于球的直径，球质量远大于线质量的情况下，将小球自平衡位置拉到一边后释放，球将在平衡位置左右作周期性摆动，如图 3.3-4 所示。

在摆角很小时，单摆的运动是简谐振动，振动周期为

$$T = 2\pi\sqrt{\frac{L}{g}}$$

或

$$T^2 = \left(\frac{4\pi^2}{g}\right)L \qquad (3.3-9)$$

实验要求

1. 用米尺测量长度，计算出摆长 $L = \frac{1}{2}(l_1 + l_2) - l_0$。

2. 用秒表测量摆动周期。在单摆正好经过平衡位置时按下秒表开始计时，至单摆下一次同方向经过平衡位置时是一个周期。用秒表测量摆动一个周期的时间会有较大的误差。为减少误差，可以测量摆动 n 个周期的时间 t_n，周期为 $T = \frac{t_n}{n}$。（可取 $n = 50$）

注意：为满足简谐振动的条件，不要使摆角大于 $5°$。

数据记录与处理

1. 测量摆长

$l_0 = $ _____ m，$l_1 = $ _____ m，$l_2 = $ _____ m，$L = $ _____ m。

2. 测量摆动周期 6 次，计算平均周期。

表 3.3-6 单摆实验测量数据（一）

测量周期数 $n = $ _____

序号	1	2	3	4	5	6
t_n						
T						

计算平均周期 $\overline{T} = $ _____ s，$\overline{g} = \frac{4\pi^2 L}{T^2} = $ _____ m/s^2。

计算不确定度 $u(L)$，$u(T)$，$u(g)$，给出结果

$$g = \underline{\hspace{3cm}} \text{ m/s}^2$$

$$u(g) = \underline{\hspace{3cm}} \text{ m/s}^2$$

3. 改变摆长，测量周期

表 3.3-7 单摆实验测量数据（二）

测量周期数 $n = $ _____

序号	1	2	3	4	5
L					
t_n					
T					
T^2					

作 T^2–L 图线，求斜率 k。

计算 $g = \dfrac{4\pi^2}{k} =$ _____ m/s²。

与本地重力加速度值进行比较。

3.3.7　在气轨上测量加速度

实验原理

气垫导轨（图 3.3-5）是由一根平直、光滑的三角形铝合金型材固定在一根刚性很强的金属支撑梁上构成的，轨面上钻有等距离排列的喷气小孔。气轨内腔充入压缩空气，气流从小孔喷出可使滑块浮起约 0.1 mm，这样滑块在气轨上运动时就极大地减小了接触摩擦，仅有微小的空气黏性阻力和气流的阻力，多数情况下可近似看成无摩擦运动。

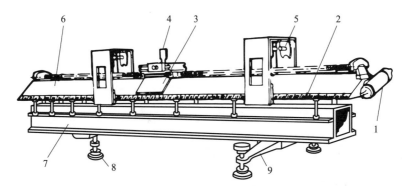

1—通气嘴；2—标尺；3—滑块；4—挡光片；5—光电门；6—导轨；7—支架；8—底脚螺钉；9—底座。

图 3.3-5　气垫导轨

如图 3.3-6 所示，当导轨倾斜时，滑块将受到一个沿导轨平面方向的恒力 F 作用，滑块将做匀速直线运动。在导轨 S_1 与 S_2 处放置光电门，测量出滑块经过 S_1 与 S_2 处的速度 v_1 与 v_2 及滑块通过两光电门之间的时间 t，那么滑块运动的加速度 $a = \dfrac{v_2 - v_1}{t}$。

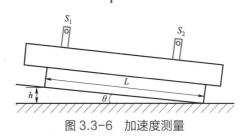

图 3.3-6　加速度测量

实验要求

1. 将气轨调平。

（1）粗调：开启气源使滑块浮起，调节气轨一端的底脚螺钉（图 3.3-5 中的 8），直至滑块在自然状态下保持不动或稍有滑动但无一定方向为止，此时可认为气轨大致水平。

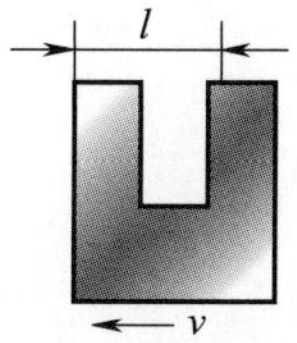

图 3.3-7 挡光片

（2）细调：将两光电门放在导轨中部相距约 80 cm 位置，测量滑块从左向右和从右向左分别通过两光电门的速率（实际测量的是滑块通过 l 距离所需的时间，如图 3.3-7 所示），由于微小黏滞阻力的作用，当气轨水平时滑块通过后一个光电门的速率要比通过前一个光电门的速率稍慢一点，即无论运动方向如何，总有后一个时间比前一个时间略长。使滑块由左向右和由右向左两个方向运动的初速率基本相等，比较前后两次、两个光电门所记录的时间之差，即可判断气轨的倾斜方向，并逐渐将其调节水平。

2. 取厚度 h 为 2.0 cm 的垫块垫在单侧底脚螺钉下使气轨倾斜，让滑块从导轨的最高端静止地自由滑下，记下滑块分别通过光电门 Ⅰ 、Ⅱ 的时间 Δt_1 与 Δt_2 及经过两光电门之间的时间 t，求出加速度 a。重复测量 6 次。

3. 用米尺量取气轨两底座之间距离 L，计算加速度的理论值 $a_{理}$：

$$a_{理} = g\frac{h}{L}$$

将测量结果与理论值作比较。

数据记录与处理

表 3.3-8　加速度测量数据

$l =$ ＿＿＿＿＿ cm　　$h =$ ＿＿＿＿＿ cm　　$L =$ ＿＿＿＿＿ cm

i	1	2	3	4	5	6
Δt_1/s						
Δt_2/s						
t/s						
$v_1\left(=\dfrac{l}{\Delta t_1}\right)\bigg/(\text{cm/s})$						
$v_2\left(=\dfrac{l}{\Delta t_2}\right)\bigg/(\text{cm/s})$						
$a\left(=\dfrac{v_2-v_1}{t}\right)\bigg/(\text{cm/s})$						

计算：

$$\bar{a} = \frac{1}{n}\sum_{i=1}^{6} a_i = \underline{\hspace{3cm}} \ \text{m/s}^2$$

$$a_{理} = g\frac{h}{L} = \underline{\hspace{3cm}} \ \text{m/s}^2$$

$$E = \frac{|\bar{a} - a_{\text{理}}|}{a_{\text{理}}} \times 100\% = \underline{\hspace{2cm}} \%$$

3.3.8　电势差计的使用

1. 用 UJ25 型电势差计测干电池的电动势。

2. 测量 UJ25 型电势差计灵敏度 S。

电势差计平衡后，若被测电势差有一个增量 ΔU_X，便在检流计支路中产生一电流增量，该增量引起检流计相应地偏转 Δn 小格（div）。电势差计的灵敏度定义为 $S = \frac{\Delta n}{\Delta U_X}$。本实验中可调 R_{CD}（如图 3.1-17，图 3.1-18 所示），使光点检流计偏转 10 格，记录此时电势差的示值 U'_X，即可算得 ΔU_X。

数据记录与处理

1. 测干电池的电动势

$$E_X = \underline{\hspace{2cm}} \text{V}$$

2. 测量电势差计的灵敏度 S

表 3.3-9

Δn/div	U_X/V	U'_X/V	$\Delta U_X (= U_X - U'_X)$/V
10.0			

计算 $S = \frac{\Delta n}{\Delta U_X} = \underline{\hspace{2cm}} \text{div/V}$

3.3.9　电学元件伏安特性的测量

实验原理

在电学元件两端加上直流电压，元件内有电流通过，电流随电压变化的关系称为电学元件的伏安特性。

线性电阻元件的伏安特性满足欧姆定律，可表示为：$U = IR$，其中 R 为常量，称为电阻的阻值，它不随其电压或电流改变而改变，其伏安特性曲线是一条过坐标原点的直线。非线性电阻元件不遵循欧姆定律，它的阻值 R 随着其电压或电流的改变而改变，即它不是一个常量，其伏安特性是一条过坐标原点的曲线。

电流的测量涉及电流表内接还是外接的问题。实验线路如图 3.3-8 所示，虚框里可以是线性电阻元件，也可以是非线性电阻元件（如二极管、小灯泡）。

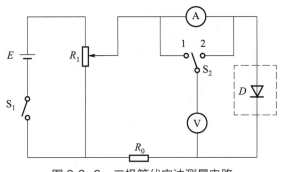

图 3.3-8　二极管伏安法测量电路

以二极管为例：将开关接于"1"称为电流表内接法，开关接于"2"称为电流表外接法。由于电压表、电流表均有内阻（分别设为 R_V 与 R_A），不论采用哪种接法，都不能同时准确测得二极管两端的电压 V_D 和流过二极管的电流 I_D，故须进行修正。

1. 电流表内接时，电压表所测电压 V 为 $R_D + R_A$ 两端电压，则应修正电压为

$$V_D = V - IR_A$$

此法适用于 R_D 较大，即满足 $R_D \gg R_A$ 时。

2. 电流表外接时，电流表所测电流 I 是流过 R_D 与 R_V 的电流之和，应对电流进行修正：

$$I_D = I - \frac{V}{R_V}$$

此法适用于 R_D 较小，即满足 $R_D \ll R_V$ 时。

当用数字电压表测量时，由于电压表内阻远大于元件电阻，采用外接法测量。

注意：在电压、电流较小时，二极管的电阻较大，应采用内接法；随着电压增高，电流急剧增大，即二极管电阻急剧下降，此时应换为外接法。

实验要求

1. 按图 3.3-8 接线，保护电阻 $R_0 = 500\ \Omega$（可根据实际情况更改）。将虚框中的二极管 D 换成阻值为 $100\ \Omega$ 的线性电阻 R；

2. 先将稳压电源输出电压旋钮置于零位，然后闭合开关 S_1，调节直流稳压电源 E 和滑动变阻器 R_1，测量通过 R 的电流值和 R 两端电压 U 值，并记入数据。然后断开电源，稳压电源输出电压旋钮置于零位。根据测量数据，计算电阻 R 的值。根据测量数据，作出伏安特性曲线。

3. 再将虚框中的电阻元件改为二极管 D 或者小灯泡（例如 12 V/0.1 A），按照步骤 2，测量二极管 D 或者小灯泡的电流值和电压 U 值，填入数据记录表格，计算二极管 D 或者小灯泡的阻值，做出伏安特性曲线。

4. 比较线性电阻和非线性电阻的伏安特性曲线。

表 3.3-10 （非）线性电阻元件实验数据

I/mA									
U/V									
$R(= U/I)$/Ω									

3.3.10 混合法测固体的比热容

实验原理

温度不同的两个物体相互热接触组成一个热学系统后，热量将由高温物体传递给低温物体。如果在热交换过程中，系统没有向外界环境散失热量也没有自外界环境吸收热量，系统最后将达到均匀稳定的热平衡。在此过程中，高温物体放出的热量等于低温物体所吸收的热量：

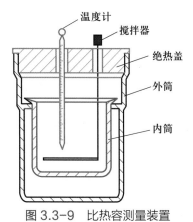
温度计
搅拌器
绝热盖
外筒
内筒

图 3.3-9 比热容测量装置

$$Q_{放} = Q_{吸}$$

设质量为 m、温度为 t 的高温物体与温度均为 $t_0(t_0 < t)$ 而质量分别为 m_0、m_1，比热容分别为 c_0、c_1 的水及量热器内筒加搅拌器（如图 3.3-9 所示）密切接触，达到热平衡，平衡温度为 $t_平$，则有关系：

$$mc(t - t_平) = (m_0 c_0 + m_1 c_1)(t_平 - t_0)$$

$$c = \frac{m_0 c_0 + m_1 c_1}{m} \cdot \frac{t_平 - t_0}{t - t_平}$$

于是物体的比热容 c 可测得。

实验要求

1. 用天平称量待测金属块质量 m、量热器内筒加搅拌器的总质量 m_1。

注意：使用天平要注意规范操作。

2. 在量热器内筒中加入适量冷水（水量必须能够完全淹没金属块，但又不宜过多），称出总质量后算出水的质量 m_0。

3. 用搅拌器轻轻搅拌，测出系统的初温 t_0。

4. 将金属块放入加热水槽中加热至沸腾，记下温度 t。

5. 迅速把金属块放入量热器并搅拌，待温度稳定在最高值时记下平衡温度 $t_平$。

表 3.3-11　比热容测数据

m/kg	m_1/kg	t_0/ ℃	t/ ℃	$t_平$/ ℃

计算

$$c = \frac{m_0 c_0 + m_1 c_1}{m} \cdot \frac{t_平 - t_0}{t - t_平} = \underline{\qquad\qquad} \text{kJ/(kg} \cdot \text{K)}$$

［水的比热容 $c_0 = 4.182$ kJ/(kg · K)，铜的比热容 $c_1 = 0.389$ kJ/(kg · K)］

3.3.11　薄透镜焦距的测量

实验原理

1. 自准直法测凸透镜焦距

如图 3.3-10 所示，当品字屏处于透镜主光轴上的前焦点时，光经过透镜成为平行光，此平行光经与光轴垂直的平面反射镜反射，沿原光路返回至品字屏，品字屏的像与品字屏反向等大。换言之，若经过对透镜和平面反射镜的调节达到上述状态，则品字屏与透镜共轴，品字屏与透镜距离为透镜焦距 f，且平面反射镜垂直于光轴。此即"自准直法"。显然，在光轴上方的某点，在自准直时，其像应处于光轴下方的对称位置。

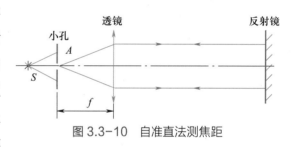

图 3.3-10　自准直法测焦距

2. 共轭法测凸透镜焦距

设凸透镜焦距为 f。使物与屏的距离 $b > 4f$ 并保持不变，如图 3.3-11 所示。移动透镜至 x_1 处，在屏上成放大实像，再移至 x_2 处，成缩小实像。令 x_1 和 x_2 间的距离为 a，物到屏（像）的距离为 b。根据共轭关系有 $u_2 = v_1$，$v_2 = u_1$，由透镜成像公式和图 3.3-11 给出的几何关系可导出：$f = \dfrac{b^2 - a^2}{4b}$。

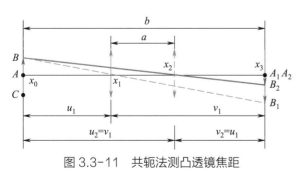

图 3.3-11　共轭法测凸透镜焦距

实验测出 a 和 b 就可求出焦距 f。此方法的优点是不必测物距 u 和像距 v，从而避开了 u、v 因透镜中心不易确定而难以测准的困难。

3. 凹透镜焦距测量

由于凹透镜为虚焦点，实物成虚像，无法直接测得焦距。可以用一个凸透镜作为辅助透镜，来测量凹透镜的焦距。如图 3.3-12 所示。凸透镜和凹透镜组成的透镜组具有凸透镜的性质。物体 P 经焦距为 f_1 的辅助凸透镜 L 形成实像 Q，实像 Q 作为焦距为 f_2 的凹透镜 L' 的虚物，形成实像 P'。对凹透镜 L' 来说，Q 为虚物点，P' 为实像点，测量出 Q 和 P' 点到 L' 的距离 u_2 和 v_2，由物像公式便可算出 f_2。即：

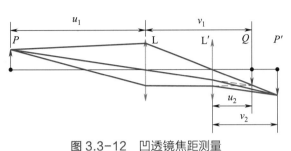

图 3.3-12　凹透镜焦距测量

$$f_2 = \frac{u_2 v_2}{u_2 - v_2}$$

实验要求

1. 用自准直法测透镜焦距 f_1（短焦距透镜）

（1）参照图 3.3-10，将物（品字屏）、透镜、平面反射镜置于光学平台上并紧靠在一起，目测粗调三元件等高共轴。然后稍分开三元件，用白屏找到透镜后的光斑，进一步调节各元件使光斑落在反射镜上。再调反射镜的俯仰螺钉，使反射光斑落在透镜正中。

（2）反复前后移动透镜，并调整反射镜，直到在品字屏旁看到清晰、等大的品字屏像。调反射镜的俯仰和左右，使品字屏像与自身重合，即实现自准直，记下透镜位置 x_{1-1}。

（3）将透镜反转 $180°$，重复步骤（2），记下透镜位置 x_{1-2}，取

$$x_1 = \frac{1}{2}(x_{1-1} + x_{1-2})$$

（4）记录物支座位置 x_0 和品字屏位置修正值 δ，则有 $f_1 = |x_1 - x_0| - \delta$。

2. 用共轭法测另一透镜焦距 f_2（长焦距透镜）

（1）用平行光聚焦法粗估所测透镜的焦距 f_2。

（2）参照图 3.3-11 将光学元件置于光学平台上，将各元件调至等高共轴。首先进行粗调（见第三章 3.2 基本调整技术），然后按下面方法进行细调。

使物点 B 与透镜共轴，即把 B 调到透镜的主光轴上。透镜在 x_1 和 x_2 处分别使 B 成放大实像 B_1 和缩小实像 B_2，B_2 总比 B_1 接近光轴。在屏上记下 B_2 点的位置，再找到放大像 B_1，调节透镜的高低左右，使 B_1 向 B_2 靠拢并稍超过（称 "大像追小像"）。如此反复调节几次，逐步逼近，可实现物点 B 与透镜的共轴。

（3）测透镜移动距离 a。

记录屏上成大像时透镜位置 x_1。由于透镜成像的清晰程度有一个范围，不易精确定位，可将透镜自左向右移动找到清晰像，记下位置 x_{1-1}，再将透镜自右向左移动找到清晰像，记位置 x_{1-2}。取 $x_1 = \frac{1}{2}(x_{1-1} + x_{1-2})$。同理，记录屏上成小像时透镜的位置 x_2，$x_2 = \frac{1}{2}(x_{2-1} + x_{2-2})$。则：$a = |x_2 - x_1|$。

（4）测物屏距离 b：记录物的位置 x_0 和屏的位置 x_3，则 $b = |x_3 - x_0|$。

3. 凹透镜焦距测量

（1）如图 3.3-12 所示，将物、凸透镜和像屏置于光学平台上，并调至等高共轴。

（2）调整凸透镜和像屏的位置，使物 P 在像屏上成清晰实像 Q。将像屏自左向右移动找到清晰像，记下位置 x_{1-1}，再将像屏自右向左移动找到清晰像，记下位置 x_{1-2}。则 $x_1 = \frac{1}{2}(x_{1-1} + x_{1-2})$，即为实像 Q 的位置。

（3）在凸透镜 L 和实像 Q 之间放上凹透镜 L′，使 L′ 尽量靠近 Q，并记录凹透镜 L′ 的位置。把像屏向后移动直到看到清晰的像 P'。与测量实像 Q 的位置同样的步骤，测量 P' 的位置 x_{2-1} 和 x_{2-2}，则像屏 P' 的位置 $x_2 = \frac{1}{2}(x_{2-1} + x_{2-2})$。

（4）根据成像公式求凹透镜的焦距。

数据记录与处理

1. 自准直法测透镜焦距 f_1

表 3.3-12　　　　　　　　　　　　　　　　　　　　　单位：cm

物支座位置 x_0	修正量 δ	透镜位置 x_1		
		x_{1-1}	x_{1-2}	$x_1 = \frac{1}{2}(x_{1-1} + x_{1-2})$

$$f_1 = |x_1 - x_0| - \delta = \underline{\hspace{3cm}} \text{ cm}$$

2. 共轭法测另一透镜焦距 f_2

表 3.3-13　　　　　　　　　　　　　　　　　　　　　单位：cm

物镜位置 x_1			物镜位置 x_2		
x_{1-1}	x_{1-2}	x_1	x_{2-1}	x_{2-2}	x_2

$$a = |x_2 - x_1| = \underline{\hspace{3cm}} \text{ cm}$$

表 3.3-14　　　　　　　　　　　　　　　　　　　　　单位：cm

物的位置 x_0	屏位置 x_3

$$b = |x_3 - x_0| = \underline{\hspace{3cm}} \text{ cm}$$

$$f_2 = \frac{b^2 - a^2}{4b} = \underline{\hspace{3cm}} \text{ cm}$$

3. 凹透镜焦距测量

表 3.3-15

单位：cm

凹透镜位置 x_0	凸透镜成像时像屏位置 x_1			凹透镜成像时像屏位置 x_2		
x_0	x_{1-1}	x_{1-2}	x_1	x_{2-1}	x_{2-2}	x_2

$$u_2 = |x_1 - x_0| = \underline{\hspace{3cm}} \text{ cm}$$

$$v_2 = |x_2 - x_0| = \underline{\hspace{3cm}} \text{ cm}$$

$$f_2 = \frac{u_2 v_2}{u_2 - v_2} = \underline{\hspace{3cm}} \text{ cm}$$

3.4 常用仪器使用实验

3.4.1 滑动变阻器分压与限流特性

电学实验中经常使用滑动变阻器组成分压器来调解电压、或组成限流器调节电路中的电流。为使实验稳定、精确和顺利地进行，需要根据实验要求，正确选择滑动变阻器的参量（阻值和额定电流）。

实验目的

1. 学习电源、滑动变阻器、电表等常用电学仪器的使用技术。
2. 学习电路连接技术。

实验原理

1. 分压

在电学实验中，滑动变阻器常被用作分压器，如图 3.4-1 所示。R_L 是负载电阻，其两端电压为 V_{AC}。略去电压表的接入误差，AC 两端输出可调电压 V_{AC} 为

$$V_{AC} = \frac{V_{AB}}{R_{BC} + \frac{R_{AC}R_L}{R_{AC} + R_L}} \left(\frac{R_{AC}R_L}{R_{AC} + R_L} \right)$$

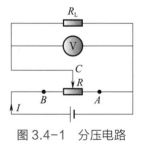

图 3.4-1　分压电路

上式左右两端分别除以 V_{AB}，可得

$$\frac{V_{AC}}{V_{AB}} = \frac{R_{AC}R_L}{R_{AC}R_{BC} + R_{BC}R_L + R_{AC}R_L} \qquad (3.4\text{-}1)$$

等式右端分子、分母同除以 $R(R = R_{AC} + R_{BC} + R_{AB})$。以 R_{AC}/R 为横坐标，V_{AC}/V_{AB} 为纵坐标作图如图 3.4-2 所示。由图可见：

（1）$R_{AC} = 0$ 时，$V_{AC} = 0$；$R_{AC} = R$ 时，$V_{AC} = V_{AB} \approx E$，电压调节范围为 $0 \sim E$。

（2）R 相对 R_L 越小，调节线性变化性能越好。

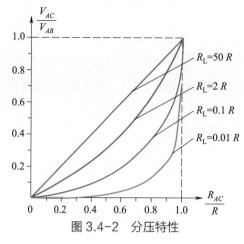

图 3.4-2 分压特性

2. 限流

滑动变阻器也常被用作限流器，如图 3.4-3 所示，略去电流表的接入误差，当滑动头 C 在 B 端时，电路中的电流：

$I = \dfrac{V}{R_L + R_{AC}}$，当滑动头 C 在 A 端时，电流中的电流最大，

为：$I_0 = \dfrac{V}{R_L}$，于是有：

$$\frac{I}{I_0} = \frac{R_L}{R_L + R_{AC}} \qquad (3.4\text{-}2)$$

以 R_{AC}/R 为横坐标，I/I_0 为纵坐标作图，如图 3.4-4 所示。由图可见：对于不同的 R_L 值，调节 C 点时，随着 R_{AC}/R 的改变，I/I_0 的变化规律不同：R 相对 R_L 越小，调节线性变化性能越好。

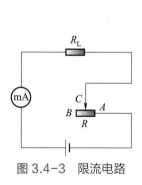

图 3.4-3 限流电路

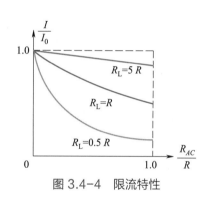

图 3.4-4 限流特性

实验器材

直流稳压电源，滑动变阻器，电流表，电压表，电阻箱。

实验内容及要求

1. 分压特性的研究

按图 3.4-1 所示接成分压电路，以电阻箱作外负载电阻 R_L。取 R_L/R 为 10、1、0.1，观察输出电压随滑动变阻器滑动端位置而变化的情况，分别测定电压 V_{AC}，并作分压特性曲线。

注意：连接电路时注意电源、电表的极性。改变滑动变阻器 C 端位置测量电压或电流过程中，不能再改变电源电压，而且要保证电压、电流均不超过电表的量程。

2. 限流特性的研究

按图 3.4-3 所示接成限流电路，分别取 R_L/R 为 5、1、0.5，通过电源电压的调节，将最大电流调到预定值。观察输出电流随滑动变阻器滑动端位置而变化的情况，测定电流 I，并作限流特性曲线。

归纳与小结

用滑动变阻器组成分压电路或限流电路时应根据电源电压 E，负载电阻 R_L 和实验时所要求的负载上的电压 V 或电流 I 值，计算组成控制电路所需的滑动变阻器的电阻值 R，同时变阻器的额定电流必须大于电流中的实际电流值。

3.4.2 示波器的使用

示波器是用来显示被观测信号的波形的电子测量仪器。与其他测量仪器相比，示波器具有以下优点：能够显示出被测信号的波形；对被测系统的影响较小；具有较宽的通频带；具有较高的灵敏度；动态范围大，过载能力强；容易组成综合测试仪器，从而扩大使用范围；可以描绘出任何两个周期量的函数关系曲线。由于具有这些优点，示波器的应用极为广泛，其在工业、科研、国防等很多领域中都有应用。

本实验主要学习普通双踪示波器的原理和使用。

实验目的

1. 了解通用示波器的工作原理。
2. 掌握通用示波器常用功能的使用。
3. 学习信号发生器的使用。

示波器工作原理

1. 阴极射线管

示波器常用阴极射线管来显示波形的。阴极射线管的结构如图 3.4-5 所示。灯丝是射线管的阴极，加热时它能够发射出电子（即阴极射线）。电子在阳极的加速和聚焦作用下快速运动，轰击在显示屏的荧光粉上显出亮点。若在 3，4 端输入一个电压信号，就产生一个与运动方向垂直的电场，使电子束运动发生偏转，导致电子在屏上轰击的竖直位置（Y 方向）发生变化。屏上光点偏转距离与偏转电压的大小成正比。同样，1，2 端输入的电压信号可以控制电子在屏上水平位置（X 方向）的变化。

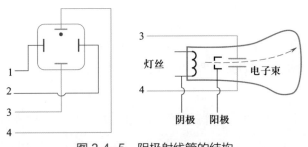

图 3.4-5　阴极射线管的结构

2. 扫描信号和 Y-t 信号的观测

把一个周期变化的信号，如正弦波信号加在射线管的 3,4 端，光点将在屏上沿一条竖直线运动。当信号频率高于 25 Hz 时，肉眼看到的只是一条连续的竖线，如图 3.4-6（a）所示。此时若在横向加一个随时间成正比的电压 $U(x)$，使得不同时刻光点的 X 坐标发生变化，光点运动轨迹将在 X 方向展开，形成肉眼可以观察到的波形，如图 3.4-6（b）所示。

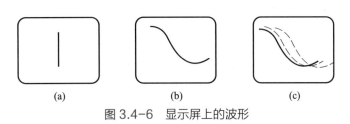

图 3.4-6　显示屏上的波形

当光点运动到右端后就跑出显示屏。为了在屏上继续显示波形，需要此时 $U(x)$ 回零，开始第二次波形展开。所以 $U(x)$ 信号波形应类似于图 3.4-7 所示的锯齿波。这样的 $U(x)$ 电压称为扫描电压，它的存在是波形能在屏上持续显示的前提。

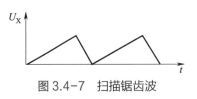

图 3.4-7　扫描锯齿波

3. 扫描电压的同步与触发

为了形成稳定的波形，必须使每次扫描开始时对应的待测周期信号的相位相等。也就是说 Y 信号与扫描电压要同步。不然的话，两次扫描的波形不重合，显示的波形就会在屏上沿水平方向滚动，如图 3.4-6（c）所示。

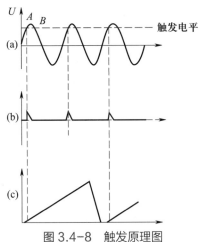

图 3.4-8　触发原理图

早期示波器的扫描波就是如图 3.4-7 所示的锯齿波。锯齿波的周期必须与待测信号相同，或是待测信号的整数倍。

现在大多数示波器是用触发扫描来实现同步的，输入的待测信号可以作为触发源。人为设定某一电压为触发电平，当待测信号电压在每个周期中上升至触发电平［图 3.4-8（a）］时，产生一尖脉冲，这样就产生了一个与待测信号同频率的脉冲波，如图 3.4-8（b）所示。每次扫描电压回到最小值后并不马上开始下一次扫描，而是要等待脉冲触发后才动作，如图 3.4-8（c）所示。这样就保证了扫描电压与待测信号同步。

4. 触发技术

前面对触发原理做了最简单的说明。实际上触发源、触发电平、触发极性、触发方式等均有多种变化。触发调整技术是初学使用示波器时较难掌握的技术之一。

（1）触发源

示波器的触发源可选择"内触发""外触发""电源触发"等。内触发是以待测信号作为触发源。在双通道示波器中内触发又有通道 1（CH1）触发，通道 2（CH2）触发和 CH1、CH2 双触发等。若两个通道的信号有固定相位关系，则无论采用 CH1 还是 CH2 触发都能获得稳定的波形。若两通道信号是独立的，无固定的相位关系，要同时显示两个波形就必须用双触发。

外触发是由示波器外部的信号作为触发源，在内触发不理想时使用。电源触发用交流电源作为触发源，主要用于观察叠加在直流电压上的交流电源干扰。

（2）触发电平、上升下降沿与触发极性

示波器中触发电平是可调节的。为获得理想的触发效果，有时需要随待测信号的幅度和波形的变化调节触发电平。

同一触发电平有上升沿触发和下降沿触发［对应图 3.4-8（a）中的 A 点和 B 点］。根据触发电平的正负又有正极性触发和负极性触发。

触发电平上下沿和极性的不同选择会改变显示波形的起始点。当显示波形中包含了多个波长时，选择不同的显示起点并没有太大意义。但是显示脉冲信号或周期信号中小于一个周期的一段时，显示起点的选择就很重要了。

（3）触发方式

触发方式有"正常""自动"和"单次"触发之分。正常方式下，只有在触发信号存在时才进行 X 方向的扫描，否则屏上无信号。自动方式下，如有触发信号存在，按照前述原理扫描。若没有触发信号，示波器自动扫描，屏上也有波形显示，但是波形无法稳定。单次方式只产生一次扫描，主要用于单脉冲信号和非周期信号观测。

液晶显示示波器的光点显示原理与阴极射线管不同，但是其扫描和触发原理是类似的。在此不另行介绍。

5. 数字示波器和模拟示波器的区别

数字示波器的光点显示原理与阴极射线管不同，但是其扫描和触发原理是类似的。数字示波器与模拟示波器不同在于信号进入示波器后立刻通过高速模数转换器将模拟信号前端快速采样，存储其数字化信号。并利用数字信号处理技术对所存储的数据进行实时快速处理，得到信号的波形及其参量，并由示波器显示，从而实现模拟示波器功能。图 3.4-9 是数字示波器的工作流程。在前端的放大器处输入经过耦合电路的电压信号，放大器就将输入的电压信号放大，这样可以提高示波器的灵敏度以及动态范围；然后由取样/保持电路对放大器放大后输出的信号进行取样，进而由模数转换器转化成数字，这样经过模数转换，就由输入的信号变成数字储存到储存器里，微处理器再对存储器里的储存的数字化信号波形进行相应的处理，然后将其显示在显示屏上。

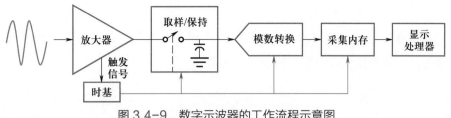

图 3.4-9　数字示波器的工作流程示意图

示波器的应用

示波器可以对电压、相位、频率等进行直接观察测量，主要的应用如下。

1. 测量电压

利用示波器可以方便地测出电压值，实际上示波器所做的任何测量都是归结为对电压的测量。其原理基于被测量的电压使电子束产生与之成正比的偏转。计算公式为

$$U = Yk_y \qquad\qquad (3.4-3)$$

其中，Y 为电子束沿 Y 轴方向的偏转量，可用格数（div）表示；k_y 为示波器 Y 轴的电压偏转因数（Volt/div）。

2. 测量相位差

（1）李萨如图形法

将待测相位差的两个同频率正弦信号电压分别输入示波器的 Y 通道和 X 通道，$x = x_0 \sin\omega t$，$y = y_0 \sin(\omega t + \phi)$，当 $t = 0$，$x = 0$，$y = y_0 \sin\varphi = A$，A 是纵轴截距，而 y 向最大偏移为 $y_0 = B$，在显示屏上出现如图 3.4-10 所示的椭圆示波图形，于是两信号的相位差为

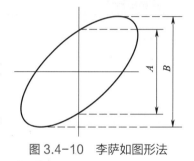

图 3.4-10　李萨如图形法

$$\phi = \pm\arcsin\left(\frac{A}{B}\right) \qquad\qquad (3.4-4)$$

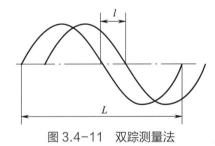

图 3.4-11　双踪测量法

（2）双踪测量法

双踪测量法是利用双踪示波器，由两个垂直输入端分别送入不同的被测信号，通过荧光屏上所显示的两个信号波形测出相位差。显示波形如图 3.4-11 所示，则可得

$$\phi = \frac{l}{L} \times 360° \qquad\qquad (3.4-5)$$

3. 测量频率

（1）周期换算法

周期换算法所依据的原理是频率与周期成倒数关系：$f = \dfrac{1}{T}$。信号的周期可以用扫描速度值乘以被测信号波形的一个周期在荧光屏上的水平偏转距离而求得，$T = x_t \cdot R_t$，x_t 是屏上一个周期长度（格数表示），R_t 是扫描时间因数（时间/格数表示），故信号的频率便可算出。

（2）李萨如图形法

将被测信号送入垂直系统，在"水平输入"端送入已知标准信号，荧光屏上就会显示出李萨如图形。若标准频率已知，则可根据图形算出待测信号频率：

$$f_Y = \frac{N_X}{N_Y} f_X \qquad (3.4\text{-}6)$$

式中 f_X 为标准信号的频率，N_X 为水平线与李萨如图形的切点数；N_Y 为垂直线与李萨如图形的切点数。如图 3.4-12 所示，图形与水平线切点数为 3，与垂直线切点数为 2，则 $f_Y/f_X = 3/2$。

图 3.4-12　3:2 的李萨如图形

选读：示波器用于测量其他电学量。

示波器的操作

现在示波器的种类很多，仪器面板布置也各有不同，但是其使用操作还是大同小异的。DS1102E 示波器面板如图 3.4-13 所示。

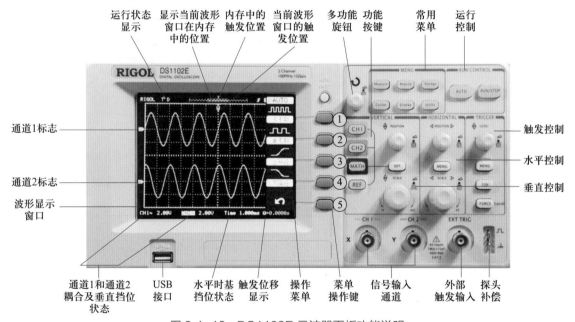

图 3.4-13　DS1102E 示波器面板功能说明

我们以 DS1102E 示波器为例，对示波器的按键、旋钮、输入端的通用名称、功能和常用操作进行简单介绍。

面板介绍

1. 信号输入

（1）输入端

双通道示波器有 CH1 和 CH2 两个待测信号输入端和一个外部触发信号输入端（EXT INPUT），如图 3.4-13 所示中信号输入通道和外部触发输入。CH1 的输入端，在 $X-Y$ 模式中，为 X 轴的信号输入端；CH2 的输入端，在 $X-Y$ 模式中，为 Y 轴的信号输入端；外部触发信号输入端，欲用此端子时，须用外部触发。

（2）信号连接

待测信号通过探头和专用的连接线接入示波器。如果使用示波器探头，在首次将探头与任一输入通道连接时，需要进行探头补偿调节，使探头与输入通道相配。未经补偿或补偿偏差的探头会导致测量误差或错误。

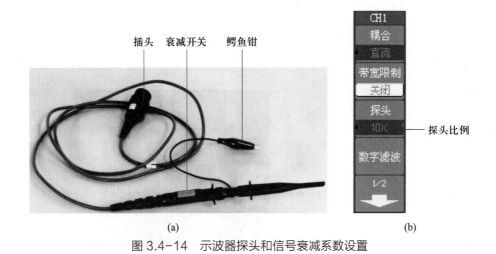

图 3.4-14　示波器探头和信号衰减系数设置

注意：探头柄上有一个信号衰减开关，如图 3.4-14（a）所示。开关拨向 ×1 时，信号不衰减输入；开关拨向 ×10 时，信号衰减至 1/10 后输入；示波器需要输入探头衰减系数（默认的探头菜单衰减系数设定值为 1X）；设置探头衰减系数的方法如下：按图 3.4-13 中的 CH1 功能键，显示通道 1 的操作菜单，应用与"探头"项目平行的第③个菜单操作键（如图 3.4-14 所示），选择与探头同比例的衰减系数。如图 3.4-14（b）所示，此时设定的衰减系数为 10X。

（3）信号选择

图 3.4-13 中功能按键，按 CH1（变亮）时仅显示通道 1 的信号；按 CH2（变亮）时显示通道 2 的信号；CH1 和 CH2 同时变亮，同时显示两通道信号。按亮 CH1 在屏幕上显示 CH1 操作菜单，应用与"耦合"项目平行的菜单操作键，可在直流（DC）、交流（AC）和接地（GROUND）三种耦合方式中切换。直流耦合是交、直流信号都能通过，主要在测直流信号时使用。交流耦合是阻挡输入信号的直流成分。接地是断开输入信号的直流成分。

2. 垂直控制区

在图 3.4-13 中的垂直控制区（VERTICAL）有一系列按键、旋钮，下面介绍这些按键、旋钮的使用。

（1）垂直调节旋钮：示波器两个通道（按 CH1 和 CH2 切换）共用一个输入信号垂直方向多挡调节旋钮（⚙SCALE），如图 3.4-15（a）所示。转动垂直调节旋钮 ⚙SCALE 改变"Volt/div（伏/格）"垂直挡位，可以发现"3 垂直挡位状态"显示的数值发生了相应的变化，如图 3.4-15（b）所示。以 1-2-5 的形式步进确定垂直挡位灵敏度，顺时针增大，逆时针减小垂直灵敏度，垂直灵敏度范围是 2 mV/div，5 mV/div，10 mV/div，…，10 V/div。

（2）垂直微调旋钮：按下垂直调节旋钮 ⚙SCALE，图 3.4-15（b）中的"3 垂直挡位状态"显示的数值在 V 和 mV 之间切换；再转动该旋钮，可粗调/微调垂直挡位。微调是在当前挡位范围内进一步调节波形显示幅度。顺时针增大，逆时针减小显示幅度。

（3）垂直位置旋钮：两个通道共用一个垂直位置旋钮 ⚙POSITION，如图 3.4-15（a）所示，旋转该旋钮，可以调节通道 1 或通道 2 信号的垂直显示位置。电压等于零的水平基线（GROUND）的标识跟随波形而上下移动。

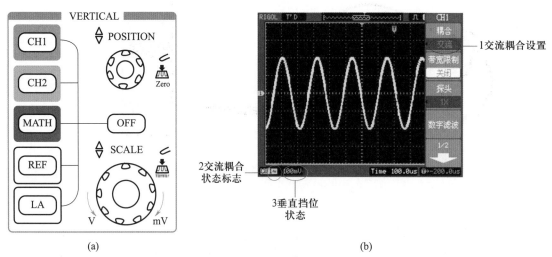

(a)　　　　　　　　　　　　(b)

图 3.4-15　示波器垂直控制系统调节

注意：测量技巧。

如果通道耦合方式为 DC，可以通过观察波形与信号地之间的差距来快速测量信号的直流分量。

如果耦合方式为 AC，信号里面的直流分量被滤除。这种方式方便用更高的灵敏度显示信号的交流分量。

双模拟通道垂直位置恢复到零点快捷键：按下垂直 ⚙POSITION 键，作为设置通道垂直显示位置恢复到零点的快捷键。

3. 水平控制区

在图 3.4-13 中的水平控制区（HORIZONTAL）有一系列按键、旋钮，下面介绍这些按键、旋钮的使用。

（1）扫描时间旋钮：示波器的输入信号水平方向调节旋钮（ ⊛SCALE ），如图3.4–16（a）所示。转动水平调节旋钮 ⊛SCALE 改变"s/div（秒/格）"水平挡位，可以发现"4 水平时基挡位状态"显示的数值发生了相应的变化，如图3.4–16（b）所示。水平扫描速度从2 ns（示波器型号不同此值也有差别）至50 s，以1–2–5的形式步进。

（2）水平位置：转动图3.4–16（a）中的旋钮 ⊛POSITION 可以调节波形在屏上水平位置，还可以水平调节触发位移，如图3.4–16（b）所示中的5（触发位移显示）。触发位移指实际触发点相对存储器中点的位置。

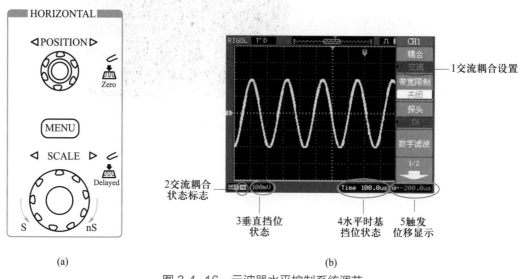

图3.4–16　示波器水平控制系统调节

注意：延迟扫描

延迟扫描快捷键：按下水平 ⊛SCALE 键，可切换到延迟扫描状态。

触发点位移恢复到水平零点快捷键：按下水平 ⊛POSITION 键，使触发位移（或延迟扫描位移）恢复到水平零点处。

（3）X–Y工作方式：以CH1信号为X轴输入，CH2信号为Y轴输入，按图3.4–16（a）中的 MENU 键，显示Time操作菜单。在此菜单下，可以开启/关闭延迟扫描或切换Y–T、X–Y和ROLL模式，还可以设置水平触发位移复位。

注意：应用与"时基"项目平行的第③个菜单操作键（图3.4–13），选择X–Y模式，在屏上显示X–Y信号。

4. 触发控制区

在图3.4–13中的触发控制区（TRIGGER）有一个旋钮、三个按键。下面介绍触发系统的设置。

（1）触发电平：转动旋钮 ⊛LEVEL ，如图3.4–17（a）所示，可以发现屏幕上出现一条橘红色的触发线以及触发标志，随旋钮转动而上下移动。停止转动旋钮，此触发线和触发标志会在约5 s后消失。在移动触发线的同时，可以观察到在屏幕上触发电平的数值发生了变化。

注意：触发电平恢复零点快捷键：按下 ⬦LEVEL 键，作为设置触发电平恢复零点的快捷键。

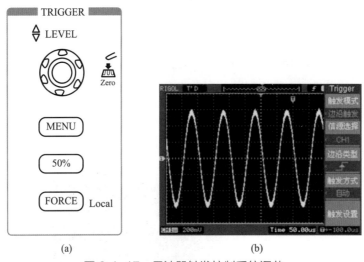

图 3.4-17　示波器触发控制系统调节

（2）触发菜单：

按下 MENU 键，显示 Trigger 操作菜单，如图 3.4-17（b）所示，参考图 3.4-14 中的菜单操作键 ① - ⑤，改变触发的设置，观察由此造成的状态变化。

触发模式：应用与"触发模式"项目平行的第①个菜单操作键，在边沿触发、脉宽触发、斜率触发、视频触发、交替触发之间切换（示波器型号不同有所差别）。

触发源：应用与"信源选择"项目平行的第②个菜单操作键，在 CH1、CH2、EXT、AC Line、D15-D0 之间切换（以边沿触发菜单为例）。触发模式不同，菜单有差异。

边沿类型：应用与"边沿类型"项目平行的第③个菜单操作键，在上升沿、下降沿和上升 & 下降沿之间切换（以边沿触发菜单为例）。触发模式不同，菜单有差异。

触发方式：应用与"触发方式"项目平行的第④个菜单操作键，在自动、普通和单次之间切换（以边沿触发菜单为例）。触发模式不同，菜单有差异。

触发设置：应用与"触发设置"项目平行的第⑤个菜单操作键，进入"触发设置"二级菜单，对触发的耦合方式，触发灵敏度和触发释抑时间进行设置。

（3）50% 键：按该键，设定触发电平在触发信号幅值的垂直中点。

（4）FORCE 键：按该键，强制产生一触发信号，主要应用于触发方式中的"普通"和"单次"模式。

基本操作步骤

1. 打开电源开关。
2. 按下 AUTO 键。
3. 示波器将自动设置垂直，水平和触发控制，使波形显示达到最佳。

4. 进一步手工调节垂直，水平挡位，直至波形显示符合要求。

5. 根据不同的测量要求，选择各旋钮相应的位置与按键模式等进行测量。

视频：DS1102E 数字示波器简介。　视频：DG1002U 信号发生器简介。

实验方案

1. 直流电压的测量

先将信号接入到 CH1（或 CH2）输入端。然后将耦合设置调至 GND［图 3.4-15（b）］，把零电平定位到显示屏上的适当位置（不一定在中央）。再把耦合设置调至 DC，调节垂直衰减旋钮至适当挡，使表示信号电平的水平线显示在屏上，此时 Volt/div 读数为 k_y。量出信号相对零电平的偏移格数 d，则直流电压为 $V = k_y d$。如图 3.4-18（a）所示，偏转格数为 4.2。若 Volt/div 读数为 50 mV/div，则直流电压为 50 mV × 4.2=210 mV。

2. 交流电压的测量

将纯交流信号接入到 CH1（或 CH2）输入端，按照测量直流电压时的方法确定零电平的位置，并在 DC 挡进行测量。这时显示的波形可能如图 3.4-18（b）的形式。若 Volt/div 读数仍为 50 mV/div，波峰-波谷之间的偏移为 3.6 格，则峰－峰值电压 $V_{p\text{-}p}$ = 50 mV × 3.6=180 mV，交流峰值电压为 $V_m = V_{p\text{-}p}/2$ = 90 mV。波形曲线上任一点的电压均可以按照此方法测量。

注意：读大格。

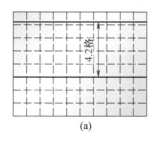 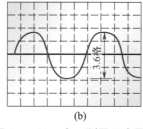 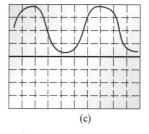

(a)　　　　　　　　　(b)　　　　　　　　　(c)

图 3.4-18　电压测量示意图

如果交流信号叠加在一个直流信号上，在 DC 挡测量的波形可能如图 3.4-18（c）所示。若耦合开关调至 AC 挡测量，则直流信号被隔开，显示波形又如图 3.4-18（b）一样，是对称于零电平线的。

交流电压在一个周期内的方均根值被称为有效值，记做 U。其大小为

$$U = \sqrt{\frac{1}{T}\int_0^T V^2 \mathrm{d}t}$$

对于正弦信号，可以计算得出有效值 $U = \dfrac{V_m}{\sqrt{2}}$，采用交流电压表读的都是有效值。

3. 周期和频率的测量

进行交流信号的显示。扫描时间旋钮至适当挡，读出 Time/div 指示值 k_x，量出一个周期波长对应

的偏移格数 k_t，计算周期和频率。

实验内容及要求

1. 用示波器观察直流、交流信号波形。首先将示波器 CH1 或 CH2 输入端探头接在函数发生器或其他信号源上。探头上的鳄鱼钳是接地用的。测量高频信号时接地点要尽可能地靠近探测点。调好零电平位置，调整示波器进行波形显示和观察。可以依次观察示波器的校准信号、函数发生器（或信号发生器）的正弦波、三角波、方波等不同波形和不同频率的信号。

2. 测量各种交流信号电压的峰值，并计算它们的有效值。用交流电压表测量电压有效值。对两种方法测量的结果进行比较。

3. 测量交流信号的频率，并与频率计测量的结果进行比较。

4. 用光标对 2，3 项进行测量。（只限具有光标读出功能的示波器）

5. CH1，CH2 通道输入不同的正弦波信号，在 X–Y 方式下观察显示图形。固定 CH1 通道信号的电压幅度和频率，调节 CH2 信号的电压与频率，观察图形的变化（该图形称为李萨如图形）。总结当 CH2 的频率 f_2 分别是 CH1 频率 f_1 的 1 倍、2 倍、3 倍、1.5 倍时，李萨如图形变化的规律。

自制表格记录 2~5 项测量结果，画出 $f_2 : f_1 = 1$、2、3、1.5 时的李萨如图形。

选读：1. GOS-620
模拟示波器面板主要旋
钮名称与作用。
2. 示波器的种类及合
理选用。

3.4.3　分光计的调整和使用

分光计是一种精确测量光线偏折角度的常用光学实验仪器。光线在传播过程中，遇到不同介质的分界面（如平面反射镜、三棱镜等光学表面）发生反射和折射，从而改变传播方向，在入射光和反射光或折射光之间有一定的夹角，它们的关系遵循反射定律、折射和衍射定律。借助分光计并利用反射、折射、衍射等物理现象，可完成全偏振角、晶体折射率、光波波长等物理量的测量，其用途十分广泛。近代摄谱仪、单色仪等精密光学仪器也都是在分光计的基础上发展而成的。

分光计装置结构精密，调整操作技术较复杂，使用时必须按要求仔细调整，才能获得较高精度的实验结果。本实验以常用的 JJY 型分光计为例，介绍分光计的结构和调整方法，并使用分光计测量三棱镜的顶角、最小偏向角。此外，学会分光计的调整原理、方法和技巧，有助于使用和调整单色仪、摄谱仪等更复杂的光学仪器。

实验目的

1. 了解分光计的结构，学习正确调整分光计的方法。

2. 观察三棱镜对白炽灯和汞灯的色散现象。

3. 测量三棱镜顶角。

4. 通过测量三棱镜的最小偏向角，测定其对单色光的折射率。

JJY 型分光计的结构简图如图 3.4-19 所示，它由四部分组成：望远镜、载物平台、平行光管和读数系统。

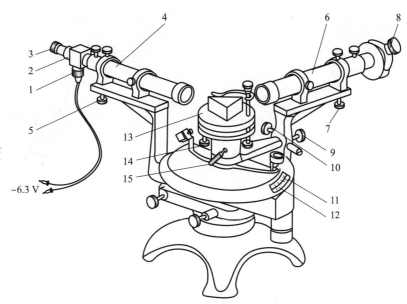

1—小灯；2—分划板套筒；3—目镜；4—望远镜镜筒；5—望远镜斜度调节螺丝；6—平行光管；7—平行光管斜度调节螺丝；
8—狭缝宽度调节钮；9—游标盘锁紧螺丝；10—游标盘微调螺丝；11—游标盘；12—刻度圆盘；13—载物台；
14—载物台水平调节螺丝；15—载物台锁紧螺丝。

图 3.4-19　JJY 型分光计的结构

望远镜

望远镜用来观察和确定光线前进的方向，它由物镜、目镜组、分划板、照明灯泡等组成。

目镜组又由场镜和目镜组成。JJY 型分光计的目镜组是阿贝自准式。在场镜前有一刻有两条水平线（下边的一条水平线通过直径）和一条竖直线（与水平线正交并通过直径）的分划板。在分划板靠近场镜的一侧下方贴一全反射小棱镜，小棱镜紧贴分划板的一侧刻有一透光的"十"字窗（十字水平线与分划板上面的水平线对称），棱镜下方照明灯发出的光线照亮"十"字窗，从目镜中观察到一个明亮的"十"字，如图 3.4-20（a）所示。

若在物镜前放一平面镜，前后调节目镜（连同分划板）与物镜间的距离，根据自准直关系，当分划板位于物镜的焦平面处，亮十字的光经物镜投射到平面镜，反射回来的光经物镜后再在分划板上方成像。若平面镜与望远镜的光轴垂直，则此像的水平线应落在分划板上方的水平线处。如图 3.4-20（b）所示。

载物平台

载物平台用来放置光学元件，如棱镜、平面镜、光栅等。如图 3.4-21 所示，其平面下方有三个调节螺丝，可调节平台的水平。松开载物台下的固定螺丝（图 3.4-19 中 15），可使平台沿轴升降，以适应高低不同的被测对象。

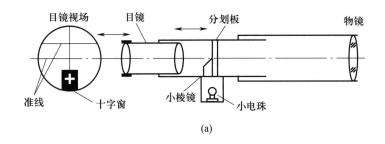

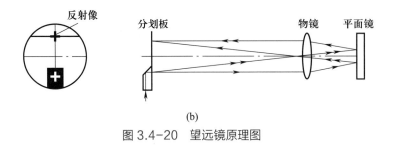

图 3.4-20 望远镜原理图　　　　图 3.4-21 载物平台

平行光管

平行光管的作用是产生平行光。管的一端装有会聚透镜，另一端装有一套筒，其顶端为一宽度可调的狭缝。改变狭缝和透镜的距离，当狭缝位于透镜的焦平面上时，就可使照在狭缝的光经过透镜后成为平行光，射向位于平台上的光学元件。如图 3.4-22 所示。

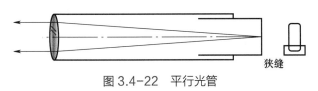

图 3.4-22 平行光管

读数系统

读数装置由圆环形刻度盘和与之同心的游标盘组成，如图 3.4-23 所示。沿游标盘相距 180° 对称安置了两个角游标。载物台可与游标盘锁定，望远镜可与刻度盘锁定。望远镜对载物台的转角可借助两个角游标读出。刻度盘分度值为 0.5°，小于 0.5° 的角度可由角游标读出。角游标共有 30 个分度，因此读数值为 1'。角游标原理及读数方法与直游标（卡尺）类似。设置对称的两个游标是为了消除刻度盘几何中心与分光计中心转轴不同心而带来的系统误差（见本节选读内容最小偏向角的推导等知识点拓展）。

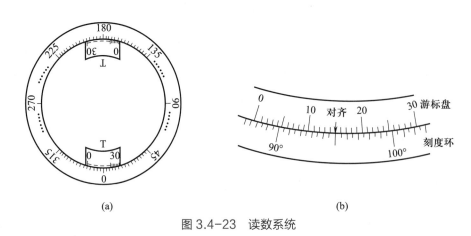

(a)　　　　　　　　　　　　　(b)

图 3.4-23 读数系统

分光计常用于测量入射光与出射光之间的角度，为了能够准确测得此角度，必须满足两个条件：① 入射光与出射光（如反射光、折射光等）均为平行光；② 入射光与出射光都与刻度盘平面平行。为此必须对分光计进行调整，使其达到：望远镜聚焦无穷远处（即可适于观察平行光）；望远镜与平行光管等高，并均与分光计的中心转轴相垂直；平行光管射出的是平行光等。下面介绍调整方法：

1. 粗调

根据目测粗略估计，调节望远镜和平行光管的斜度调节螺丝，使其大致呈水平状态；调节载物平台下的三个螺丝使平台也基本水平。

打开分光计电源，调节目镜对分划板的距离，看清分划板上的刻线和"十"字窗的亮线。将双面反射镜放到载物平台上，并与望远镜筒基本垂直，由于望远镜视场较小，开始时在望远镜中可能找不到"十"字窗的像。可用眼睛从望远镜旁观察，判断从双面镜反射的十字像是否能进入望远镜。再将平台转过 180°，带动平面镜转过同样角度，同样观察到"十"字像。若两次看到的"十"字像偏上或偏下，则适当调节望远镜的倾斜度螺丝和平台下的螺丝，使两次的反射像都能进入望远镜筒。这一步很重要，是后面调节的基础。

2. 望远镜调焦于无限远

用自准直法调整望远镜，用望远镜观察，找到反射的"十"字像后，调节望远镜分划板对物镜的距离，使反射的"十"字成像清晰，移动眼睛观察"十"字像与分划板上的刻线间是否有相对位移（即视差）。若有视差，需反复调节目镜对分划板、分划板对物镜的距离，直到无视差，这说明望远镜的分划板平面、物镜焦平面、目镜焦平面重合，望远镜已聚焦于无穷远处（即平行光已聚焦于分划板平面），能观察平行光了。

3. 调节望远镜光轴与分光计中心转轴垂直

为了既快又准确地达到调节要求，先将双面反射镜放置在载物平台中心，镜面平行于 b, c 两个调节螺丝的连线，且镜面与望远镜基本垂直（可转动平台以达到上述要求），如图 3.4-24（a）所示。调节螺丝 a 和望远镜的倾斜度螺丝，使双面镜的正反两面的反射像都成像在望远镜中分化板上方与"十"字窗对称的水平线上，这时望远镜光轴就垂直于仪器的中心转轴了。然后把双面镜转 90°，再将双面镜与平台仪器一起转动 90°，如图 3.4-24（b）所示。这次只调螺丝 b 或 c，方法同前，使双面镜正反两面的反射像都在正确位置上。

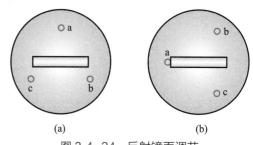

图 3.4-24　反射镜面调节

实际调节时，先观察"十"字像的成像位置，如果转动平台，从双面镜正、反两面反射回来的"十"字像，都成像在分划板上方水平线的同一侧（上方或下方），且与水平线距离大致相同，说明平台与转轴基本垂直，而望远镜光轴不垂直转轴，可调节望远镜的倾斜度螺丝；如果两面反射的十字像一次在水平线上方，另一次在下方，位置又基本对称，则主要是载物平台不垂直转轴，需调节平台的调节螺丝。实际情况多为两种因素兼有，则用渐近法，逐次逼近，即先调节平台螺丝，使"十"字像与分划板上方水平线间距离缩小一半，再调整望远镜倾斜度螺丝，使"十"字像与该水平线重合。平台转过180°后，再调另一面，这样反复调节，逐次逼近，即可较快达到调整要求。

4. 调节平行光管

用已调好的望远镜作为基准，正对平行光管观察。用光照亮狭缝，调节平行光管狭缝与会聚透镜的距离，在望远镜中能看到清晰的狭缝的像，移动眼睛观看，狭缝像与分划板无视差，这时平行光管发出的光就是平行光。然后调节平行光管的斜度调节螺丝，使狭缝在分划板处的像居中，上下对称（初学者可使狭缝转过90°，观察狭缝像是否与分划板水平直径重合，不重合需调节平行光管的斜度调节螺丝，达到重合后，将狭缝再转至垂直位置，此过程中应注意狭缝对透镜的距离不能改变，若有变化，应再调节，直到成像清晰且无视差）。调节完成后，则平行光管光轴与望远镜光轴重合，并均垂直于转轴。测量时狭缝要细，这样读数位置较准确。平行光管调节的总体要求就是狭缝清晰，居中，缝宽适当，无视差。经过以上调整，分光计达到了良好的使用状态。

视频：JJY
型分光计。

三棱镜顶角测量原理

1. 自准直法

图3.4-25为自准直法测顶角的原理图。将望远镜垂直对准AB面，根据自准直原理，目镜中的亮十字应成像在分划板上方水平线与竖直线的交叉点上，此时通过两个相对的游标，读取望远镜的方位角θ_1和θ_2；再将望远镜垂直对准AC面，同样从相对的两个游标读取到对应于AC面的方位角θ_1'和θ_2'，两个方位角之差即为顶角α的补角φ，即有

$$\alpha = 180° - \varphi = 180° - \frac{1}{2}\left(|\theta_1' - \theta_1| + |\theta_2' - \theta_2|\right) \quad (3.4-7)$$

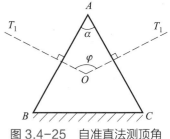

图3.4-25 自准直法测顶角

2. 反射法

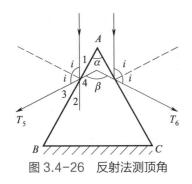

图3.4-26 反射法测顶角

图3.4-26为反射法测顶角的原理图。将三棱镜放到载物平台上，使平行光管射出的光束同时投射到棱镜的两个折射面上，光线分别由AB面和AC反射，转动望远镜观察AB面反射的狭缝像，使之与分划板竖直线重合，读出望远镜方位角θ_3和θ_4。同样望远镜正对AC面的反射光时，读取另一组数值θ_3'和θ_4'。则由图3.4-25看出，三棱镜的顶角为

$$\alpha = \frac{\beta}{2} = \frac{1}{4}\left(|\theta_3' - \theta_3| + |\theta_4' - \theta_4|\right) \quad (3.4-8)$$

实验器材

分光计、三棱镜、双面反射镜、钠光灯、汞灯、白炽灯。

1. 分光计的调整

（1）观察分光计，了解其结构，对照仪器结构图和实物熟悉调节装置的位置，掌握各调节螺丝的作用。

（2）按照前面所述调整方法，将分光计调至：

① 双面镜反射回来的十字像清晰与叉丝无视差；

② 双面镜正、反两面反射回来的十字像均与上叉丝重合，且转动平台过程中十字像沿上叉丝移动；

③ 狭缝像清晰与叉丝无视差，且其中点与中心叉丝等高。

2. 测定三棱镜顶角

（1）调整三棱镜

将待测三棱镜按图 3.4-27 所示的位置摆放到载物平台上，首先调平台螺钉 a、b 或 c（望远镜已经调好，不能再调节倾斜度螺丝），使三棱镜的两个反射面 AB、AC 与望远镜的光轴垂直。

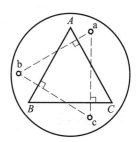

图 3.4-27　三棱镜放置方法

（2）用自准直法测三棱镜顶角 α，反复测量 6 次，数据表格自拟。根据实验数据，计算出三棱镜的顶角 α。

（3）用反射法测三棱镜顶角，测量 6 次，数据表格自拟。根据实验数据，计算出三棱镜的顶角 α。

3. 测定三棱镜对单色光的最小偏向角 $\delta_{\min}$，进而计算其折射率 n

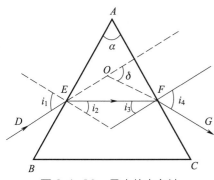

图 3.4-28　最小偏向角法

将三棱镜按图 3.4-28 所示放在载物平台上，用钠灯照亮平行光管狭缝，出射平行光由 D 方向照射到棱镜 AB 折射面上，经棱镜二次折射由 AC 折射面出射，用眼睛观察，微微转动游标盘（带动载物平台一起转动），观察到出射光 G。再用望远镜观察该光线，继续缓慢转动游标盘，使其向偏向角小的方向移动，当看到光线移至某一位置而向反向移动，则逆转处即为最小偏向角的位置。用望远镜分划板竖直线对准出射光，记录两游标所示方位角 θ 和 θ'。

移去三棱镜，将望远镜对准平行光管，使望远镜分划板竖直线与狭缝像重合，记录两个游标的示数 θ_0 和 θ_0'。

则由 $\delta_{\min} = \dfrac{1}{2}\left(\left|\theta' - \theta_0'\right| + \left|\theta - \theta_0\right|\right)$ 式计算出 $\delta_{\min}$ 的值。重复测量 6 次，数据表格自拟。由 $\delta_{\min}$ 的平均值和顶角 α 值，计算三棱镜的折射率（公式推导见选读部分）

$$n = \frac{\sin\dfrac{\delta_{\min} + \alpha}{2}}{\sin\dfrac{\alpha}{2}} \qquad (3.4\text{-}9)$$

若将钠灯换成汞灯，可分别测定棱镜对汞灯光谱中各单色谱线的最小偏向角，进而计算出棱镜对各色光的折射率，并加以比较，说明折射率与光波波长间的关系。

注意：转动过程中游标若跨过了0°线，读数应相应加上或减去360°。

如果将光源换为白炽灯，则可观察白炽灯光谱，可与汞灯光谱进行比较。

分析与思考

对于以上测量结果进行误差分析，导出三棱镜顶角 α 的不确定度，最小偏向角 δ_{min} 以及折射率 n 的不确定度的公式。设分光计测角的极限误差为 $1'$，估算出 n 的不确定度。

注意：应先将角度换算成弧度再计算。

分光计的调整比较复杂，通过实际操作认真体会调整过程，若用未达到调整要求的分光计测角度，对实验结果会带来什么影响？

归纳与小结

分光计是光学实验常用的精密仪器，构造较复杂，调整起来是有一定困难的，但是我们只要按要求去做，掌握调整方法，认真细致，最终都能达到要求。我们从实验中应体会到，精密仪器必须经过精心调整，才能真正发挥仪器测量精密度高的作用。因此仪器的调整是本实验的主要组成部分。

选读：最小偏向角的推导等知识点拓展。

在调整好的仪器上，配合使用不同的光学元件可以进行多种测量，实验中根据自准直方法，反射定理和折射定理可测得三棱镜的顶角、最小偏向角，进而计算出折射率；根据光栅衍射在已知光波长时，可测得光栅常量，反之，可测出单色光的波长。

3.4.4 杨氏模量的静态法测量

材料受外力作用时必然发生形变，杨氏模量（也称弹性模量）是衡量材料受力后形变能力大小的参量之一，亦即描述材料抵抗弹性形变能力的一个重要物理量。它是生产、科研中选择合适材料的重要依据，是工程技术设计中常用的参量。常用金属材料杨氏模量的数量级为 $10^{11} N \cdot m^{-2}$。

本实验采用静态拉伸法测定钢丝的杨氏模量。实验中涉及较多长度量的测量，应根据不同测量对象，选择不同的测量仪器。其中钢丝长度的改变很小，用一般测量长度的工具不易精确测量，也难保证其精度要求。本实验采用的光杠杆是一种应用光学转换放大原理测量微小长度变化的装置，它的特点是直观、简便、精度高。

实验目的

1. 掌握用光杠杆法测量微小伸长量的原理和方法，并用以测定钢丝的杨氏模量。

2. 了解选取合理的实验条件，减小系统误差的重要意义；接受有效数字计算和不确定度计算的训练。

设计思路

设一根粗细均匀的钢丝长度为 L，横截面积为 A，沿长度方向受一外力 F 后，钢丝伸长了 ΔL。比值 F/A 是钢丝单位横截面积上所受的力，称为应力（或胁强）；比值 $\Delta L/L$ 是钢丝的相对伸长量，称为应变（或胁变）。根据胡克定律，在弹性限度内，固体的应力和应变成正比，即

$$F/A = E\Delta L/L$$

或
$$E = \frac{F/A}{\Delta L/L} \tag{3.4-10}$$

式中 E 称为杨氏模量，单位为 $\text{N} \cdot \text{m}^{-2}$。它在数值上等于产生单位应变的应力，只与固体材料的性质有关。从微观结构来考虑，杨氏模量是一个表征原子间结合力大小的物理参量。

由（3.4-10）式可知，对 E 的测量实际上就是对 F、A、ΔL、L 的测量。其中 F、L 和 A 都容易测量，唯有钢丝的伸长量 ΔL 很小，很难用一般测长度的仪器测量。因此在设计实验时要尽可能获得较大的 ΔL。由于 $\Delta L = \dfrac{F/A}{E/L}$，要获得较大的 ΔL，则应使 $F/A = \sigma$ 较大以及采用较长材料（即 L 大）。但 L 过长测量时会带来不便，一般取 0.5 m～1.0 m。采用细丝作测试材料可以在 F 不大的情况下获得较高的应力。但应力也要受材料强度和弹性极限的限制，一般钢铁材料弹性极限大于 $2 \times 10^8 \text{ Pa}$。所以要根据具体材料和实验条件选择细丝的直径和受力范围。

另一方面，为使 ΔL 测量值具有较多位有效数字，实验中采用光杠杆法。光杠杆是用光学转换放大的方法来测量微小长度变化的一种装置。它包括杠杆架和镜尺机构（或灯尺机构）。反射镜放在杠杆架上组成杠杆镜。杠杆架下面有三个支脚，测量时两个前脚放在固定平台上，一个后脚放在与钢丝卡头相连的活动平台上。随着金属丝的伸长（或缩短），活动平台向下（或向上）移动，带动杠杆架以两个前脚的连线为轴转动，见图 3.4.-29 及图 3.4-30。望远镜和标尺放在反射镜的正前方。通过望远镜可以看到标尺经反射镜所成的像。杠杆转动时，望远镜观察到的标尺线读数也发生变化。

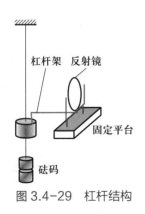

图 3.4-29　杠杆结构

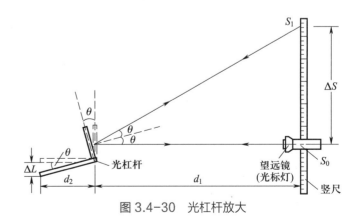

图 3.4-30　光杠杆放大

还有一些光杠杆系统采用灯尺结构，即把望远镜换成光标灯。灯光经反射镜反射照射在标尺上，杠杆的转动将引起标尺上光标的移动。

设起始状态在标尺上的测量读数为 S_0，当待测钢丝受力作用而伸长 ΔL 时，光杠杆后脚随之下降 ΔL，杠杆架和镜面都偏转 θ 角，反射线转过 2θ，此时标尺读数为 S_1（如图 3.4-30 所示）则有

$$\tan\theta = \frac{\Delta L}{d_2}, \qquad \tan 2\theta = \frac{S_1 - S_0}{d_1} = \frac{\Delta S}{d_1}$$

上两式已将位移变化 ΔL 变成角度变化。式中 d_1 为镜面到标尺间的距离，d_2 为光杠杆后脚到两前脚连线的垂直距离。因为 $\Delta L \ll d_2$，θ 很小。上两式又可近似写成

$$\Delta L = d_2 \cdot \theta, \quad \Delta S = d_1 \cdot 2\theta \qquad (3.4\text{-}11)$$

消去 θ，得到

$$\Delta S = \frac{2d_1}{d_2}\Delta L \qquad (3.4\text{-}12)$$

其中 $\dfrac{2d_1}{d_2}$ 为放大倍数。这样就可以把微小的长度改变量 ΔL 用可观的变化量 ΔS 表示。为保证大的放大系数，实验时应有较大的 d_1（一般 2 m）和较小的 d_2（一般 0.08 m 左右）。

将砝码施加的力 $F = Mg$，钢丝的截面积 $A = \dfrac{1}{4}\pi D^2$ 及（3.4-12）式代入（3.4-10）式，得到测量杨氏模量的公式：

$$E = \frac{8MgLd_1}{\pi D^2 d_2 \Delta S} \qquad (3.4\text{-}13)$$

实验方案

用静态拉伸法测定金属丝杨氏模量的装置如图 3.4-31 所示。金属丝悬挂在支架上，由砝码给金属丝施加拉力。

1. 根据测量精度要求，选择适当的测量工具进行长度测量。如用钢卷尺测量 L、d_1，用米尺测量 ΔS，用游标卡尺测量 d_2，用螺旋测微器测量金属丝直径 D。

2. 由于钢丝有挠屈，码钩上应预先加上适量本底砝码把钢丝拉直，使钢丝在伸直的状态下开始实验。并在此状态测 L 和 D。

3. 为了消除弹性滞后效应和夹钢丝的卡头与外框摩擦引起的系统误差，实验中先逐个增加砝码测量，再逐个减少砝码测量，取同一应力下两种情况测量的平均值作为该应力下的测量结果。

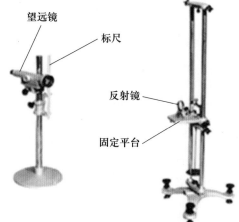

图 3.4-31　杨氏模量测量装置

4. 为提高（3.4-11）式准确性，由光杠杆小镜反射回来的光（或光标灯发出的光）应与标尺尽量

垂直，须使望远镜（或光标灯）轴线与光杠杆小镜等高，并且使标尺呈竖直状态。为保证增减砝码时，标尺上的读数位置应该在望远镜（或光标灯）轴线附近上下移动，先将所需全部砝码的一半加在码钩上，细心调节小镜倾角，使此时标尺上读数位置与望远镜（或光标灯）的轴线等高，然后取下砝码开始实验。

5. 仪器调整：

（1）为减少卡头与外框间的摩擦，应调节杨氏模量仪的底脚螺丝，使两根支柱竖直，以保证平台水平。

（2）调整光路，从望远镜中清楚地看到标尺读数（或让光标清晰地呈现在标尺上）。

6. 数据处理：把（3.4–13）式改写为

$$\Delta S = \frac{8Ld_1}{\pi D^2 d_2 E} Mg = kMg$$

其中

$$k = \frac{8Ld_1}{\pi D^2 d_2 E}$$

在既定的实验条件下 k 是一个常量。若以 $\Delta S = S_i - S_0 (i = 0, 1, 2, \cdots)$ 为纵坐标，Mg 为横坐标作图，应得一直线，其斜率为 k。由图上得到 k 的数据后可计算出杨氏模量

$$E = \frac{8Ld_1}{\pi D^2 d_2 k} \tag{3.4–14}$$

实验器材

杨氏模量测定仪，光杠杆，镜尺机构，待测钢丝，砝码，螺旋测微器，卡尺，钢卷尺。

实验内容及要求

1. 调整仪器及光路，先加两个砝码将钢丝拉直，并准备好数据记录表格。

2. 测量 L、d_1、d_2 各一次；测量 D 6 次。

3. 每增加一个砝码读一次标尺数 S_i', $(i = 0, 1, 2, 3, 4, 5, 6, 7)$，然后每减少一个砝码读一个标尺数 S_i''。

注意：加减砝码时要轻拿轻放，不得使码钩晃动。

4. 数据处理

（1）用作图法求 E。

（2）用最小二乘法求 E。

（3）计算不确定度 $u(d_1)$，$u(d_2)$，$u(L)$，$u(D)$，$u(\Delta S)$（其中 $u(d_2) = \frac{\Delta_{仪}}{\sqrt{3}}$，$u(d_1)$、$u(L)$ 取估计值 5 mm，$u(D)$ 和 $u(\Delta S)$ 均应考虑 A 类分量和 B 类分量）。

（4）计算合成不确定度

$$u(E) = \sqrt{\frac{u(d_1)^2}{d_1} + \frac{u(d_2)^2}{d_2} + \frac{u(L)^2}{L} + \frac{2u(D)^2}{D} + \frac{u(\Delta S)^2}{\Delta S}}\,\overline{E}$$

视频：杨氏模量的静态法。

并求出 E 的结果。

（5）将两种方法求出的 E 与公认值 $E_0 = 2.05 \times 10^{11} \, \mathrm{N \cdot m^{-2}}$ 进行比较。

分析与思考

1. 两根材料相同，粗细、长度不同的钢丝，在相同的加载条件下，它们的伸长量是否一样？杨氏模量是否相同。

2. 光杠杆有什么特点？怎样提高光杠杆的灵敏度？

3. 分析本实验产生误差的主要原因。实验中哪个量的测量误差对结果的影响大？如何进一步改进？

归纳与小结

采用灯尺机构进行实验时，金属丝的伸长量是由竖尺上的读数变化反映出来的。用肉眼读取光标产生的误差较大。如果在竖尺处放置适当的光电传感器，就可以将光标的位置变化转变成电信号输出，使得数据采集和处理更加方便。

本实验是微小长度变化测量的实验。微小长度的变化，用一般测量长度的工具，不易测准，有时甚至是很困难的。本实验采用光杠杆法来测量微小长度变化，它是一种可以实现非直接接触式的光学放大测量。光杠杆可以做得很精细，灵敏度高，还可以采用多次反射光路进一步增加放大倍数，常在精密仪器中应用。

同时，本实验还是对学生进行数据处理、不确定度估算训练的一个非常好的实验。从不确定度估算来看：有 A 类、B 类的估算，有单次、多次测量的估算，内容比较全面。我们还可以从对各个待测量的误差分析来理解主要误差来源和改进途径。

选读：微小长度测量的常用方法。

3.4.5 刚体转动惯量的测量

刚体的机械运动可以分解为平动和转动。转动惯量是决定刚体转动特性的重要物理量。刚体的转动惯量与自身的质量分布有关系。对于质量分布均匀、几何形状简单的刚体，可以由公式准确计算其转动惯量。但是在大多数情况下计算转动惯量是很困难的，这种情况下一般要用实验来测量。

实验测量转动惯量的方法通常有动力法和振动法两种。本实验利用振动法中的扭摆法来测量物体的转动惯量。

实验目的

1. 掌握用扭摆法测量刚体转动惯量的原理和方法；

2. 用扭摆测定弹簧的扭转常量和几种不同形状物体的转动惯量，并与理论值进行比较；

3. 理解转动惯量的平行轴定理，并对其进行验证。

设计思路

1. 扭摆法测定物体的转动惯量

设计一个扭摆的实验装置如图 3.4-32 所示。在其垂直轴上装有一根螺旋状的弹簧片，用以产生回复力矩。在样品架上可以装上各种待测物体，垂直轴与支座间装有轴承，以降低摩擦力矩。

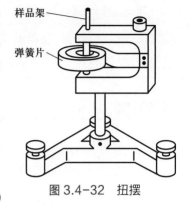

图 3.4-32　扭摆

当物体在水平面上转过角度 θ 后，在弹簧回复力矩的作用下，物体开始绕着垂直轴做往返扭转运动，根据胡克定律，弹簧受扭转而产生的回复力矩 M 与转过的角度 θ 成正比，即

$$M = -K\theta \qquad (3.4-15)$$

式中 K 为弹簧的扭转常量。若 I 为物体绕转轴的转动惯量，β 为角加速度，由转动定律 $M = I\beta$ 可得

$$\beta = \frac{M}{I} = -\frac{K}{I}\theta \qquad (3.4-16)$$

令 $\omega^2 = \dfrac{K}{I}$，忽略轴承的摩擦阻力矩，得到

$$\beta = \frac{d^2\theta}{dt^2} = -\omega^2\theta \qquad (3.4-17)$$

（3.4-17）式表示扭摆运动具有角简谐振动的特性，即角加速度与角位移成正比，且方向相反。此方程的解为：

$$\theta = A\cos(\omega t + \varphi) \qquad (3.4-18)$$

式中 A 为简谐振动的角振幅，φ 为初相位角，ω 为角速度。谐振动的周期为

$$T = \frac{2\pi}{\omega} = 2\pi\sqrt{\frac{I}{K}}$$

进而求出转动惯量：

$$I = \frac{K}{4\pi^2}T^2 \qquad (3.4-19)$$

由（3.4-19）式可知，测得扭摆的摆动周期后，在 I 和 K 中任意一个量已知时即可计算出另一个量。

刚体转动惯量的可叠加性：一个刚体如果由几部分构成，各个部分对同一轴的转动惯量之和，就是整个刚体对该轴的转动惯量。

本实验中用一个几何形状规则的物体，它的转动惯量可以根据它的质量和几何尺寸的测量，用理

论公式直接计算得到，根据（3.4-19）式可得到本仪器弹簧的 K 值；若要测定其他形状物体的转动惯量，只需将待测物体安放在本仪器样品架上，测定其摆动周期，再由（3.4-19）式即可测得该物体绕转动轴的转动惯量。

2. 验证平行轴定理

理论分析证明，若质量为 m 的物体绕通过质心轴的转动惯量为 I_c 时，当转轴平行移动距离 x，则此物体对新轴线的转动惯量变为 $I_c + mx^2$。这称为转动惯量的平行轴定理。本实验利用金属细杆和两个放置在细杆两边的滑块来验证转动惯量的平行轴定理。

实验方案

1. 时间的测量

用数字毫秒计（计时器）计时，在扭摆的金属载物圆盘上装有一个挡光杆。当挡光杆随载物圆盘摆动首次通过光电门遮住光束时，开始计时，圆盘每摆动半个周期挡一次光电门，计时器自动记录下数个周期的时间，周期数可由预置数开关来设定。当挡光杆第一次通过光电探头的间隙时，计时即开始。当达到预定周期数后，便自动停止计数，当需要重新计时的时候，按下"计时"键即可。

2. 测试装置本身转动惯量的扣除

实验中，我们选择塑料圆柱体作为几何形状规则的物体，它的转动惯量可以根据质量和几何尺寸用理论公式直接计算得到，即

$$I_1' = \frac{1}{8} m_1 D_1^2 \tag{3.4-20}$$

其中 m_1 和 D_1 分别为塑料圆柱体的质量和直径。

用扭摆通过测量金属载物圆盘的摆动周期 T_0，由（3.4-19）式可以得到载物圆盘的转动惯量为 I_0；再在载物圆盘上放上塑料圆柱体（保证圆柱体和金属载物圆盘同轴转动），测定其摆动周期 T_1，得到的转动惯量为 $I_0 + I_1'$，则

$$I_0 + I_1' = \frac{K}{4\pi^2} T_1^2 \tag{3.4-21}$$

利用转动惯量的叠加性，该式子与 I_0 的表达将两式相减，得到

$$I_1' = \frac{K}{4\pi^2} T_1^2 - \frac{K}{4\pi^2} T_0^2 = \frac{K}{4\pi^2}(T_1^2 - T_0^2)$$

则弹簧的扭转常量：

$$K = 4\pi^2 \frac{I_1'}{T_1^2 - T_0^2} \tag{3.4-22}$$

这样就得到了扭摆的扭转常量 K，若要测定其他物体的转动惯量，只需将待测物体放在同一扭摆仪的样品架上（这里实验中是金属载物圆盘），测定其摆动周期 T，即可得到该物体的转动惯量 I，即

$$I = \frac{K}{4\pi^2} T^2 - I_0 \tag{3.4-23}$$

3. 平行轴定理的验证

将两个质量相等的均质滑块对称的放置在细杆两边，并将质量均匀的细杆与夹具安装在转轴上（注意：细杆中心必须与中心转轴重合），如图 3.4-33 所示。当滑块质心距转轴的距离为 x 时，根据平行轴定理，整个系统对中心转轴的转动惯量应为

$$I' = I_{夹具} + I_{细杆} + I_c + 2mx^2 \qquad (3.4\text{-}24)$$

其中，$I_{夹具}$ 是夹具绕中心转轴的转动惯量，它与金属细杆的转动惯量相比甚小，因此在计算中可以忽略不计；$I_{细杆}$ 是均匀细杆绕中心转轴的转动惯量；I_c 是两个滑块绕通过各自质心的垂直转轴（与中心转轴平行）的转动惯量，m 是每个滑块的质量。

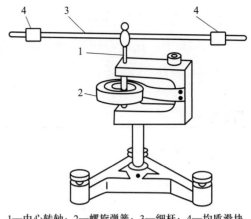

1—中心转轴；2—螺旋弹簧；3—细杆；4—均质滑块。

图 3.4-33　平行轴定理验证实验装置

当滑块质心距转轴的距离为 x 时，通过摆动周期 T 的测量，根据（3.4-23）式就测量出此时的转动惯量 I，并与理论计算值 I' 做比较，验证平行轴定理。

实验器材

扭摆、几种有规则的待测转动惯量的物体（空心金属圆柱体、实心塑料圆柱体、实心木球、平行轴定理用的细金属杆，杆上有两块可以移动的金属块）、游标卡尺、数字式计数计时器以及数字式电子台秤。

实验内容及要求

1. 熟悉扭摆构造和使用方法，掌握计时器的正确使用方法。

2. 用台秤、游标卡尺测量待测物体的质量和必要的几何尺寸，例如圆筒的内径和外径、圆柱体的外径、球体的直径；用钢卷尺测量金属细杆长度。

3. 调整扭摆基座底脚螺丝，使水准仪中气泡居中。

4. 在转轴上装上对此轴的转动惯量为 I_0 的金属载物圆盘，并调整光点探头的位置使载物盘上挡光杆处于其缺口中央且能遮住发射接收红外线的小孔，测定 10 个摆动周期 $10T_0$，在载物圆盘上放置转动惯量为 I_1 的塑料圆柱体，测定扭摆的扭转常量 K。

注意：

1. 弹簧有一定的使用寿命和强度，千万不可随意玩弄弹簧，实验时摆动角度不要太大（ $\pm 60°$ 内已足够）。

2. 圆柱体和空心圆筒放在载物圆盘上时，必须放正，不能倾斜。

5. 测定塑料圆柱体、金属圆筒、木球和细杆的转动惯量，并和理论值比较，计算相对误差。

6. 将滑块对称地放在细杆上，使滑块质心与转轴的距离 x 分别为 5.00 cm、10.00 cm、15.00 cm、20.00 cm、25.00 cm，依次测定 5 个摆动周期，验证平行轴定理。

分析与思考

1. 分析实验误差产生的原因。

2. 在本实验理论的基础上，能否再提出一种新的实验方案，并推导计算公式。

3. 实验中，在称量细杆的质量时，为什么要把夹具拿掉？为什么在计算细杆的转动惯量时不考虑夹具的转动惯量？

归纳与小结

本实验利用一个形状规则物体的转动惯量可计算出理论值的特点，测定出了扭摆的扭转常量 K，并进而可以测出任意物体绕固定转轴的转动惯量。

在验证平行轴定理时，两个滑块对称放置。若只用一个。则圆盘会受到一个沿切线方向的力矩的作用，转动时，必然会导致摩擦力矩的增加。这一方面增大了测量误差，另一方面影响仪器的使用寿命。而采用两个滑块对称放置，则两力矩大小相等，方向相反，于是相互抵消了。

选读：动力法测量刚体的转动惯量等知识拓展。

3.4.6　等厚干涉测量与读数显微镜的使用

等厚干涉是分振幅干涉现象，劈尖、牛顿环干涉是典型的等厚干涉。在工厂常利用等厚干涉原理测量细丝直径、检验透镜的曲率和平面的平整度。用干涉法检验产品既简便又能达到很高的准确度，其灵敏度可达光波波长的量级。

实验目的

1. 学习等厚干涉的基本规律和用分振幅法实现干涉的实验方法。

2. 熟悉读数显微镜的正确使用。

3. 掌握测定透镜曲率半径的一种方法。

等厚干涉及应用原理

劈尖干涉与细丝直径测量

将两块光平玻璃板叠在一起，如图 3.4-34 所示，在一端插入一细丝或薄片，则在两玻璃板之间形成一空气劈尖。当用单色光垂直照射时，由 CD 上表面与 AB 下表面反射的两束光在 AB 面附近相遇而产生干涉。形成一组与两玻璃板接触的棱边相平行，间距相等，明暗相间的干涉条纹（等厚干涉条纹）。

因空气折射率 $n = 1$，考虑到半波损失以后，光程差为

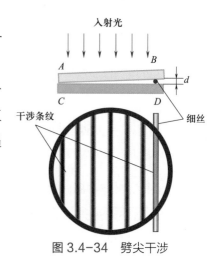

图 3.4-34　劈尖干涉

$$\delta = 2e + \frac{\lambda}{2} \qquad (3.4\text{-}25)$$

e 为某干涉条纹对应的劈尖厚度，λ 为入射光波长。暗纹条件

$$\delta = 2e + \frac{\lambda}{2} = (2k+1)\frac{\lambda}{2} \qquad (3.4\text{-}26\text{a})$$

明纹条件

$$\delta = 2e + \frac{\lambda}{2} = k\lambda \qquad (3.4\text{-}26\text{b})$$

$k = 0, 1, 2, 3, \cdots$。与 k 级暗纹条纹对应的劈尖厚度为

$$e = k\frac{\lambda}{2} \qquad (3.4\text{-}27)$$

由此式可知，$k=0$ 时，$e=0$，即在两玻璃板接触线处为零级暗条纹，如在细丝处呈现 $k=N$ 级暗条纹，则待测细丝或薄片的厚度为

$$d = N\frac{\lambda}{2} \qquad (3.4\text{-}28)$$

若将图 3.4-34 的下面一块平整玻璃板换上一表面平整度待检验的玻璃片，一端稍加力，就会使两接触面间出现一劈尖。如果待检验平面是一理想平面。干涉条纹将为互相平行的直线。被检验平面与理想平面的任何光波长数量级的差别，都将引起干涉条纹的弯曲，由条纹的弯曲方向与程度可以判定被检验表面在该处的局部偏差情况，图 3.4-35 表示被检查表面 CD 有凸起或凹陷时，干涉花样形状的示意图。

牛顿环

一个具有较大曲率半径的平凸透镜，凸面向下扣在一块平整的玻璃片上就组成了一个"牛顿环"实验装置（如图 3.4-36 所示），可以用来观察等厚干涉。从图中给出的几何关系得到

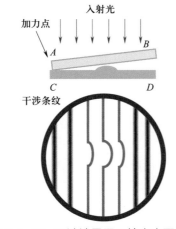

图 3.4-35　干涉计量用于检查表面质量

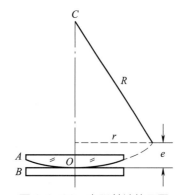

图 3.4-36　光程差计算用图

$$R^2 = r^2 + (R-e)^2$$

化简后得

$$r^2 = 2Re - e^2$$

当 $R \gg e$ 时，上式中的 e^2 可以略去，因此

$$e = \frac{r^2}{2R}$$

将此值代入上述干涉条件（3.4-25）式，并化简可得

$$r^2 = (2k-1)R\frac{\lambda}{2} \quad k = 1, 2, 3\cdots \quad \text{明环} \qquad (3.4\text{-}29\text{a})$$

$$r^2 = k\lambda R \quad k = 0, 1, 2\cdots \quad \text{暗环} \qquad (3.4\text{-}29\text{b})$$

由（3.4-29a）式和（3.4-29b）式可以看出，如果我们测出了明环或暗环的半径 r 就可定出平凸透镜的曲率半径 R。在实际测量中，暗环比较容易对准，故以测量暗环为宜。此外，考虑到在接触点处不干净以及玻璃的弹性形变，牛顿环的中心和级数 k 都不易确定，实际上很难直接用（3.4-29）式测定 R。通常取两个序数为 m 和 n 的环直径 D_m 和 D_n 来计算：

$$R = \frac{r_m^2 - r_n^2}{(m-n)\lambda} = \frac{D_m^2 - D_n^2}{4(m-n)\lambda} \qquad (3.4\text{-}30)$$

实验方案

1. 间隔数 $m-n$ 的选取原则

对（3.4-30）式取对数后微分，得到

$$\frac{\mathrm{d}R}{R} = 2\frac{D_m\mathrm{d}D_m - D_n\mathrm{d}D_n}{D_m^2 - D_n^2}$$

由于 D_m 与 D_n 是用同一仪器测量的，因此两者的不确定度相同，$u(D_m) = u(D_n) = u(D)$，即有

$$E(R) = 2\frac{(D_m^2 + D_n^2)^{\frac{1}{2}}}{D_m^2 - D_n^2}u(D) \qquad (3.4\text{-}31)$$

因此，$D_m - D_n$ 越大，即 $m-n$ 越大，则 $\frac{\Delta R}{R}$ 越小。当 $m-n$ 很小时，随着它的增加 $\frac{\Delta R}{R}$ 下降很快；当 $m-n > 10$ 后，随着它的增加 $\frac{\Delta R}{R}$ 的下降则变慢。虽然扩大 $m-n$ 对减小误差有利，但是效果越来越不明显，故取 $m-n = 10$ 即可。

2. n 值的选取

根据（3.4-31）式，当 $m-n$ 一定时，n 值越小即越靠近中心，$D_m - D_n$ 值越大（因环越靠近中心条纹越疏），$\frac{\Delta R}{R}$ 就越小，但考虑到中心附近圆环变形较大，故可取稍偏离中心的正圆环，如选 $n = 5$。

实验器材

平面玻璃两块，待测细丝或薄片，牛顿环装置，读数显微镜（附 45° 玻璃片），钠光灯。

1. 干涉条纹的调整

按图 3.4-37 放置仪器，光源 S 发出的光经平板玻璃 M 的反射进入牛顿环装置。调节目镜清晰地看到十字叉丝，然后由下向上移动显微镜镜筒，看清牛顿干涉环。

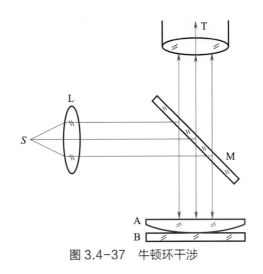

图 3.4-37　牛顿环干涉

注意：为防止压坏被测物体和物镜，不得由上向下移动移动显微镜镜筒！

2. 牛顿干涉环直径 D_m 和 D_n 的测量

（如图 3.4-38 所示）取 $m = 15$，$n = 5$。横向改变读数显微镜位置，使叉丝由第 15 圈外若干圈向第 15 圈移动直至叉丝交点与之重合，读取 C_{15}，继续朝同一方向移动叉丝至第 5 圈读取 C_5；仍按原方向移动叉丝，越过中央暗环，按同样方法读取 C'_5、C'_{15}。

注意：使用读数显微镜时要防止产生空程差。

3. 将牛顿环旋转若干角度，重复以上测量共 6 次。

4. 计算透镜的曲率半径及其不确定度。

5. 细丝直径的测量

（1）用待测直径的细丝和两块光平玻璃搭成劈尖，在读数显微镜下调整劈尖玻璃及细丝的位置，使干涉条纹与细丝平行。观察细丝在两块平玻璃间的不同位置时的条纹间距的变化规律，然后将细丝放在距棱边较远的位置。

（2）调节读数显微镜与玻璃劈尖方位，使叉丝走向与条纹平行或垂直。

（3）测出每隔 10 条干涉条纹的长度，重复测量 6 次，求出平均值及单位长度的干涉条纹数 n；测量劈尖棱边到夹丝处的总长度 L，重复测量 6 次，计算细丝直径及其不确定度（细丝直径 $d = \bar{L} n \dfrac{\lambda}{2}$）。

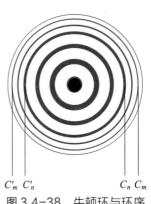

C'_m　C'_n　　　　C_n　C_m

图 3.4-38　牛顿环与环序

1. 在实验中若遇到下列情况，对实验结果是否有影响？为什么？

（1）牛顿环中心是亮斑而非暗斑。

（2）测 D_m 和 D_n 时，叉丝交点未通过圆环的中心，因而测量的是弦长，而非真正的直径（如图 3.4-39 所示）。

（3）水平叉丝与镜筒横向走动方向有 α 交角。

2. 牛顿环法常被工厂用于产品表面曲率的检验，方法是把一块标准曲率的透镜放在被检透镜上（如图 3.4-40 所示），观察干涉条纹数目及轻轻加压时条纹的移动。试问如果被检凸透镜曲率半径偏小，将观察到什么现象？为什么？

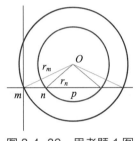
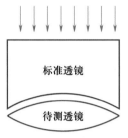

图 3.4-39　思考题 1 图　　　　图 3.4-40　思考题 2 图

3. 牛顿环与劈尖干涉有什么相同与不同之处？

在该实验的测量方法中，还可固定间隔 $m-n$ 不变，测量不同 m 和 n 的一组环直径，然后用逐差法计算曲率半径。需特别指出，在这里对直径 D_i 的测量是等精度的，但直径平方 D_i^2 却是非等精度的，因此应当用加权平均的方法来处理数据。而本实验中我们采用的是保持环序 m, n 不变，测量多组 D_m 和 D_n 值，则 R 是等精度测量，可直接求平均值，方法比较简便。

另外，为减少干涉环不是正圆造成的系统误差，多次测量时我们采取旋转牛顿环测不同位置直径的办法，将系统误差随机化。

第4章 物理实验基本方法

4.1 基本实验方法

实验方法是以实验理论为基础，以实验技术、实验装置为主要手段进行科学研究、取得所需结果的方法，是理论联系实际的桥梁和纽带。它凝聚了许多科学家和实验工作者的巧妙构思，是一代人甚至几代人智慧的结晶，值得我们很好地学习和借鉴。实践证明，学习、掌握实验方法的过程是人类认识事物由感性到理性的发展过程，也是我们科技工作者科学素质和实验能力的积累提高过程。在物理实验课程学习中应当注意理论联系实际，重点掌握实验方法，并在实践中学会运用，特别是学会综合应用各种实验方法解决问题。

实验方法因使用目的、学科专业的不同而不同，千差万别，目前尚无确切的分类方法。就大学物理实验课程所涉及的实验来看，实验方法包括以下三类：

1. 科学实验的通用方法

科学实验的通用方法是科学思维方法在物理测量中的具体体现，具有广泛的应用范围。如比较法、放大法、平衡法等，它们适用于任何学科专业，也是物理实验的基本方法。这是本章将要重点介绍的方法。

2. 物理实验的专用方法

物理实验的专用方法是针对物理学中某一具体实验任务的测量方法，如力学实验中用到的"光杠杆法"；电学实验中用到的"伏安法""电桥法"；磁学实验中用到的"冲击法"、"霍尔元件法"；光学实验中用到的"自准法""干涉法""衍射法"等等。还有，为了消除实验中的各种系统误差采用的实验方法也属于此类。这些方法虽属专用，在物理学实验中也具有重要的推广应用价值。这些内容在本书后面各个具体实验中将分别予以介绍，此处不再赘述。

3. 数据处理方法

数据处理方法顾名思义是处理数据、计算误差、给出实验结果的基本方法。但是，由于某种需要，它常常也是指导实验设计、测量的重要方法。这一方法常常帮助我们绕过不能测定的物理量、很难测准的物理量，使测量过程简化和优化。例如，在"焦利秤研究简谐振动"实验（见 3.3.5）中采用作图法，由 $T^2 - m$ 图线上既可算出弹簧的弹性系数 k 又可得到折合质量 m_0，起到了"一箭双雕"的作用；又如 5.1.2 节"金属电子逸出功的测定"实验中，用"理查逊直线法"和"外推法"，既绕过了不能测定的"与阴极表面化学纯度有关的系数 A"和"阴极的有效发射面积 S"的问题，又测准了很难测准的"零场发射电流 I"。真可谓"山重水复疑无路，柳暗花明又一村"。

数据处理的一般方法已在本书第二章中介绍。

4.1.1 比较测量法

比较测量法是物理实验中最常用的基本方法，它是将待测量与标准量进行比较来确定测量值的一种实验方法。因比较方式不同又可分为"直接比较法"和"间接比较法"两种。

直接比较法

直接比较法是将待测量与同类物理量的标准量直接比较、测量的方法，如用米尺测长度、用天平测量质量等。前一章介绍的电势差计就是通过对待测电压和标准电压的比较进行工作的。直接比较法简便实用，也很准确，它几乎存在于一切物理量测量中。但它也有一定的局限性，即要求标准量必须与待测量有相同的量纲、且大小可比。例如，用米尺可以测定桌椅的尺寸，却不能测量原子间距。

直接比较法的测量精度取决于标准量具（或测量仪器）的准确度。因此，标准量具和测量仪器一定要定期校准，还要按照规定条件使用，否则就会产生很大的系统误差。

间接比较法

对于无法直接比较的物理量，人们常常设法利用某些关系将它们转换成能够直接比较的物理量进行比较。这种转换比较方法就是间接比较法，它是直接比较法的继续与补充。

与直接比较法相比，间接比较法的应用范围更广。它不仅可以对同量纲物理量间接比较，还可将不能直接比较的物理量转化为不同量纲的量进行比较。例如可以将面积的比较转化为长和宽的长度比较；又如，电流、电压都是看不见、摸不着的，但是利用载流线圈在磁场中受到力矩作用的原理，可以将电流、电压转换成电表指针的偏转来进行比较。利用间接比较法还可以将很难测准的量转化为较易测准的量，力学量的电测法和光测法都是如此。

应当指出的是间接比较法是以物理量之间的函数关系为依据的。为了测量更加方便、准确，在可能的情况下，应当尽量将上述物理量之间的关系转换成线性关系。例如，磁电系电表的线圈在均匀磁场中所受电磁力矩与偏转角 φ 之间的函数关系式为

$$M_m = BNSI\sin\varphi$$

其中 B 为磁感应强度，N 为线圈匝数，S 为线圈面积，I 为流过线圈的电流，φ 为线圈的偏转角。平衡时电磁力矩 M_m 与游丝的扭转力矩 M_D 相等，即 $M_m = M_D = D\varphi$，所以

$$I = \frac{D}{BNS}\frac{\varphi}{\sin\varphi}$$

上式表示的电流与偏转角度之间的关系不是线性的，这样在表盘上进行刻线和读数都很不方便。为了使电流与偏转角之间呈线性关系，设计电表时在线圈中加一铁芯，使磁场由横向变为轴向。这时线圈所

受电磁力矩为 $BNSI$，于是得到

$$I = \frac{D}{BNS}\varphi$$

即线圈转角 φ（或偏格数 N）正比于电流 I，这就是磁电系电表读数方便准确的内在原因。

广义地看，"替代法"是在条件不变的情况下，用标准量替代待测量；"互换法""复称法"是将待测量与标准量换位测量来消除系统误差，它们都可视为间接比较。比较法在各种实验方法中是最基本、最重要的方法，应当重点掌握。

4.1.2　放大测量法

当待测量或待测信号数值过小无法测准时，可以将其放大后再进行测量，由于待测物理量的不同，放大的原理和方法也不同，常用的放大法有以下几种：

力学（机械）放大法

力学放大是利用力学量之间的几何关系进行转换放大。例如用螺旋测微器测长就是利用将螺矩转换为周长，其放大率 $M = \pi D/L$。若螺矩 $L = 0.5\text{ mm}$，微分筒直径 $D = 14\text{ mm}$，则 $M = 88$。由于放大作用提高了测量仪器的分辨率，从而提高了测量精度。而迈克耳孙干涉仪则是将游标放大和螺旋放大结合起来，位置分度值读数值可达 $0.000\,1\text{ mm}$，从而实现了精密测量。

电学放大法

电子学的放大电路将微弱的电信号放大后进行测量，这就是电学放大法。这一方法在电子仪器上应用十分普遍。电学放大中有直流放大和交流放大，有单级放大和多级放大，电学放大的放大率可以远高于其他放大方式。同样，为了避免失真，要求电学放大的过程也应尽可能是线性放大。

光学放大法

光学中利用透镜和透镜组的放大构成各种光学仪器，既可"望远"、又可"显微"，这已成为精密测量中必不可少的工具。光学显微镜就是光学放大仪器的典型例子，它的放大倍数最高可以达到 $1\,000$ 倍左右。除了直接进行光学放大外，也可利用光学原理进行转换放大，第 3.4.4 节中将要介绍的"光杠杆法"就是一例。

此外，数据处理中常用的"延展法"也是放大法的一种应用，例如测定单摆振动周期时，测一次摆动时，$t = T$，测量误差为 $\Delta T = \Delta t$，即周期的测量误差等于秒表的误差；而测 100 次摆动时，$t = 100T$，周期的误差则为 $\Delta T = \Delta t/100$，由于增加了摆动次数，虽然计时仪器误差 Δt 并未改变，但是周期的测量误差却大为降低，因而提高了测量准确度。

4.1.3　平衡测量法

"平衡"是物理学上的一个重要概念，事物的发展总是由不平衡到平衡，随着内外条件的变化，又会产生新的不平衡。所以，平衡是暂时的、相对的、有条件的。这种思想在物理实验中的应用就称为平衡法。具体可分为以下几种情况：

力学平衡法

力学平衡是一种最简单、最直观的平衡，天平就是根据平衡原理设计的。设图 4.1-1 中 O 点为横梁与指针系统的悬挂点，C 为横梁中点，D 为系统的质心，W 为砝码或待物体的重量，w 为系统的自重。由平衡原理可以导出天平的平衡方程（灵敏度方程）为

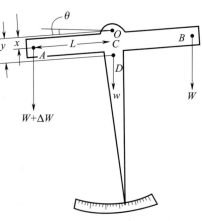

图 4.1-1　天平平衡原理图

$$\frac{Q}{\Delta W} = \frac{L}{2Wx + wy} \quad (x \to 0)$$

为了使天平工作稳定，灵敏度不受载荷的影响，应使 $x = 0$，即将悬挂点设在横梁中点位置，使 O 点与 C 点重合。而要增强横梁的刚性，则应使 A、O、B 三点共线。这样，天平制成后，臂长 L 和自重 w 都已给定，那么，天平的灵敏度就只与系统的质心位置有关了。因此，当附在天平指针上的感量砣上移时，D 点上升，y 值减小，灵敏度升高。反之，则灵敏度降低，但稳定性升高，这就是天平上感量砣的作用。

电学平衡法

电学平衡是指电流、电压等电学量之间的平衡。如在单臂电桥达到平衡时，检流计中无电流流过时，桥臂中电流完全相同。桥路中的电阻阻值之间有简单的关系，详见（第 4.3.1 节 "电桥法测电阻" 实验）。利用这一关系可以方便地测量中值电阻。

平衡法在精密测量中有广泛的应用，如计量工作中直接复现电流单位的 "安培天平" 和实现电压单位定义的 "电压天平" 都是力学平衡与电学平衡综合应用的精密仪器，不确定度可以达到 1×10^{-5}。

稳态测量法

在物理测量中，稳（静态）和动态属于系统状态变化的平衡和不平衡。当系统达到并保持稳定状态时，其各项参量稳定不变，这将为准确测量提供了极大方便。因此，稳态法也是平衡法在物理测量中的具体应用，是物理实验中经常采用的测量方法。

当物理系统处于静态或处于动态平衡时，系统内的各项参量不随时间变化。利用这一状态进行测量就是稳态测量。例如，在 "不良导体的自热导率的测量" 时，只有在稳定条件下，才满足热导率等于散热速率这一关系，这是稳态法测热导率的基本条件。

4.1.4　补偿测量法

某系统受某种作用产生 A 效应，又受另一种作用产生 B 效应。如果由于 B 效应的存在使 A 效应显示不出来时，就叫 B 对 A 进行了补偿。利用这一原理进行物理测量就称为补偿测量法。

我们可以利用电流补偿法来测定未知电流。电流补偿电路的原理电路和等效电路如图 4.1-2 所示。图中 I_0 为可调节的、数值已知的标准电流源，I_x 为待测电流源，R_0 和 R_x 为它们的内阻。由此可以导出电路方程为

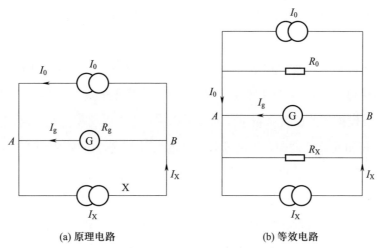

(a) 原理电路　　　　　　　　　(b) 等效电路

图 4.1-2　电流补偿电路

$$I_X - I_0 = V_g(G_0 + G_x + G_g)$$

其中 $V_g = I_g R_g$，电导 $G_0 = 1/R_0$、$G_x = 1/R_x$、$G_g = 1/R_g$。当调整平衡时，$I_g = 0(V_g = 0)$，即得 $I_X = I_0$。其电路灵敏度为

$$S_g = \frac{\Delta n}{\Delta I_X} = \frac{\Delta n}{\Delta V_g} \cdot \frac{\Delta V_g}{\Delta I_X} = \frac{S_v}{G_0 + G_X + G_g}$$

式中 S_v 为检流计的电压灵敏度。由此可见，要提高电流补偿法测量的灵敏度，应当选用低电导（高内阻）、高电压灵敏度的检流计。

　　电流补偿法可用来测短路电流，例如，要测定某一电源的短路电流 I_X，如果直接在 A、B 间接入电流表，由于电表内阻的影响，测值必然偏小。为了准确测定 I_X，就要采用电流补偿电路，如图 4.1-3 所示，R' 为保护电阻，调 R_0 增大 I_0 使 I_g 减小。逐步达到 $R' = 0$，且 $I_g = 0$，此时 $V_A = V_B$（相当于 A、B 间短路）、$I_X = I_0$，电流表 A 的读数即为短路电流 I_X。

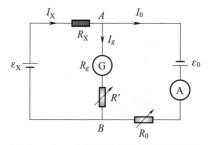

图 4.1-3　用电流补偿法测短路电流

　　与此类似，利用电压补偿法可以精确测定未知电势差，具体方法见 3.1.4 节。除了上述两种补偿之外，补偿法的应用在物理实验中随处可见，如箱式电势差计中的温度补偿，迈克耳孙干涉仪中的光路补偿等等。消除系统误差时使用的"异号法"，将正负系统误差互相抵偿，也是"补偿"思想的具体体现。

4.1.5　模拟测量法

　　模拟测量法是以相似理论为基础，把不能或不易测量的物理量用与之类似的模拟量进行替代测量。一般可分为以下几种：

几何模拟法

　　几何模拟是将所研究对象按比例制成模型，以此作为观察研究的辅助手段，此法简单实用，但只

能作定性研究，不易弄清被模拟量的内部变化规律，物理实验中很少采用。

物理模拟法

物理模拟的特点是模拟量与被模拟量的变化服从同一物理规律，如医学上的动物实验、飞机模型的风洞实验和光测弹性显示工件内部的应力分布等，都是用模型的动力学参量测量代替原型的动力学参量测量，其结果对被模拟量的研究有着重要的参考作用。据有关材料介绍，阿波罗号宇宙飞船上天，对月球上环形坑的研究和埃及举世闻名的阿斯旺水坝的设计都进行过模拟实验，这对耗资巨大的工程的前期准备和完善设计都有很大帮助。

数学模拟法

数学模拟法又称类比法，这种模拟的模型与原型在物理形式上和实质上可能毫无共同之处，但它们却遵循着相同的数学规律。例如，机电（力电）类比中，力学的共振与电学的共振虽然不同，但它们却有相同的二阶常微分方程，声电类比也是如此。在物理实验中，静电场既不易获得，又易发生畸变，很难直接测量。我们用直流或低频交流电场来模拟静电场，虽然两者完全不同，但它们都服从拉普拉斯方程，两种场的解也自然相同。这种物理场模拟就使我们绕过了这一困难，得到了所需的实验结果。

4.1.6　转换测量法

转换测量法是根据物理量之间的各种效应和定量函数关系，利用变换原理将不能或不易测量的物理量转换成能测或易测的物理量，实际上也就是间接测量法的具体应用，一般分成参量转换和能量转化两大类：

参量转换法是利用参量变换的函数关系进行的间接测量。前面讲到的间接比较法大都属于此类。与参量转换不同，能量转化是利用一种运动形式转换为另一种运动形式时物理量之间的对应关系进行的间接测量。这种方式在物理实验中大量存在。例如，在"声速测量"实验中，我们利用压电换能器将电信号转换为压力变化产生超声波发射，又利用其逆变化将接收的声波信号转换回电信号并在示波器上显示，由此测定声音在空气中的传播速度；在"霍尔效应测磁场"实验中，利用霍尔效应将磁感应强度转换为霍尔电势差；在测定单缝衍射光强分布实验中，则利用光电传感器将光强转换为电流、电压或其他电学量。由此派生出的非电量的电测法和非光量的光测法以及各种类型的传感器已经发展成多个专门学科，在科研、生产各个领域获得了广泛的应用。

转换法具有灵敏度高、反应快、控制方便并能进行自动记录和动态测量等优越性，与其他方法的综合运用，使许多过去认为难以解决，甚至不能解决的技术难题迎刃而解。

本章介绍了几种基本实验方法。但是每一种方法都不是孤立的，要特别注意它们之间的互相联系、学会综合运用。例如，"杨氏模量的静态法测量"实验中，光杠杆法就是将很难测准的金属丝的微小长度变化转化为光杠杆上小镜子的仰角变化，再通过望远镜转化为较易测定的镜中标尺读数的变化（变化量达到几个厘米）。这种间接比较法是将比较法、转换法、放大法结合起来综合运用，不仅减小了测量难度还提高了测量精度。

在许多现代测量方法中都能看到上述基本实验方法的雏形，例如，计量 100 A 以上超大电流的"超导电流比较仪"就是利用比较法、平衡法综合设计的，只是以灵敏度极高的超导量子干涉器件，通过磁势平衡进行电流比较，准确度可达 10^{-11}；又如，精密测长的"光电光波比长仪"则是比较法、放大法、转换法的综合运用，不仅计量精度高，不确定度为 0.18 μm，还可实现计量过程自动化。此外传感器在现代检测、控制仪器仪表中的应用已越来越普遍，种类也由包括力敏、热敏、声敏、光敏等物理型器件，发展到化学型、生物型、智能型器件，使传感器逐步实现小型化、集成化并将检测转换技术与信息处理技术有机地结合起来。这一切都说明学好基本实验方法和综合实验方法的重要性和必要性。只有学会了如何灵活运用这些方法，才能在这些基本方法的基础上，创造出新方法，设计出新仪器，解决好新问题，为科学技术和国民经济发展做出新贡献。千里之行，始于足下，大家一定要在大学物理实验学习阶段打好基础，培养素质、锻炼能力，并在后续课程中不断实践。大家只有刻苦努力才会在今后工作中有所发明、有所创造，为祖国作出更大的贡献。

4.2 共振法实验

共振现象存在于自然界的许多领域，当一个振动系统受到另一系统周期性的激励，若激励系统的激励频率与振动系统的固有频率相同，振动系统将获得最多的激励能量，产生共振。利用共振现象测量振动系统的固有频率可以达到很高的准确度，而频率往往与系统的一些重要物理特性有关，因此共振法在频率和物理量的转换测量中具有重要的应用。

本单元实验通过测量声速和杨氏模量对共振法的应用做一初步的介绍。

4.2.1 声速测量

声波是一种在弹性介质中传播的弹性波。在气体中，声波振动的方向与传播方向一致，故声波是纵波。振动频率在 20～20 kHz 的声波可以被人听到，称为可闻声波；频率低于 20 Hz 的声波为次声波；频率高于 20 kHz 的声波为超声波，它们都不能被人听到。

声波的传播与介质的特性和状态等因素有关。在声学应用技术中，需要了解声波的频率、波速、波长、声压、衰减等特性。特别是声波波速（简称声速）的测量，在声波定位、探伤、测距等的应用中有重要作用。

声速测量的常用方法有两类，第一类测量声波传播距离 l 和时间间隔 t，即可根据 $v = l/t$ 计算出声速 v；第二类是测量频率 f 和波长 λ，利用两者关系 $v = f\lambda$ 计算出声速 v。

由于超声波具有波长短、易于定向发射、不易被干扰等优点，所以本实验采用第二种方法测量超声声速。

1. 学习共振法的测量设计思想。
2. 用驻波共振法和相位比较法测量空气中的声速。
3. 掌握用最小二乘法处理数据。
4. 复习巩固示波器、信号发生器等常用仪器的使用。

设计思路

本实验利用压电换能器测量声速的基本公式是

$$v = f\lambda$$

其中声波的频率 f 即驱动电压的频率，可以用信号发出器直接测量。波长 λ 的测量要复杂一些，本实验采用两种方法进行测量。

驻波共振法

S_1、S_2 为压电换能器，其固有频率一致，表面互相平行。S_1 为声波源，接在低频信号发生器上。具有一定功率的正弦信号作用在 S_1 上，使 S_1 产生受迫振动，并在周围空间激发出超声波。由于端面 S_1 的直径比波长大很多，可以把激发的超声波近似看成平面波，沿 S_1S_2 轴线方向向右传播。S_2 为接收换能器，与示波器相连。入射波在 S_2 的端面上发生垂直反射，与入射的超声波相干叠加形成驻波（图 4.2-1）。

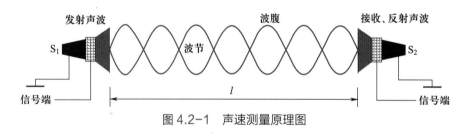

图 4.2-1　声速测量原理图

由于在接收端 S_2 处超声波是由波疏介质进入波密介质，反射波存在半波损失，所以接收端始终为驻波的波节。当两个换能器之间的距离 l 与波长的关系满足 $l = n\lambda/2$ 时，能得到振幅最大且稳定的驻波，此时 S_2 处接收到的声压信号最大，转换成电信号也最强。如果 l 与波长的关系不满足上述条件，S_2 处接收到的声压信号将减小，转换成的电信号也相应减弱。当二者关系满足 $l = (2n+1)\lambda/4$ 时，S_2 处接收到的声压信号最小，转换成的电信号也最弱。连续改变 l 值，示波器中的信号将在最大与最小之间周期性地变化。相邻两次信号最大（或两次信号最小）对应的距离变化就是半波长，由此可以得到波长 λ。

相位比较法

S_1 处发出的超声波传播到 S_2 处，有一定的相位差。当两者距离为 l 时，相位差为 $\varphi = \dfrac{2\pi}{\lambda}l$。连续改变距离 l 的值，测得相位差 2π 的两个位置，对应的距离变化就是一个波长 λ。

相位差可以根据两个互相垂直的简谐振动合成所得到的李萨如图形来测定。将输入 S_1 的信号接入示波器的 x 输入端，将接收信号电压同时接到示波器的 y 输入端，由于 S_1 端和 S_2 端电信号频率完全一致，因而得到如图 4.2-2 所示的简单图形。假如初始时图形如图 4.2-2（a）所示，S_1 移动距离 Δl 为半波长 $\frac{\lambda}{2}$ 时，图形变化至图 4.2-2（c）；S_1 移动距离 Δl 为一个波长时，图形变化至图 4.2-2（e）。所以通过对李萨如图形的观测，就能确定声波的波长。

选读：超声换能器。

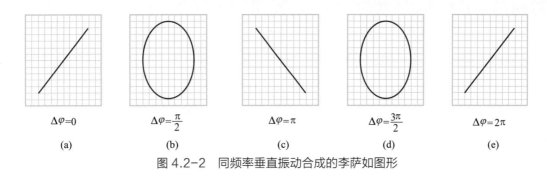

图 4.2-2　同频率垂直振动合成的李萨如图形

实验方案

两个换能器 S_1 和 S_2（如图 4.2-3 所示）分别装在游标卡尺的两个量爪上（如图 4.2-4 所示）。作为超声波发射器的 S_1 装在固定端，与信号发生器相连，其超声频率由信号发生器读出。与示波器相连的接收器 S_2 可以移动，其坐标值由游标卡尺读出，从而可以测量波长。

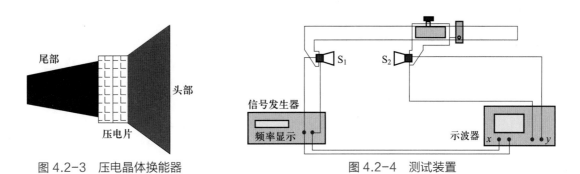

图 4.2-3　压电晶体换能器　　　　　　　图 4.2-4　测试装置

由于声波在传输过程中的衍射和其他损耗（由非平面波、反射面的大小及介质的吸收等因素造成），声压极大值随 S_2 与 S_1 的距离 l 的增大而逐渐减小，由示波器观察到的各极大值的幅度是逐渐衰减的，如图 4.2-5 所示。声压幅度的衰减并不影响波长的测定，因为我们只需找到各周期中的极大值所对应的 S_2 的位置。

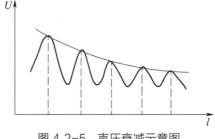

图 4.2-5　声压衰减示意图

实验器材

超声声速测定仪、信号发生器、双踪示波器、气压计、干湿温度计。

1. 驻波共振法测定超声声速

（1）熟悉各实验装置和仪器的使用方法，按图 4.2-4 正确连接线路。

注意：调节 S_1、S_2 的位置，使两端面平行且与游标卡尺正交。

（2）调节信号发生器输出正弦信号的频率，使其与换能器谐振。

步骤：根据实验室给出的压电晶体的振动频率 f，将信号发生器的输出频率调至 f 附近，调节 S_1、S_2 间距约 5 cm，缓慢移动 S_2，增大二者间距。当在示波器上看到正弦波首次出现振幅较大时，固定 S_2，再仔细微调信号发生器的输出频率，使荧光屏上图形振幅达到最大，读出共振频率 f。

（3）在共振条件下，将 S_2 移近 S_1，再缓慢移开 S_2，当示波器上出现振幅最大时，记下 S_2 的位置 l_0。

（4）由近及远移动 S_2，逐次记下各振幅极值点（示波器中观察）S_2 的位置 l_1，l_2，…，l_{12}，记录在自制的数据表格中。测量过程中，保持频率不变。

2. 相位比较法测定超声声速

步骤：将输入 S_1 的信号同时接入示波器的 x 输入端，将接收信号电压接到示波器的 y 输入端，示波器选择 x-y 工作方式。

（1）调节实验装置和仪器，得到李萨如图形。

（2）改变 S_2 的位置，从找到第一个斜线形李萨如图形开始测量，记录 S_2 的位置坐标。连续移动 S_2，每次得到相同的斜线形李萨如图形时，测量对应的 S_2 的位置坐标，记录在自制的记录表格中，同时记录所对应的信号频率 f。

3. 数据处理及误差分析

（1）用最小二乘法分别处理两种方法得到的数据，计算波长，进而计算声速 v。

（2）大气中声速与温度、湿度及大气压强有密切关系。在 $t = 0$ ℃ 的干空气中，声速为 $v_0 = 331.45$ m/s。根据声学理论，一般条件下的校准声速为：

$$v_{校} = v_0 \sqrt{\left(1 + \frac{t}{273.15}\right)\left(1 + \frac{0.319\,2p_w}{p}\right)}$$

式中 t 为室温，单位为 ℃；p_w 为水蒸气分压，单位 mmHg，可由干湿温度计读出温差，查表得到。p 为大气压，由气压计读出（1 Pa = 0.007 500 64 mmHg）。

比较 v 与 $v_{校}$，计算 $\dfrac{|v - v_{校}|}{v_{校}} \times 100\%$。

（3）计算声速 v 的不确定度，写出实验结果。分析误差产生的原因。

视频：声速测量。

1. 实验要求信号源与换能器固有频率一致,在谐振情况下进行测量,为什么这样要求?

2. 在驻波共振法测声速时,要求实验装置中 S_1 和 S_2 严格平行,这是为什么?在相位比较法中是否仍然要求 S_1 和 S_2 端面严格平行?说明理由。

本实验采用驻波共振法和相位比较法测量声速,两种方法都应用了压电转换技术,将不易观测的声信号转换为电信号,由示波器进行观测。在驻波共振法中通过逐次逼近判断极大值的位置来确定波长。相位比较法通过观测李萨如图形,判断满足 S_1 和 S_2 相位差为 2π 的位置来确定波长。

附录:干湿球温度差与水蒸气压对照表。

实验中所用的仪器均为通用仪器,实验装置的主要部分是换能器和卡尺。通过本实验可以学习到多种仪器的调整方法和使用方法。

4.2.2 共振法测杨氏模量

杨氏模量的测量方法有静态法和动态法两种。静态法(实验 3.4.4)由于荷载大、加载速度慢、存在弛豫过程,不仅不能真正反映材料内部结构的变化,而且不适于测量脆性材料(如石墨、玻璃、陶瓷等),更不能测量不同温度下的杨氏模量。而动态测量法(又称共振法或声频法)不仅可以克服上述缺点,而且简便准确,故已作为国家标准方法颁布执行,具有实际使用意义。本实验介绍共振法测量样品的杨氏模量。

1. 学习共振法的测量设计思想。
2. 学习测量杨氏弹性模量的一种典型方法:动态悬挂法和支撑法。
3. 复习巩固示波器、信号发生器等常用仪器的使用技术。

在动态测量法中,试样通常被支撑(———△支点————△支点——)或悬挂(—悬线——悬线—)。在悬线处(或支撑点处)振源的激励下,一根长为 l 的试样(圆杆或矩形杆)作横向受迫振动(弯曲振动)。随振源的振动频率不同,试样的振动形式相应有所变化。当振源的振动频率在一定范围内时,杆的振动形式为基频振动,对应的振动频率称为基频固有频率。随着振源振动频率的增加,试样杆将依次出现二阶振型、三阶振型…,分别对应杆的二阶固有频率和三阶固有频率…(图 4.2-6)。基频、三阶频率…对应着"对称型振动",试样中心振幅最大;二阶频率、四阶频率…对应着"反对称型振动",试样中心振幅最小。

本次实验采用了圆杆的对称型基频振动。

当圆杆做对称型基频振动时，存在两个节点，[如图 4.2-6（a）]，它们分别位于距左端面为 $0.224l$ 和 $0.776l$ 处。此时圆杆的固有频率 f_0 与材料的杨氏模量 E 满足关系：

$$E = 1.606\,7\frac{l^3 m}{d^4}f_0^2 \qquad (4.2-1)$$

式中 m、d 分别为圆杆的质量和直径。

实际上，E 还与直径 d 与长度 l 之比的大小有关，考虑到这一点，应在上式右端乘一修正因子 R，从而变为

$$E = 1.606\,7R\frac{l^3 m}{d^4}f_0^2 \qquad (4.2-2)$$

对于细线悬挂起来的棒，悬挂点距节点较近，则棒的两端处于自由状态，边界条件与自由振动时相同，所以上式仍然有效。

圆杆试样 R 的大小见下表（表 4.2-1）：

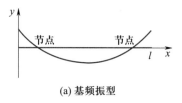

(a) 基频振型

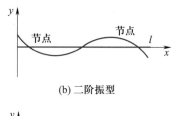

(b) 二阶振型

(c) 三阶振型

图 4.2-6　试样振动的模式

表 4.2-1

d/l	0.01	0.02	0.03	0.04	0.05	0.06
R	1.001	1.002	1.005	1.008	1.014	1.019

该表适用于泊松比在 0.25~0.35 范围的材料。

如果在实验中测出了试样在不同温度下的固有频率 f_0，代入（4.2-2）式中，即可计算出不同温度下的杨氏模量 E。

实验中所测得的是试样的共振频率 $f_{共}$，那么如何求出固有频率 f_0？

由共振理论可知，当振源的振动频率非常接近试样的固有频率时（因为存在阻尼，所以是接近而不是等于），试样振动的振幅将达到最大，在另一悬线处将收到最大振幅，此时振源的振动频率称为共振频率。共振频率与固有频率之间的关系为：

$$f_{共} = \frac{\omega_{共}}{2\pi} = \frac{1}{2\pi}\sqrt{\omega_0^2 - 2\beta^2}$$

选读：以试样被悬挂为例介绍推导杨氏模量的表达式。

β 为阻尼因数。由公式可知，阻尼越小，共振频率与固有频率越接近。对于一般的金属材料，利用悬挂法测杨氏模量时，β 的最大值只有 ω_0 的 1/100 左右，所以在一般测试中，可以用 $f_{共}$ 代替 f_0，代入到（4.2-2）式中进行计算。

实验方案

本实验装置原理如图 4.2-7 所示。可以在两种情况（支撑或悬挂）下测量试样的杨氏模量。

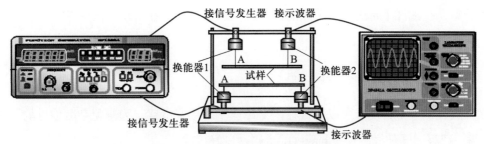

图 4.2-7　共振法测杨氏弹性模量

信号发生器产生的等幅正弦音频信号加在换能器 1 上，把电振动转变为机械振动，再由悬线（或支架）把机械振动传给样品，使待测样品做横向受迫振动。在试样另一端的悬线（或支架）把试样的振动传给换能器 2，这时机械振动又被转变成了电信号。

该电信号输送给示波器的 y 轴输入端。同时，将音频信号发生器的输出信号直接给示波器的 x 轴输入端。这就变成了两个互相垂直的同频率简谐信号的合成问题。

当信号发生器的频率不等于试样的共振频率时，试样不共振，输送给示波器 y 轴输入端的信号幅度为零，示波器光屏上出现的图形如图 4.2-8（a）所示；当信号发生器的频率接近试样的共振频率时，所出现的图形如图 4.2-8（b）所示；当信号发生器的频率刚好等于试样的共振频率时，出现的图形如图 4.2-8（c）或（d）所示。以上即是测试样共振频率 $f_{共}$ 的原理。

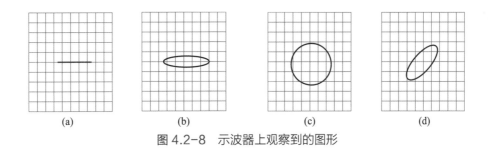

图 4.2-8　示波器上观察到的图形

判断是否处于对称型基频振动的方法是：用一小段细铁棒（如小螺丝刀刀杆等）轻轻与试样中点接触，如果手有微颤的感觉，且示波器的图形闭合成一条线，说明试样的中点是波腹，试样处于对称型基频振动方式。用该法还可大致判断试样上节点的位置。

实验器材

换能器，音频信号发生器，示波器，试样若干，支架一副，游标卡尺、螺旋测微器各一把，天平，悬线，导线若干。

实验内容及要求

1. 用天平测量试样的质量 m；用游标卡尺测量的长度 l，用螺旋测微器测量试样的直径 d（沿棒的左、中、右三点各测一次，每点转 $90°$ 再测一次，六个数据取平均）。

2. 根据计算，在试样上标出两个节点的位置，并从节点开始在节点的内外两侧相距节点为 10 mm 处标出吊扎点（支撑点）的位置。

> 注意：实验时吊扎点（支撑点）不能选在节点上。

3. 将试样放在支架上，支点可以先选在内支撑点上。接好电路，为避免杂散信号的干扰，除接地线外，其他线一律采用屏蔽线，并使屏蔽线的金属网良好接地。

4. 打开仪器的电源开关，调节信号发生器的输出强度和输出信号的频率，测一次共振频率，将试样原地转过 90° 后再测一次共振频率，以其平均值作为支点在该点的共振频率。同法测出支点在外支撑点上时的共振频率。按照内插法的思想，试样的固有频率等于所测的这两个共振频率的算术平均值。

> 注意：实际测量中会出现几个共振峰，应能准确分辨。

5. 将试样用长 L = 120 mm 左右的细线悬起，重复以上实验步骤，同样方法测出悬挂法下试样的固有频率。

6. 按照 d/l 的大小查出 R 值，由（4.2-2）式分别算出两种情况下（支撑和悬挂）试样在室温下的杨氏模量。

7. 现象观察

（1）将吊扎点从节点附近移到试样的端部，记录共振频率和共振信号（即示波器的 y 轴输入信号）的幅值的变化情况；

（2）吊扎点依然在试样的端部，并使试样共振，今将其中某端的悬线提起，使试样与水平面成一显著角度（比如 30°），记录共振频率和共振信号幅值的反应；

（3）吊扎点依然在试样的端部，并使试样共振。今将悬线的上端靠近，使悬线从竖直状态变为与竖直方向成一定夹角（比如 30°），记录共振频率和共振信号幅值的变化情况。

（4）吊扎点依然在试样的端部，但将细悬线换成等长的粗悬线，记录共振频率和共振信号幅值的变化情形。

视频：共振法测杨氏模量。

分析与思考

1. 根据上面现象的观察记录，你能解释现象的成因吗？
2. 欲测量金属样品的杨氏模量与温度的关系曲线，你认为该如何进行？

归纳与小结

本实验的关键问题是：第一，如何激发样品发生共振。第二，共振发生后，如何判断是对称型基频振动还是反对称型的振动，（4.2-1）式、（4.2-2）式只在对称型基频共振的条件下成立。要使样品能产生共振并使共振信号能够传送给换能器 2，两个吊扎点（支点）A、B 就不能正好处于如图 4.2-6 所示的节点上，只有两个吊扎点（支点）偏离节点才行。

4.2.3 音叉受迫振动与共振

在有阻尼的情况下，振动系统最终会停止在平衡位置，要使系统的振动状态持久而不衰减，可以对系统施加一个周期性的外力，这种在周期性外界驱动力作用下的振动叫作受迫振动。当外加驱动力的频率与系统的固有频率满足一定关系时，会产生共振现象。受迫振动与共振等现象在工程和科学研究中经常用到，例如，在一些石油化工企业中，常用共振原理，利用振动式液体密度传感器和液体传感器，在线检测液体密度和液位高度。

本实验以音叉振动系统为研究对象，用电磁激振线圈的电磁力作为激振力，用压电换能片作检测振幅传感器，测量受迫振动系统振动振幅与驱动力频率的关系，研究受迫振动与共振现象及其规律。

实验目的

1. 研究音叉振动系统在周期性外力作用下振幅与驱动力频率的关系，测量并绘制它们的关系曲线，求出共振频率和振动系统振动的锐度；

2. 通过对音叉共振频率与对称双臂质量关系曲线的测量，求出音叉共振频率与附在音叉双臂一定位置上相同物块质量的关系公式；

3. 通过测量共振频率的方法，测量附在音叉固定位置上的一对未知物块的质量。

设计思路

1. 简谐振动与阻尼振动

许多振动系统如弹簧振子的振动、单摆的振动、扭摆的振动等，在振幅较小而且在空气阻尼可以忽视的情况下，都可作简谐振动处理，即此类振动满足简谐振动方程：

$$\frac{\mathrm{d}^2 x}{\mathrm{d}t^2} + \omega_0^2 x = 0 \tag{4.2-3}$$

（4.2-3）式的解为：

$$x = A\cos(\omega t + \varphi) \tag{4.2-4}$$

式中，A 为系统振动最大振幅，ω_0 为固有频率，φ 为初相位。这里，$\omega_0 = \sqrt{\dfrac{K}{m + m_0}}$，$K$ 为弹簧劲度，m 为振子的质量，m_0 为弹簧的等效质量。弹簧振子的周期 T 满足：

$$T^2 = \frac{4\pi^2}{K}(m + m_0) \tag{4.2-5}$$

但实际的振动系统存在各种阻尼因素，因此（4.2-3）式左边须增加阻尼项。在小阻尼情况下，阻力与速率成正比即：$F_f = -\gamma v$，F_f 是系统受到的阻力，γ 是与阻力相关的比例系数，$\beta = \dfrac{\gamma}{2m}$（$\beta$ 为阻尼系数），则相应的阻尼振动方程为：

$$\frac{\mathrm{d}^2 x}{\mathrm{d}t^2} + 2\beta\frac{\mathrm{d}x}{\mathrm{d}t} + \omega_0^2 x = 0 \tag{4.2-6}$$

按 β 大小不同，（4.2-6）式有三种不同形式的解，分别对应于阻尼振动的三种可能的运动方式：欠阻尼，过阻尼和临界阻尼的。如图 4.2-9 所示。

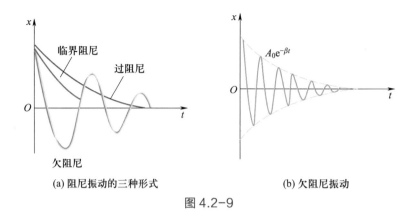

(a) 阻尼振动的三种形式   (b) 欠阻尼振动

图 4.2-9

2. 受迫振动与共振

由图 4.2-9 可以看到：阻尼振动的振幅随时间会衰减，最后振动会停止，为了使振动持续下去，外界必须给系统一个周期性变化的力（一般采用的是随时间作正弦函数或余弦函数变化的力），振动系统在周期性的外力作用下所产生的振动称为受迫振动，这个周期性的外力称为驱动力。假设驱动力为 $F_0\cos\omega t$，ω 为驱动力的角频率，此时，振动系统的运动满足下列方程

$$\frac{\mathrm{d}^2 x}{\mathrm{d}t^2} + 2\beta\frac{\mathrm{d}x}{\mathrm{d}t} + \omega_0^2 x = f_0 \cos\omega t \tag{4.2-7}$$

（4.2-7）式中，$f_0 = F_0/m'$，m' 为振动系统的有效质量，这里 ω_0 和 β 与前面一致。

（4.2-7）式为振动系统作受迫振动的方程，它的解包括两项：$x = x_\mathrm{d} + A\cos(\omega_f t + \varphi)$，第一项 $x_\mathrm{d} = A_0\mathrm{e}^{-\beta t}\cos(\omega t + \varphi_1)$，为瞬态振动，由于阻尼存在，振动开始后振幅不断衰减，最后较快（地减）为零；而后一项 $A\cos(\omega_f t + \varphi)$ 为稳态振动的解，将稳态解代入（4.2-7）式，得到：

$$A = \frac{f_0}{\sqrt{\left(\omega_0^2 - \omega_f^2\right)^2 + 4\beta^2\omega_f^2}} \tag{4.2-8}$$

3. 共振

由（4.2-8）式可知，稳态受迫振动的位移振幅 A 随驱动力的频率而改变，由极值条件 $\dfrac{\mathrm{d}A}{\mathrm{d}\omega_f} = 0$，可以求得当驱动力的频率 $\omega_f = \sqrt{\omega_0^2 - 2\beta^2}$ 时，振幅达到极大值 A_r，此时称为共振（严格说称为位移共振，见本节选读内容），振幅最大值为：

$$A_r = \frac{f_0}{2\beta\sqrt{\omega_0^2 - \beta^2}} \tag{4.2-9}$$

可见，在阻尼很小（$\beta \ll \omega_0$）的情况下，若驱动力的频率近似等于振动系统的固有频率，振幅将达到极大值。显然，β 越小，$A\sim\omega$ 关系曲线的极值越大。$A\sim\omega$ 关系如图 4.2-10 所示，描述曲线陡峭程度的物理量为锐度，其值等于品质因素

$$Q = \frac{\omega_0}{\omega_2 - \omega_1} = \frac{f_0}{f_2 - f_1} \qquad (4.2\text{-}10)$$

其中 f_0 为 ω_0 对应的频率，f_1、f_2 为振幅下降到最大值的 0.707 倍时对应的频率值。

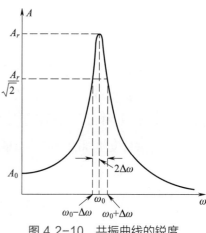

图 4.2-10　共振曲线的锐度

4. 可调频率音叉的振动周期

一个可调频率音叉一旦起振，它将以某一基频振动而无谐频振动。音叉的两臂是对称的，以至于两臂的振动是完全反向的，从而在任一瞬间对中心杆都有等值反向的作用力。中心杆的净受力为零而不振动，从而紧紧握住它是不会引起振动衰减的。同样的道理音叉的两臂不能同向运动，因为同向运动将对中心杆产生震荡力，这个力将使振动很快衰减掉。依据（4.2-5）式，在一个标准基频为 256 Hz 的音叉上，通过将相同质量的物块对称地加在两臂上来减小音叉的基频（音叉两臂所载的物块必须对称）。对于这种加载的音叉的振动周期 T 由下式给出：

$$T^2 = B(m_0 + m_x) \qquad (4.2\text{-}11)$$

其中 B 为常量，它依赖于音叉材料的力学性质、大小及形状，m_0 为与每个振动臂的有效质量相关的常量，m_x 为每个振动臂加载的物块质量。由（4.2-11）式可见，通过音叉振动周期的测量，可以得到未知质量大小，以此可制作测量质量和密度的传感器。

实验器材

受迫振动与共振实验仪包括电磁激振线圈、音叉、压电换能片、支座、音频信号发生器、交流数字电压表（0～19.99 V）、示波器（可共用）、音叉附加物等组成。实验装置如图 4.2-11 所示：

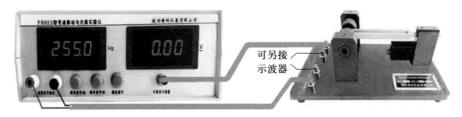

图 4.2-11　受迫振动与共振实验装置

实验内容

1. 将信号发生器的"起振信号输出"端与音叉共振平台上的"起振信号输入"相连；用 Q9 连接线将音叉共振平台上的一个"共振信号输出"端与信号发生器的"共振信号测量"相连。若观察起振信号，可以将音叉共振平台上的"起振信号波形"与示波器相连；观察音叉的共振信号，则将"共振信号输出"端与示波器相连。

2. 接通信号发生器的电源，使仪器预热 15 分钟。

3. 调节信号发生器的起振信号频率［有"频率调节（粗）"和"频率调节（细）"两个电位器，实验时若起始频率偏离共振频率较大时用粗调，接近共振点时用细调］，由低到高缓慢调节（音叉共振频率参考值约为 256 Hz），仔细观察交流数字电压表的读数，当交流电压表读数达最大值时，记录音叉共振时的频率，这样可以粗略找出音叉的共振频率。

4. 将信号发生器的频率调至低于共振频率约 5 Hz，然后频率由低到高，测量交流数字电压表示值与驱动力的频率之间的关系，注意在共振频率附近应多测几点，总共须测 20～26 个数据左右，直至测量至共振点以上 5 Hz 左右，即在共振点左右 5 Hz 测量共振曲线。

5. 绘制共振关系曲线，根据共振曲线求出音叉的共振频率，计算共振频率和共振曲线的锐度。

6. 在电子天平上称出（6 对质量块中任选 5 对）不同质量块的质量。

7. 将不同质量块对分别加到音叉双臂指定的位置上，并将螺丝旋紧。测出音叉双臂对称加相同质量物块时，相对应的共振频率，记录质量和共振频率关系数据。作质量 m 与周期平方 T^2 的关系图，求出直线斜率 B 和截距 m_0。

8. 用一对未知质量的物块 m_x 替代已知质量物块，测出音叉的共振频率 f_x，根据上面拟合的关系式，计算该物块的质量 m_x，并与实际测量值进行比较。

分析与思考

1. 实验中驱动力的频率为 200 Hz 时，音叉臂的振动频率为多少？

2. 实验中在音叉臂上加砝码时，为什么每次加砝码的位置要固定？

3. 实验中所测量的共振曲线为什么要在恒定驱动力的条件下进行的？欲降低振动系统的共振幅度应采取什么措施？有何实际价值？

归纳与小结

受迫振动与共振是重要的物理现象。本实验通过测量音叉受迫振动系统振动的振幅与驱动力频率的关系来研究受迫振动与共振现象及其规律；通过测量音叉的共振频率与附在音叉双臂一定位置上相同物块质量的关系，揭示了共振频率与双臂质量的关系；通过测量共振频率的方法，测量附在音叉上的一对未知物块的质量。

选读：位移共振与速度共振。

4.3 电桥法实验

电桥和电桥法是电磁学和电工、电子学实验中重要的基本仪器和基本方法，是基本实验方法——平衡法和比较法的综合运用。它不仅可以测量很多电学量，如：电阻、电容、电感、互感、频率等，而且配合不同的传感元件，可以测量很多非电学量，如：温度、压力、湿度、位移、加速度等。因此，它在自动检测和自动控制领域的应用极广。特别在近几年飞速发展起来的传感器技术中，电桥电路是很重要的组成部分。

本单元通过三个实验将对直流平衡电桥和非平衡电桥的应用作一个详细介绍。

4.3.1 电桥法测电阻

尽管伏安法可以测量电阻，但是这种方法的测量准确度依赖于电流表、电压表的准确度，电表的内阻和各连接点的接触电阻也会对测量结果造成影响。电桥法根据平衡法和比较法测量电阻，检流计只作为指零仪表，测量准确度主要取决于标准电阻的准确度。用电桥法测电阻，其构思巧妙、测量准确、使用方便，应用广泛，现在已经成为电磁测量的基本方法。

本实验主要学习使用直流单臂平衡电桥和直流双臂平衡电桥测量中、低阻值电阻。

实验目的

1. 掌握用电桥法测量中等阻值电阻的原理。
2. 学习自组惠斯通电桥测量中等阻值电阻的方法。
3. 了解影响惠斯通电桥灵敏度的因素。
4. 学习开尔文电桥使用。

设计思路

1. 惠斯通电桥

惠斯通电桥适于测量中等阻值的电阻（几欧姆至几十万欧姆），其电路如图 4.3-1 所示。其中 R_1、R_2 均为固定电阻，R_X 为被测电阻，R_S 为可调标准电阻，它们分别组成电桥的 4 个臂。在对角线 AC 上连接直流工作电源 E，对角线 BD 上连接灵敏电流计（检流计）G，用作平衡指示器。由于 G 好像是搭接在 ABC 和 ADC 两条并联支路间的桥，所以称为电桥。适当调节一个或几个桥臂的阻值，使流过检流计 G 的电流 $I_g = 0$，此时 B、D 两点电相位等，称为电桥平衡。电桥平衡时，由电路知识可知：

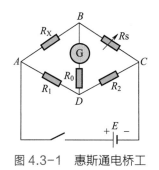

图 4.3-1 惠斯通电桥工作原理

$$\frac{R_S}{R_X} = \frac{R_2}{R_1} \quad 即 \quad R_X = \frac{R_1}{R_2}R_S \tag{4.3-1}$$

可见，待测电阻 R_X 由 R_1 和 R_2 的比率与 R_S 的乘积决定。因此，通常把 R_1、R_2 所在的桥臂称为比率臂，R_S 所在的桥臂称为比较臂。若比率臂 $\frac{R_1}{R_2} = k$ 和 R_S 为已知，就能由上式计算被测电阻 R_X 的阻值。

但是，由于导线电阻和接触电阻引入了系统误差，再加上电桥灵敏度的限制，惠斯通电桥不适于测量小于 1 Ω 的低值电阻。

2. 开尔文电桥

在测量小阻值电阻（通常 <1 Ω）时，开尔文电桥能给出相当高的准确度，其线路原理如图 4.3-2 所示。其中 R_1, R_2, R_3, R_4 均为可调电阻，R_X 为被测低电阻，R_S 为低值标准电阻。R_X 和 R_S 都采用四端接入法。其中 $P_1 \sim P_4$ 为电压接点，$C_1 \sim C_4$ 为电流接点。（$R = R_{PC2} + R_{PC3} + R_L$，参数意义见选读内容。）

调节 R_1、R_2、R_3、R_4 使电桥平衡，此时有，

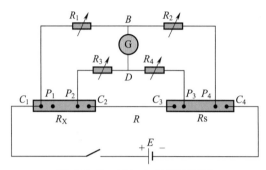

图 4.3-2 开尔文电桥原理图

$$R_X = \frac{R_1}{R_2}R_S + \frac{RR_4}{R_3 + R_4 + R}\left(\frac{R_1}{R_2} - \frac{R_3}{R_4}\right) \tag{4.3-2}$$

电桥设计时如保证 $R_1/R_2 = R_3/R_4$，则上式也可简化成（4.3-1）式的形式。

3. 电桥灵敏度

在电桥平衡后，若桥路中的电阻阻值发生改变，电桥就会失去平衡，使检流计指针发生偏转。设 R_X 的改变量为 ΔR_X 时指针偏转 Δn 格，则 $\Delta n/\Delta R_X$ 称为电桥的灵敏度。进一步又可以定义电桥的相对灵敏度（有时也简称灵敏度）为

$$S = \frac{\Delta n}{\Delta R_X/R_X} = \frac{\Delta n}{\Delta I_g}\frac{\Delta I_g}{\Delta R_X/R_X} = S_i S_L \tag{4.3-3}$$

其中 $S_i = \dfrac{\Delta n}{\Delta I_g}$ 是检流计的电流灵敏度，$S_L = \dfrac{\Delta I_g}{\Delta R_X/R_X}$ 是电桥的线路灵敏度。可以证明：任一个桥臂电阻变化，电桥的相对灵敏度是相同的。

惠斯通电桥的线路灵敏度可以近似表示为

$$S_L = \frac{E}{(R_1 + R_2 + R_X + R_S) + R_g\left[2 + \left(\dfrac{R_1}{R_X} + \dfrac{R_S}{R_2}\right)\right]} \tag{4.3-4}$$

开尔文电桥的线路灵敏度为

$$S_L = \frac{I(R_X + R_S)}{R_1 + R_2 + \left(2 + \dfrac{R_2}{R_1} + \dfrac{R_1}{R_2}\right)\left(R_g + \dfrac{R_1 R_2}{R_1 + R_2}\right)} \tag{4.3-5}$$

由上面的分析可知，提高工作电源电压或使用高灵敏度、低内阻的检流计都可以提高电桥的相对

灵敏度。减小桥臂电阻也可提高灵敏度，但对开尔文电桥来说，为减小附加电阻的影响，桥臂电阻必须足够大，故双电桥灵敏度被降低。从（4.3-4）式还可以看出，当被测电阻阻值过大或过小均使惠斯通电桥的线路灵敏度降低，所以惠斯通电桥最适于测量中等阻值的电阻。

实验方案

1. 自组惠斯通电桥测中等阻值的电阻

用万用表粗测待测电阻 R_X 的阻值，根据粗测结果并按照测量结果对有效数字的要求选择合适的倍率 k。然后按照图 4.3-1 连接线路，为保护检流计，一般应在检流计支路中串联一较大阻值的限流电阻 R_0。调节可调标准电阻 R_S，电桥达到平衡时记录此时的 R_S 值。并根据（4.3-1）式计算待测电阻的阻值。

若 R_1、R_2 的已知值不准确，测量结果就会有系统误差，采用交换测量法可消除它，提高测量结果的准确度。把图 4.3-1 中的 R_1、R_2 互换，不改变 R_X、R_S，再次调节电桥平衡，记下此时可调标准电阻箱的值，设为 R'_S，则有

$$R_X = \frac{R_2}{R_1} R'_S \qquad (4.3-6)$$

由（4.3-1）和（4.3-6）两式得出

$$R_X = \sqrt{R_S R'_S} \qquad (4.3-7)$$

上式说明，采用交换测量法，R_X 的测量式中不出现 R_1 和 R_2，因此只要有一个标准电阻和两个数值稳定但不要求准确测定的电阻，即可得出 R_X 的准确值。特别注意：采用交换测量法时，待测量 R_X 的相对误差为：

$$\frac{\Delta R_X}{R_X} = \frac{1}{2} \left(\frac{\Delta R_S}{R_S} + \frac{\Delta R'_S}{R'_S} \right) \qquad (4.3-8)$$

可以证明：当倍率 $k = 1$，即：$R_1 = R_2$ 时，R_X 的相对误差最小。

2. 测量电桥的相对灵敏度

固定某一个待测电阻，依次改变电源电压和检流计内阻，在调节电桥平衡的基础上，改变可调电阻 R_S 的阻值，记录检流计的偏转格数，根据（4.3-3）式即可算出不同情况下电桥的相对灵敏度。

3. 采用箱式开尔文电桥测低电阻

QJ44 型电桥的面板图如图 4.3-3 所示。其中"外接电源"为外接电源接线柱。步进盘电阻 R_{S1} 和滑线盘电阻 R_{S2} 串联后代替了图 4.3-2 中的 R_S 即，$R_S = R_{S1} + R_{S2}$，倍率调节决定着 R_1/R_2（同时决定着 R_3/R_4）。

该电桥检流计前装有晶体管放大器，其灵敏度可调。

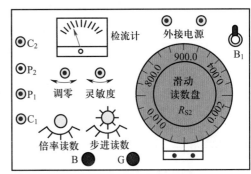

图 4.3-3　QJ44 电桥面板

因此，不必再加外接检流计接口。放大器开关为 B_1，使用前接通 B_1，使用完以后及时断开 B_1。调平衡时要由低至高逐步提高检流计的灵敏度。

开尔文电桥的工作特性见表 4.3-1。

表 4.3-1 QJ44 双臂电桥特性

倍率 k	有效量程 /Ω	R_N/Ω	a	E
$\times 10^{-2}$	$10^{-5} \sim 0.001\,1$	10^{-3}	1	
$\times 10^{-1}$	$10^{-4} \sim 0.011$	10^{-2}	0.5	
$\times 1$	$10^{-3} \sim 0.11$	10^{-1}		1.5
$\times 10$	$10^{-2} \sim 1.1$	1	0.2	
$\times 100$	$10^{-1} \sim 11$	10		

被测电阻采用四端接线法连接，测量电阻 R_X 为 P_1 与 P_2 间的阻值。基本测量误差为：

$$\Delta_m = \pm \frac{a}{100}\left(\frac{R_N}{10} + R\right) \tag{4.3-9}$$

其中 a 为电桥的准确度等级，R_N 为相应有效量程内 10 的最高整数幂，R 为标准盘示值，即 R_X 的测量值。

4. 采用滑动式直流双臂电桥测低电阻

图 4.3-4 是 SB-82 型滑动式直流双臂电桥的电路图，可与图 4.3-2 对照阅读。电桥倍率分 X0.1、X1、X10 三档，R_S 的取值 $0.001 \sim 0.01\ \Omega$，可根据 R_X 的大小选择倍率。图中 R_0 为双管滑动变阻器。

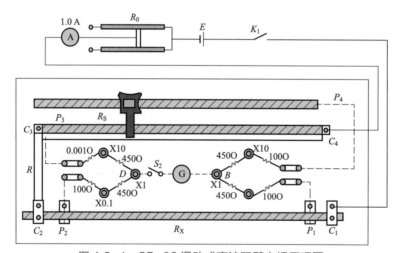

图 4.3-4 SB-82 滑动式直流双臂电桥原理图

实验器材

电阻和导线若干、箱式双臂电桥、滑线式双臂电桥、检流计、电阻箱、直流稳压电源、可调电位器、开关、待测电阻、待测黄铜棒（或铝棒）。

1. 自组惠斯通电桥测中等阻值的电阻

（1）用万用表粗测待测电阻的阻值。

（2）根据待测电阻的阻值选择合适的倍率及桥臂电阻 R_1、R_2，使结果能达到 4 位有效数字。

（3）按照图 4.3-1 连接线路。将限流电阻 R_0 调至最大，选择可调电阻 R_S 的阻值，闭合开关，接通电源，再跃接（即断续接通）检流计的"电计"按钮，试探电桥是否平衡。如不平衡，检流计指针偏向某一方，可调节可调电阻 R_S 使检流计偏向另一方，则先后两次 R_S 电阻值间必有一值恰能使电桥趋于平衡。此后逐步减小限流电阻 R_0 的阻值至零，细调平衡，记下此时的电阻值 R_S。

注意：为保护检流计，在检流计支路中应串联一大阻值的电位器，调其阻值至最大（100 KΩ）。

（4）比率臂电阻为同数量级情况下，不改变 R_X 和 R_S 的位置，交换 R_1、R_2，再次调节可调标准电阻使电桥平衡，记下此时的电阻值 R'_S。

（5）利用（4.3-1）式或（4.3-7）式计算待测电阻的阻值。

（6）换上其他待测电阻重复以上步骤。

2. 研究惠斯通电桥的相对灵敏度

（1）选定一个待测电阻，改变电源电压，其他条件不变的情况下，测定不同电压下的电桥相对灵敏度。注意对于不同的待测电阻，电桥灵敏度不同（同学可自行验证）。

注意：在不同电源电压下，先调节电桥平衡，再给 R_S 一个很小的改变，记录检流计的偏转值 Δn。

（2）改变检流计内阻（通过改变检流计支路上的限流电阻 R_0 的阻值实现），其他条件不变的情况下，测定相应的电桥相对灵敏度。

3. 用箱式开尔文电桥测电阻箱的零值电阻（0～0.9、0～9.9、0～99 999.9 三档）

测量时，应先测出含有导线电阻的总电阻 R_X，再分别测出两根导线电阻 R'_X 和 R''_X，则 $R_0 = R_X - (R'_X + R''_X)$。

4. 用滑线式开尔文电桥测量黄铜棒（或铝棒）电阻，并计算电阻率

测量前应先估算 R_X 值并据此选择适当的倍率。实验中可以逐步调整，直到 R_S 的有效位数最高（此时 R_X 的有效位数也最高，称此时的倍率为最佳倍率）。

注意：测金属丝电阻时要采用四端接法。接线时要拧紧螺丝、压紧弹片。

实验中，每个量测六次求平均值。实验后计算出实验结果和它们的不确定度。

视频：惠斯通电桥仪器简介和预习提示。

视频：ACS-3 检流计使用。

在给定电源和检流计的条件下，选择最佳倍率才能使测量结果达到最高的有效位数，但是倍率 k 确定后，桥臂电阻 R_1、R_2 的数值不是唯一的，如何选取其阻值是个相当复杂的问题。很多人对这个问题进行了实验探索，也总结了一些规律。本实验应从保持较高的电桥灵敏度和提高测量准确度两个方面综合考虑选择最佳的桥臂电阻。此外，在操作技术上，逐次逼近找临界点的方法也是很重要的。

选读：开尔文电桥平衡公式的推导。

4.3.2 电阻应变片研究与杨氏模量的测量

电学测量方法具有灵敏度高，反应速度快，便于自动控制等特点，所以常将非电学量（包括物理量、化学量、生物量等）转换成电学量进行测量。电阻应变式传感器就是利用电阻应变片作为电阻应变敏感元件，将被测的非电学量（力、压力、位移、应变、加速度和温度等）变化转化成电阻值的变化，再利用测量电路进行测量，进而得到被测非电学量的变化大小。

本实验利用平衡电桥作为测量电路，研究了电阻应变片的特性，测量了未知材料悬臂梁的杨氏模量。

实验目的

1. 学习非电学量转换成电学量测量的方法，了解金属箔式电阻应变片的工作原理。
2. 掌握自组惠斯通电桥，用平衡电桥测电阻应变片的灵敏系数和未知材料悬臂梁的杨氏模量。
3. 掌握用最小二乘法处理数据的方法。

设计思路

金属导体在外力作用下发生机械形变时，其电阻值随着它所受机械形变（伸长或缩短）的变化而发生变化的现象，称为金属的电阻应变效应。电阻应变片就是利用这一原理制成的（应变片原理详见本实验选读内容）。将电阻应变片用强力胶粘贴在试件（悬臂梁）的表面上，应变片内电阻丝的两端接入测量电路（电桥）。随着试件受力形变，应变片的电阻丝也跟随试件发生相应的形变，从而电阻值发生变化。当所受应力沿应变片的主轴方向时，应变片的电阻相对变化 $\dfrac{\Delta R}{R}$ 与试件的主应变 ε_X 成正比，即：

$$\frac{\Delta R}{R} = K\varepsilon_X \tag{4.3-10}$$

比例系数 K 为应变片的灵敏系数。根据应力 σ、应变 ε_X 和杨氏模量 E 的关系：

$$E\varepsilon_X = \sigma \tag{4.3-11}$$

对于如图 4.3-5 所示的悬臂梁，如果已知材料的杨氏模量 E，就可以计算出应变：

$$\varepsilon_X = \frac{\sigma}{E} = \frac{6PL}{h^2 bE} \tag{4.3-12}$$

其中 P 为外加荷载的重量，L 为应变片中心到加载点之间的距离，h 为梁的厚度，b 为梁的宽度。再由电桥电路测出应变片电阻值的相对变化 $\dfrac{\Delta R}{R}$，（4.3-10）式和（4.3-12）式联立，就可以求出应变片的灵敏系数：

$$K = \frac{h^2 bE}{6PL} \cdot \frac{\Delta R}{R} \qquad\qquad (4.3\text{-}13)$$

接下来，利用贴在未知材料悬臂梁上灵敏系数 K 已知的应变片组成电桥电路，只要测出应变片电阻值的相对变化 $\dfrac{\Delta R}{R}$，便可由（4.3-10）式和（4.3-12）式得出被测试件的杨氏模量：

$$E = K \cdot \frac{6PL}{h^2 b} \cdot \frac{R}{\Delta R} \qquad\qquad (4.3\text{-}14)$$

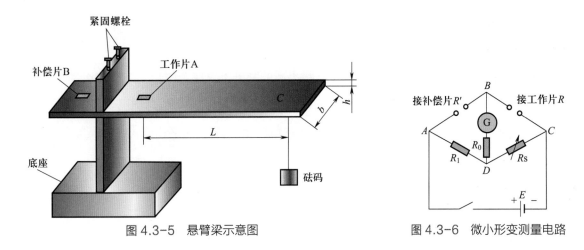

图 4.3-5　悬臂梁示意图　　　　　图 4.3-6　微小形变测量电路

实验方案

将试样一端固定在稳定的基座上，另一端悬空，构成一悬臂梁，如图 4.3-5 所示。在 A、B 处沿轴线方向贴一对电阻应变片，当 C 端挂一砝码加载时，悬臂梁将向下弯曲，A 处形变，贴在 A 处的应变片亦发生形变，应变片的电阻值随之发生变化。将 A、B 处两个电阻应变片作为相邻两个臂组成电桥电路（如图 4.3-6 所示），通过调节电桥平衡，可以测量出 A 处应变片电阻值的相对变化，从而可以依据不同的已知条件测定电阻应变片的灵敏系数以及材料的杨氏模量。

当温度发生变化时，电阻应变片的阻值会随温度发生微小变化（温度效应），这将会影响应变电阻测量的准确性。实验中使用两片应变片，二者处在同一温度场中，在电桥电路中处于相邻的桥臂，惠斯通电桥平衡时有：

$$\frac{R}{R'} = \frac{R_S}{R_1} \qquad\qquad (4.3\text{-}15)$$

由于实验中两应变片处于相同的环境中，温度变化相同，所以比值 $\dfrac{R}{R'}$ 与温度无关，从而使得温度效应的影响被消除。A、B 处应变片分别称为工作片和补偿片（注意：两个应变片同型号）。

电阻箱、标准电阻、检流计、稳压电源、开关、保护电阻、相同质量的砝码、水平悬臂梁、应变片等。

实验内容及要求

1. 测量工作片和补偿片的电阻 R 和 R'

（1）在钢悬臂梁 A、B 处贴上应变片（图4.3-5），自组惠斯通电桥，其中一臂接入补偿片，工作片用电阻箱代替，比率臂取值相等，即 $R_1 = R_S$。调节工作片所在桥臂上的电阻箱使电桥平衡，测量未加载时补偿片的电阻值 R'。

（2）用工作片换下电阻箱，调节电阻箱 R_S 使电桥平衡，测量未加载时工作片的电阻值 R。

2. 测量应变片的灵敏系数 K

（1）在工作片和补偿片组成的惠斯通电桥电路平衡的基础上，在金属悬臂梁上依次加减 3 个砝码，悬臂梁发生形变，A 处工作片阻值随之发生改变，电桥失去平衡。调节 R_S，使电桥重新平衡，测出每加减一个砝码时的电阻平均改变量 $\overline{\Delta R_S}$，并求出工作应变片电阻改变的平均值 $\overline{\Delta R}$。

注意：工作应变片阻值的相对改变等于可调电阻箱电阻的相对改变，即 $\dfrac{\overline{\Delta R_S}}{R_S} = \dfrac{\overline{\Delta R}}{R}$

（2）根据（4.3-13）式，求出每加减一个砝码时的灵敏系数 $K = \dfrac{h^2 bE}{6PL} \cdot \dfrac{\overline{\Delta R}}{R}$，求平均并与产品说明书中给出的 K 值比较。（钢的杨氏模量 E 由实验室给出）

3. 测量未知材料的杨氏模量 E

（1）在未知材料悬臂梁 A、B 处贴上电阻应变片（如图4.3-5所示），并与电阻箱组成电桥电路，微调 R_S，使电桥平衡。

（2）测量悬臂梁上每加一个相同砝码时电阻箱的阻值变化，作上行（加砝码）与下行（减砝码）两次测量，求出相应的工作应变片的阻值改变，用最小二乘法根据（4.3-14）式算出未知材料悬臂梁的杨氏模量 E。

分析与思考

1. 为什么在本实验的测量线路中要用温度补偿片？能否用普通电阻代替？

2. 为保证精确测量杨氏模量，应如何选择电桥的电源电压及检流计灵敏度？

3. 如何用非平衡电桥测量微小形变？

1. 应用传感器可以将非电学量转换成电学量进行测量，会给一些不容易测量或不易测准的非电学量测量带来许多方便和益处。

选读：电阻应变片的工作原理。

2. 本实验用平衡电桥法测量了未知材料的杨氏模量，为材料特性参量的测量提供了一种新的途径。

3. 本实验用上行与下行的方法测量，用最小二乘法处理数据，减少了测量误差。

4.3.3　直流非平衡电桥的原理及应用

直流电桥工作在平衡态可以准确测量未知电阻，但平衡的调节要求是比较严格的且需要耗费一定的时间。在实际的生产技术中，往往有些电阻准确度要求不是很高，但需要连续快捷地测量，如：铁路桥梁的应力检测、产品质量检查、测量变化的温度等，在这些情况中，可以将待测量转换成便于显示和自动化处理的电压量，非平衡直流电桥得到了广泛的应用。

本实验通过利用非平衡电桥测量材料的阻温特性和电阻温度系数，对非平衡电桥的工作原理、工作特点及其应用作具体地了解。

实验目的

1. 掌握非平衡电桥的工作原理以及与平衡电桥的异同。
2. 研究非平衡电桥的工作特性。
3. 掌握应用非平衡电桥测量材料的阻温特性和电阻温度系数的基本原理和实验方法。
4. 掌握用作图法处理实验数据。

设计思路

1. 非平衡电桥工作原理

在结构形式上，非平衡电桥与平衡电桥相似，电路如图 4.3-7 所示。调节可调电阻 R_S，使 B、D 两点电势相等，这时电桥达到平衡，此为平衡电桥。如果将平衡电桥中的待测电阻 R_x 换成电阻型传感器，当外界条件（如温度、压力、形变等）改变时，传感器阻值会有相应变化，B、D 两端电势不再相等，这时电桥处于非平衡状态。电桥处于非平衡态时，如果使 R_1、R_2 和 R_S 保持不变，那么 R_x 变化时 B、D 两点的电位差 U 也会发生变化。根据 R_x 与 U 的函数关系，通过检测桥路的非

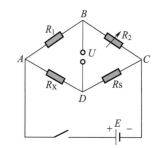

图 4.3-7　非平衡电桥工作原理

平衡电压 U，就能反映出桥臂电阻 R_x 的微小变化，从而也就知道了待测物理量的变化，这就是非平衡电桥工作的基本原理。

2. 非平衡电压的推导

为简化处理，忽略电源的内阻。当电桥输出端（B、D 两端）接高内阻数字电压表时，电桥处于开路状态，仅有电压输出，表示为：

$$U = U_{BD} = U_{BC} - U_{DC}$$
$$= \frac{R_2}{R_1 + R_2}E - \frac{R_S}{R_X + R_S}E = \frac{R_2 R_X - R_1 R_S}{(R_1 + R_2)(R_X + R_S)}E \qquad (4.3\text{-}16)$$

在实验前必须将电桥调至平衡，这称为预调平衡。这样调节可以使电桥的输出只与某一臂的电阻变化有关。此时，满足平衡条件：$R_1 R_S = R_2 R_X$。

当待测桥臂电阻发生改变 $R_X \to R_X + \Delta R_X$，电桥失去平衡，B、D 两点的电压输出为：

$$U = \frac{R_2 \Delta R_X}{(R_1 + R_2)(R_S + R_X + \Delta R_X)} \cdot E \qquad (4.3\text{-}17)$$

令 $\dfrac{R_2}{R_1} = K$，待测桥臂电阻的相对变化为 $\delta = \dfrac{\Delta R_X}{R_X}$，根据电桥平衡条件，则上式可表示为：

$$U = \frac{K\delta}{(1+K)(1+K+\delta)} \cdot E \qquad (4.3\text{-}18)$$

分析（4.3-18）式可得出以下结论：

（1）一般情况下，电桥输出的不平衡电压 U 与桥臂阻值的相对变化 δ 不呈线性关系，如果用 δ 做横坐标，U 做纵坐标，则有如图 4.3-8 的曲线。只有当 $\delta \ll K+1$ 时，U 与 δ 才有近似的线性关系（如图中的虚线所示）：

$$U_0 = \frac{K\delta}{(1+K)^2}E \qquad (4.3\text{-}19)$$

U_0 表示线性电压。

（2）当桥臂设置为：$\dfrac{R_2}{R_1} = K = 1$，（4.3-18）式和（4.3-19）式分别可写成：

$$U = \frac{\delta}{4 + 2\delta}E \qquad (4.3\text{-}20)$$

$$U_0 = \frac{\delta}{4}E \qquad (4.3\text{-}21)$$

可以证明，这时每个桥臂阻值的相对变化 δ 对不平衡电压 U 的影响具有同样效果（最多差一负号）。

（3）不平衡电压 U 与电源电压 E 成正比，因此电源电压不稳对测量结果有直接影响，实验中要用稳压电源。

3. 非平衡电桥的工作特性

灵敏度和非线性误差是非平衡电桥的两个重要性能，现对这两个问题分别加以讨论。

（1）非平衡电桥的电压输出灵敏度

非平衡电桥的输出电压灵敏度定义为：$S_{\mathrm{U}} = \dfrac{\partial U}{\partial \delta}$，则由（4.3-18）式可得：

$$S_{\mathrm{U}} = \frac{KE}{(1+K+\delta)^2} \qquad （4.3-22）$$

可见，当电桥供电电压 E 不变时，电桥的输出电压灵敏度将随 δ 和 K 变化而改变。在 $\delta \to 0$ 时，即当电桥在平衡态附近，灵敏度是很大的，称为"零点电压灵敏度"，表示为：

$$S_{U_0} = \frac{KE}{(1+K)^2} \qquad （4.3-23）$$

它的几何意义就是图 4.3-8 中 $U\sim\delta$ 曲线在原点处的斜率。对此式求导且当 $K=1$，零点电压灵敏度有极大值 $S_{U_0} = \dfrac{E}{4}$。

（2）非平衡电桥的非线性误差

对于非平衡电桥电压输出来说，其非线性误差是指对于同一个 δ 值，非平衡电桥的输出电压与理想输出电压的差异程度，用式子可表示成：

$$D = \frac{|U - U_0|}{U} \qquad （4.3-24）$$

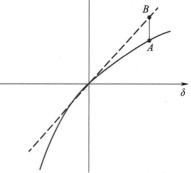

图 4.3-8　U 与 δ 关系曲线

$|U - U_0|$ 表示图 4.3-8 中曲线与过原点的切线对应于同一个 δ 值的差值，直观上来看即 AB 线段的长度。把（4.3-18）式、（4.3-19）式代入可得非线性误差为：

$$D = \frac{\delta}{1+K} \qquad （4.3-25）$$

可见，对应一定的 δ 值，K 较大时，非线性误差 D 较小；而对于一定的 K 值，非线性误差 D 与待测臂的相对变化 δ 成正比。当阻臂设置为 $K=1$ 时，$D = \dfrac{1}{2}\delta$。一般当 $\delta > 5\%$ 时，表现出的非线性就不可以忽略了。

实验方案

1. 用模拟传感器研究非平衡电桥的工作特性曲线

用标准电阻箱作为模拟传感器接入电桥中（如图 4.3-7 所示）。开始时，略调 R_{S} 使电桥处于平衡态，BD 间电压表显示为零。从平衡态开始，每改变一次 R_{X}，记下相应的不平衡电压 U，在坐标纸上作出非平衡电桥的 $U\sim\delta$ 特性曲线。

2. 测量金属电阻温度系数

大部分金属电阻随温度的升高而增加，在一定的温度范围内，电阻随温度的变化有如下关系式：

$$R_t = R_0(1 + \alpha t)$$

式中 R_t、R_0 分别是温度为 $t\,^\circ\mathrm{C}$、$0\,^\circ\mathrm{C}$ 时金属的电阻值；α 是电阻温度系数，单位是（$^\circ\mathrm{C}$）$^{-1}$。α 一般与

温度有关，但对本实验所用的金属铜在 −50 ℃到 100 ℃的范围内 α 变化很小，可认为是线性区，α 当成常量：

$$\alpha = \frac{R_t - R_0}{R_0 t} = \frac{\delta}{t}$$

将上式代入（4.3-21）式有：

$$U_0 = \frac{1}{4}\alpha E t \qquad (4.3-26)$$

这就是本实验用非平衡电桥测量铜电阻温度系数所依据的公式，式中非平衡电压 U_0 与铜样品的温度 t 成正比，（在 −50 ℃到 100 ℃度的范围内），实验中记下不同的温度 t 和相应的 U_0，用作图法求得铜电阻温度系数 α。

3. 热敏电阻的阻温特性研究及电阻温度系数的测量

按照热敏电阻随温度变化的典型特性，可分为三种类型：即负温度系数热敏电阻（NTC）；正温度系数热敏电阻（PTC）和特定温度下电阻值发生突变电阻器（CTR）。负温度系数热敏电阻可用于较宽温度范围的测量，因而应用比较广泛，其电阻值随温度升高而迅速降低，二者关系可表示为：

$$R_T = R_0 \mathrm{e}^{B\left(\frac{1}{T} - \frac{1}{T_0}\right)} \qquad (4.3-27)$$

式中 R_T、R_0 分别是热力学温度 T 和起始温度 T_0 时的阻值。B 是热敏电阻的材料常量，它反映两个温度间的电阻变化规律。一般情况下，B 值为 2000～6000 K。

热敏电阻的电阻温度系数 α_T 是表征材料特性的另一个重要参量，其定义为：

$$\alpha_T = \frac{1}{R_T}\frac{\mathrm{d}R_T}{\mathrm{d}T} \qquad (4.3-28)$$

由（4.3-27）式可以得到： $\qquad \alpha_T = -\frac{B}{T^2} \qquad (4.3-29)$

可见，负温度系数热敏电阻具有负的电阻温度系数。随着温度的降低，α_T 迅速增大，它决定热敏电阻在全部工作范围内的温度灵敏度。

实验中为求得常量 B，对（4.3-27）式两边求对数，得到：

$$\ln R_T = \frac{B}{T} + \left(\ln R_0 - \frac{B}{T_0}\right) \qquad (4.3-30)$$

利用非平衡电桥测量不同温度下的非平衡电压 U，根据（4.3-20）式计算出不同温度下的电阻 R_T，绘制 $\lg R_T \sim \frac{1}{T}$ 曲线，斜率即为材料常量 B。根据热敏电阻的温度系数定义（4.3-29）式可计算出某一给定温度的电阻温度系数 α_T。

视频：非平衡电桥装置介绍。

实验器材

稳压电源，标准电阻、电阻箱，数字电压表，加热炉，温控仪，导线

1. 研究非平衡电桥的特性

（1）按图 4.3-7 接线，R_X 用电阻箱代替。BD 两端接数字电压表，电源电压取为 4 伏。

（2）四个桥臂电阻均设为 200 Ω，由于仪器误差，还需适当调节 R_S 使得电桥平衡。

（3）在误差允许的范围内，由平衡态开始，每改变一次 R_X，记下相应的不平衡电压 U，直到 $R_X + 200$ Ω 和 $R_X - 180$ Ω。

（4）取 $\dfrac{R_2}{R_1} = K$ 值分别为 10 和 0.1，重复前 3 步测量。

（5）根据所测数据，在坐标纸上同一坐标系中作出相应的 $U \sim \delta$ 曲线。

（6）根据曲线求出 K 取不同值时 $\delta = 1$ 的非线性误差 D，并求出 $K = 1$ 时的零点电压灵敏度，与（4.3-23）式所得的理论值作比较。

2. 测量铜电阻的电阻温度系数

（1）线路设置同上，R_X 用铜电阻代替。连接好温控仪和加热炉之间的导线。室温下调节 R_S 使电桥平衡。

（2）设定好温度上限后，开始加温，每增加 5 ℃，记下相应的温度和不平衡电压 U_0。

（3）根据所测数据绘制 $U_0 \sim t$ 曲线，用作图法求出铜的电阻温度系数 α。

3. 热敏电阻的阻温特性研究及电阻温度系数的测量

（1）线路设置不变，铜电阻用热敏电阻代替。室温下调节 R_S 使电桥平衡，记下此时的热敏电阻阻值 R_0。

（2）设定好温度上限后，开始加温，每增加 5 ℃，记下相应的温度和不平衡电压 U。

（3）根据（4.3-20）式计算出不同温度下的热敏电阻阻值的增量 ΔR_T，则 $R_T = R_0 + \Delta R_T$。

（4）绘制 $\lg R_T \sim \dfrac{1}{T}$ 曲线，用作图法求出热敏电阻的材料常量 B，并求出在 $T = 293.15$ K 时的电阻温度系数 α_T。

1. 非平衡电桥与平衡电桥（直流单电桥）相比有什么优点？

2. 为什么测量前在室温下预调电桥平衡？

3. 热敏电阻与温度的关系为非线性的，本实验怎样进行线性化处理的？在图解法中怎样实现曲线改直的？

4. 实验结果分析铜电阻与负温度系数热敏电阻温度特性。

本实验利用非平衡电桥测量电阻的相对变化。实验中采用了高内阻的数字电压表，并令 $K = 1$，使得数据处理变得比较简单。只有在 δ 很小的条件下，输出电压与电阻的变化量之间才具有近似的线性关系。

在许多情况下，待测电阻阻值变化较大，不能保证 $\delta \ll (1+K)$，U 与 δ 之间的关系是非线性的。这时只要知道了 U 与 δ 之间函数关系，仍能由 U 确定 δ。除此之外，还可以使用电流表测量 I_g 来确定电阻的变化。

4.4 磁场和磁性能测量

磁场测量是研究与磁现象有关的物理过程的一种重要手段。磁场测量技术的发展和应用有着悠久的历史。早在 2 000 多年前，我们的祖先就发明了世界上最早的磁测量仪器——司南；1785 年库仑基于力学原理提出了利用磁针在磁场中自由振荡周期来测定地磁场的方法，随后高斯发展了这种方法，制成了研究地磁变动的第一个标准磁针仪器；1831 年法拉第发现了电磁感应定律，1864 年麦克斯韦系统地从理论上总结出电磁相互作用和相互转化的普遍规律——麦克斯韦电磁场理论，从而为电磁测量技术奠定了理论基础。20 世纪 30 年代初，出现了利用磁性材料自身磁饱和特性的磁通门磁强计，它广泛应用于地球物理、军事工程、工业等领域中测量弱磁场。之后，由于核物理工程、宇航工程等尖端工程技术的发展，对磁场的测量在空间和时间上都提出了更严格的要求。近年来由于有效地利用了许多新发现的物理效应，使磁场测量技术有了很大的发展。

磁场测量技术应用的范围很广。测量的磁场强度范围已经扩展到 $10^{-15} \sim 10^{3}$T；包括稳恒磁场，工频、高频、超高频交变磁场和脉冲磁场等；测量技术所应用的原理涉及电磁感应、磁光效应、霍尔效应、压磁效应、热磁效应及量子效应等；测量中所使用的装置包括指针仪表、数字仪表及电子计算机控制的测量系统。

下面介绍几种经常使用的磁场测量方法。

电磁感应法

电磁感应法是一种基于法拉第电磁感应定律的经典而又简单的测量磁场方法。它可用于测量直流磁场、交流磁场和脉冲磁场。

根据法拉第定律，当磁场发生变化，通过线圈的磁通量 Φ（以及磁链 $\Psi = NBS$，N 是线圈匝数）也会变化，从而产生感应电动势

$$\varepsilon = -\frac{\partial}{\partial t}\Psi \qquad (4.4-1)$$

由此可见，运用电磁感应法测量磁场，一要使线圈处的磁场随时间变化，二要将测量得到的感应电动势积分，才能得到磁感应强度值。

对于交变磁场，磁场随时间变化的条件自然得到满足。对于稳恒磁场，则需要采取一些特殊措施。

例如，当测量由载流导线产生的磁场时，可以采用通断电源、反转电流方向等措施使磁场变化；当测量永久磁体产生的磁场时，可以移动磁体或移动探测线圈来改变线圈处的磁场强度。

用电磁感应法测量磁场的仪器通常有冲击电流计、电子积分器、磁通计、数字磁通计、转动线圈磁强计、振动线圈磁强计等。

霍尔效应法

霍尔效应法是利用半导体内载流子在磁场中受力发生偏转来进行磁场测量的方法。它比较简单，广泛地用于测量恒定磁场、交变磁场以及脉冲磁场。其原理如图 4.4-1 所示，一块长、宽、厚分别为 l、b、d 的半导体薄片（霍尔元件）置于磁场中，磁场 B 垂于薄片平面。当电流 I 流过霍尔元件时，载流子（N 型半导体为带负电荷的电子，P 型半导体为带正电荷的空穴）在磁场中受洛仑兹力 f 的作用而偏转，从而在侧面形成电势差 U_H（霍尔电压）。设载流子平均速率为 u，每个载流子的电量为 e，当载流子所受洛仑兹力与霍尔元件表面电荷产生的电场力相等时，则 U_H 达到稳定：

$$euB = e\frac{U_H}{b}$$

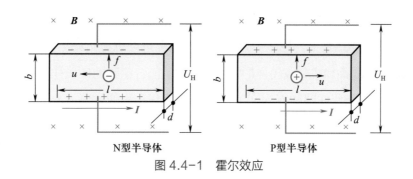

图 4.4-1　霍尔效应

若载流子浓度为 n，则

$$I = bdneu \quad 或 \quad u = \frac{1}{bdne}$$

所以有

$$U_H = \frac{IB}{ned} = R_H\frac{IB}{d} \tag{4.4-2}$$

$R_H = 1/ne$ 称为霍尔系数，是反映材料霍尔效应强弱的重要参量。进一步定义霍尔灵敏度 K_H 为

$$K_H = \frac{R_H}{d} = \frac{1}{ned}$$

这样，由（4.4-2）式，使得：

$$U_H = K_H IB$$

$$B = \frac{U_H}{IK_H} \tag{4.4-3}$$

选读：测量磁场的其他方法。

4.4.1 软磁材料磁滞回线和基本磁化曲线

铁磁性材料分为永磁材料和软磁材料。软磁材料的矫顽力 H_c 小于 100 A/m，常用做电机、电力变压器的铁芯和电子仪器中各种频率小型变压器的铁芯。磁滞回线和基本磁化曲线是反映软磁材料磁性的重要特征曲线。矫顽力和饱和磁感应强度 B_s、剩磁 B_r、初始磁导率 μ_e、最大磁导率 μ_m、磁滞损耗 P 等参量均可从饱和磁滞回线和基本磁化曲线上获得（参考本实验选读）。这些参数是磁性材料研制、生产、应用时的重要依据。

实验目的

1. 学习、巩固有关铁磁性材料性质的知识。
2. 了解用示波器动态测量软磁材料磁滞回线和基本磁化曲线的原理，掌握测量方法。
3. 熟练掌握示波器的使用技术。

设计思路

在各种电器的铁芯中软磁材料大多形成闭合磁路，所以采用闭合样品进行测量与实际应用场合符合最好，同时也可消除退磁场带来的影响。对软磁铁氧体，可以直接将样品做成圆环状或方框形。对硅钢片或软磁合金带，需要叠加或卷成闭合形状样品。常见闭合磁路的环状样品形状如图 4.4-2 所示。

在环状样品上绕 N_1 匝初级线圈和 N_2 匝次级线圈。初级线圈里通过电流 i_1，如图 4.4-3 所示，就在磁环中产生磁场，其场强

$$H = \frac{N_1 i_1}{l} = \frac{N_1}{R_1 l} u_1 \qquad (4.4-4)$$

式中 l 是样品的平均长度，R_1 是与初级线圈串联的电阻，u_1 是 R_1 两端的电压。

如果进行静态磁测量，电流由直流电源提供。进行动态测量，初级线圈需要通过交流电。

样品被磁化后产生变化的磁通量 Φ，进而在次级线圈中产生感应电动势

$$\varepsilon = -\frac{d\Psi}{dt} = -N_2 \frac{d\Phi}{dt} = -N_2 S \frac{dB}{dt} \qquad (4.4-5)$$

图 4.4-2 闭合磁路样品

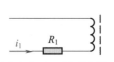

图 4.4-3 励磁电路

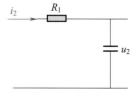

图 4.4-4 *RC* 积分电路

S 是环状样品的截面积。次级线圈的电压正比于磁感应强度随时间的变化率，必需积分后才能得到 B。积分可以由电路来完成。最简单的 RC 积分电路如图 4.4-4 所示。从图中可以看出，忽略次级线圈内阻后，有

$$\varepsilon = R_2\, i_2 + u_2 \qquad\qquad (4.4\text{-}6)$$

u_2 是电容器上的电压。设电源频率为 f，若条件 $R_2 \gg \dfrac{1}{2\pi f C}$ 得到满足，则上式等号右边第二项可以略去，于是

$$\varepsilon = R_2\, i_2 = R_2\frac{\mathrm{d}q}{\mathrm{d}t}$$

q 是通过回路的电量，也是电容器上的电量。由于 $q = C u_2$，得到

$$\varepsilon = R_2 C \frac{\mathrm{d}u_2}{\mathrm{d}t}$$

代入（4.4-5）式，若只考虑数值而不考虑正、负符号，就有

$$R_2 C\,\mathrm{d}u_2 = N_2 S\,\mathrm{d}B$$

对上式积分，并考虑到初始条件 $t = 0$ 时 $u_2 = 0$，$B = 0$，得到

$$B = \frac{R_2 C}{N_2 S} u_2 \qquad\qquad (4.4\text{-}7)$$

由此可见 u_1 正比于 H，u_2 正比于 B，将 u_1，u_2 信号分别输入到双通道示波器的 X 端和 Y 端（即 u_1 接 CH1，u_2 接 CH2，显示方式为 X-Y 方式），就可以在示波器屏上看到磁滞回线。

实验方案

实验线路如图 4.4-5 所示。电流输入端接功率输出型信号发生器。若在 50 Hz 交变磁场下进行测量，也可以通过调压器和变压器接在实验室交流电源上。通过调节电源电压可以改变磁场强度 H 的大小。交流电频率可以在信号发生器上直接读出。

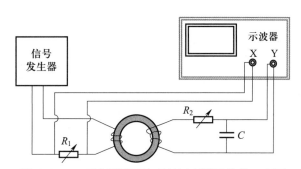

图 4.4-5　示波器测量软磁材料磁滞回线的原理图

信号发生器的输出功率有限，用作交流电源时要注意使信号发生器的输出阻抗与负载的输入阻抗相匹配。这样才能获得最大的功率输出。

若要进行定量测量，就应该知道示波器屏上每厘米长度对应的电压。用数字示波器观察测量时，可以用移动光标读数。

尽管有些数字示波器不能在 X-Y 方式下进行光标数字读出，但是我们仍可以在 Y-t 方式下读出 B_s，B_r，H_m 和 H_c 对应的电压。实际上 CH1 通道信号的峰值就是 H_m 对应的电压，CH2 通道信号的峰值

就是 B_s 对应的电压，如图 4.4-6（a）所示。调节 CH1 波形的水平位置，使波形曲线上电压为零的一点对齐在显示屏上的一条纵线（图 4.4-6（b）中用纵粗虚线标出）上，用光标（图中横粗虚线）直接读出 CH2 波形曲线与此纵线交点的电压，这就是 B_r 对应的电压，如图 4.4-6（b）所示。调节 CH2 波形的水平位置，使波形曲线上电压为零的一点对齐在显示屏上的一条纵线（图 4.4-6（c）中用纵粗虚线标出）上，用光标（图中横粗虚线）直接读出 CH1 波形曲线与此纵线交点的电压，这就是 H_c 对应的电压，如图 4.4-6（c）所示。

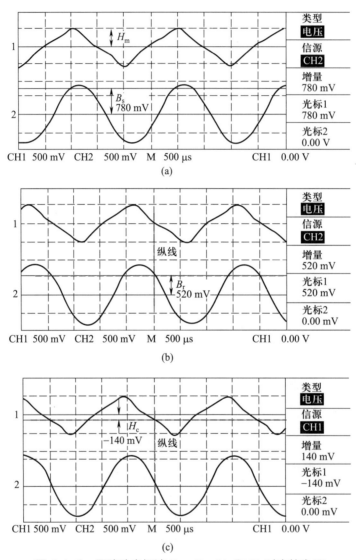

图 4.4-6　用移动光标读 B_s，B_r，H_m 和 H_c 对应的电压

实验器材

　　双通道模拟示波器（或数字示波器），功率型信号发生器（或调压器和变压器组），实验箱。

实验内容及要求

1. 接好线路，调整好信号发生器和示波器，观察不同频率下的磁滞回线形状。判断哪种情况下磁滞损耗较大。

> 注意：
>
> 1. 先仔细阅读选读，掌握相关原理。
> 2. 测量时必须保证 $R_2 >> \dfrac{1}{2\pi f C}$

2. 在规定频率下调整屏幕显示的磁滞回线至理想的大小和形状。确定实验所需的两通道增益倍数。

3. 将励磁电流缓慢调至零，实现对样品的退磁，并在示波器上调整坐标原点。

> 注意：
>
> 退磁时的磁场幅度要单调减小。测量时的磁场幅度要单调增加。如果测量时一次增幅过大，前面缺少实验点，必需将磁场退至 0，从头开始测量。

4. 将磁场由 0 开始，逐步（可分 8～10 步）增加至 B 达到饱和。自制记录表格，记下每一步磁滞回线顶点的坐标。

5. 在饱和磁滞回线上测量并记录 H_m，H_c，B_s 和 B_r 对应的坐标。测量 H_c 和 H_m 时，应该在 $H>0$ 和 $H<0$ 的两点进行测量，取平均值作为矫顽力的测量值。同理，B_s 和 B_r 也要测 $B>0$ 和 $B<0$ 的两点值，然后取平均值。

6. 改变频率，再次重复 2～5 的内容。

7. 实验后处理数据。

（1）在同一坐标下做两种不同频率的基本磁化曲线。

（2）磁导率 $\mu = B/H$，由基本磁化曲线，在同一坐标系下做两种不同频率的 μ—H 曲线，并确定 μ_e 和 μ_m（这两项意义见选读）。

（3）给出两种频率的 H_m，H_c，B_s，B_r，μ_e 和 μ_m 的最终实验结果。

8. 若使用数字示波器实验，各测量值先在 X-Y 方式下进行估读，再由读数光标测出数据作为正式测量结果，同时对两种方式测量的结果进行比较。

分析与思考

1. 如果测量前没有将材料退磁，会出现什么情况？

2. 用磁路不闭合的样品进行测量会导致什么结果？

3. 测量时磁场 H 是正弦变化的，磁感应强度 B 是否按正弦规律变化？反之，若磁感应强度 B 是正弦变化的，磁场 H 是否也按正弦规律变化？

视频：用示波器测量磁滞回线上某点的电压 u_1 和 u_2。

磁滞回线实验中有两个关键问题，即如何对感应电动势 ε 积分得到 B 值和如何对高频周期信号 H，B 进行测量。

本实验用最简单的 RC 积分电路进行积分。实际上即使 $R_2 >> \dfrac{1}{2\pi fC}$ 条件得到满足，也只能得到近似的结果。需要更高准确度测量时，可以使用其他高准确度的电子积分器。

选读：磁性
材料的磁化
曲线和磁滞
回线。

示波器显示周期变化的信号是十分方便的。但是，若要在普通模拟示波器上进行精密的测量是很困难的。用数字示波器可以提高读出准确度。

4.4.2　用冲击电流计测螺线管内磁场

许多电磁物理量的测量可以转变为对电量的测量。例如，磁场探测线圈处磁感应强度 B 的变化正比于通过线圈的电量；在一定电压下电容器的电容量正比于极板所带的电量。冲击电流计可以测量极短时间内通过自身线圈的电量，是电磁学实验的一种重要仪器。冲击法作为一种较为简单、准确的测量方法，历史悠久，至今仍被标准计量部门采用。

1. 了解冲击电流计的结构、原理和使用方法；
2. 学习用冲击电流计测磁场的原理和方法。

1. 冲击电流计的结构、原理和工作特性

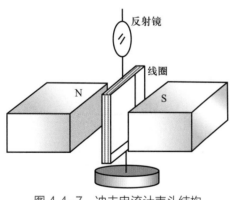

图 4.4-7　冲击电流计表头结构

冲击电流计表头的结构如图 4.4-7 所示。它与灵敏电流计相似，均属磁电系仪表。不过，它们用张丝代替了普通电表的"轴承"系统，用光标读数装置代替了普通电表的指针。冲击电流计与灵敏电流计及其他磁电系仪表最大的区别是线圈短而宽，具有较大的转动惯量。此外，线圈下面还吊着一个金属圆盘，进一步增大转动惯量。

当一个瞬变脉冲电流流过冲击电流计线圈时，线圈虽然受到磁力矩作用，但由于转动惯量较大，以至在电流经过时，线圈的运动状态来不及发生变化。电流停止后，线圈才以一定角速度摆动。线圈启动后，立即受到张丝的扭力矩、电磁阻尼力矩和空气阻尼力矩的作用，使线圈角速度逐渐减小，直至在最大偏转角（称为最大冲掷角）位置处瞬时停止。以后又转回到初始位置，并以此为中心往复摆动。线圈转动时，由于反射镜的作用，光标也将在标尺上移动。光标最大偏转格数 n

与最大冲掷角成正比。

设流过冲击电流计的电流为 i，则通过线圈的电量为 $q = \int_0^\tau i\mathrm{d}t$。理论上可以证明，电量 q 与光标的最大偏转格数成正比，即

$$q = c_b n \tag{4.4-8}$$

其中 c_b 为冲击电流计的冲击常量。需要指出的是，c_b 不仅与冲击电流计的构造有关，还与回路总电阻有关。

2. 冲击法测磁场的原理

设励磁线圈产生的磁场垂直于匝数为 N，截面积为 S 的探测线圈的截面。当励磁电流有一突然变化（例如从 I 减至 0）时，它所产生的磁场也有一突然的变化（由 B 至 0）。变化的磁场在探测线圈内产生感生电动势

$$\varepsilon = -N\frac{\mathrm{d}\varPhi}{\mathrm{d}t} = -NS\frac{\mathrm{d}B}{\mathrm{d}t}$$

流过探测线圈的电流为

$$i = \frac{\varepsilon}{R} = -\frac{NS}{R}\frac{\mathrm{d}B}{\mathrm{d}t}$$

通过线圈的电量为

$$q = \int i\mathrm{d}t = -\frac{NS}{R}\int_B^0 \mathrm{d}B = \frac{NSB}{R} \tag{4.4-9}$$

代入（4.4-8）式，得到

$$B = \frac{Rc_b n}{NS} \tag{4.4-10a}$$

其中 R 是回路的总电阻。如果励磁电流由 I 变至 $-I$，则磁感应强度由 B 变至 $-B$。此时

$$B = \frac{Rc_b n}{2NS} \tag{4.4-10b}$$

实验方案

冲击法测磁场的对象可以是螺线管、螺绕环、亥姆霍兹线圈、电磁铁等励磁线圈产生的磁场，也可以是磁场不易改变的永磁磁场、地磁场等。

测量螺线管磁场的电路原理图如图 4.4-8 所示，测量其他励磁线圈产生的磁场的电路与此相似。电路中的 M 是一个标准互感器，可以用它进行冲击常量的标定。当开关 S_2 扳向 1 端、用开关 S_1 进行换向时，在标准互感器初级线圈产生电流变化，次级线圈产生感生电动势 $\varepsilon = -M\frac{\mathrm{d}I}{\mathrm{d}t}$。通过冲击电流计测得电量迁移为

$$q' = \int_0^\tau i'\mathrm{d}t = -\int_0^\tau \frac{M}{R}\frac{\mathrm{d}I}{\mathrm{d}t}\mathrm{d}t = -\int_{+I'}^{-I'} \frac{M}{R}\mathrm{d}I = \frac{2MI'}{R} = c_b n'$$

冲击常量为

$$c_b = \frac{2MI'}{Rn'}$$

然后将开关 S_2 扳向 2 端、用开关 S_1 进行换向测量，探测线圈处磁感应强度由（4.4-10b）式决定。由于标定和测量时冲击电流计的回路总电阻是不变的，所以冲击常量相同。由公式得到

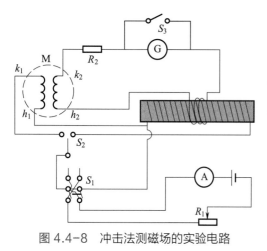

$$B = \frac{MI'n}{NSn'} \qquad (4.4\text{-}11)$$

电路中 R_2 的作用是调节回路总电阻，使冲击电流计工作在临界状态。R_1 的作用是调节励磁电流 I（即调节磁场 B）。S_3 是阻尼开关，当光标接近平衡位置时迅速合上，可以使其尽快回零。

由于长螺线管外侧磁感应强度近似为零，为了使用方便，我们将探测线圈由螺线管内移到管外，如图 4.4-8 所示。这时，（4.4-11）式中的探测线圈截面积改成螺线管的截面积。若圆形螺线管的直径为 d，则公式变为

图 4.4-8　冲击法测磁场的实验电路

$$B = \frac{4MI'n}{\pi d^2 Nn'} \qquad (4.4\text{-}12)$$

实验器材

冲击电流计、直流稳压电源、0.5 级直流电流表、滑动变阻器、电阻箱、换向开关、阻尼开关、长螺线管、探测线圈、标准互感器。

实验内容及要求

1. 对冲击电流计定标

（1）按图 4.4-8 接好电路，将 S_2 拨回 1 端，调好光路和光标零点，取 $R_2 = 1\ \text{k}\Omega$。

（2）测量 n'。给定定标电流 I'（例如 500 mA），使 S_1 倒向，测量 n' 的左偏转（或右偏转）第一次的最大格数。再次扳动 S_1 后测量 n' 的右偏转（或左偏转）第一次的最大格数。求左右偏平均值。重复 6 次，求多次测量的 n' 平均值。

2. 测螺线管磁场

给定励磁电流，将 S_2 拨回 2 端，将探测线圈放在螺线管的不同位置，测定螺线管轴线上的磁场分布。按照上面测量 n' 的方法，求最大偏转格数 n 的多次测量平均值，由（4.4-12）式计算磁感应强度 B 值。

与螺线管轴线上磁感应强度 B 分布的理论公式（参见大学物理教材）进行比较。

1. 冲击电流计的主要特点是什么？

2. S_1、S_2、S_3 和 R_2 各有什么作用？为什么测量过程中 R_2 要保持不变？为什么测量过程中要将互感器次级线圈和探测线圈串联在一起？

3. 分析实验中各种可能的误差，说明其影响程度和减小误差的办法。

4. 利用冲击电流计和电容充放电法可以测量 $10^6\ \Omega$ 以上的高电阻，请设计测量方案。

归纳与小结

冲击法测磁场的本质是感应法，即对探测线圈产生的感生电动势（或感应电流）进行积分。冲击电流计采用了大转动惯量的线圈，使线圈摆动与通过的电流之间有一个滞后时间，这段时间就是对电流积分，积累电荷的过程。

附录：数字冲击
检流计工作原理
及操作说明。

4.4.3 霍尔效应测磁场

德国物理学家霍尔（A.H.Hall，1855—1938）1879 年研究载流导体在磁场中受力的性质时发现，任何导体通以电流时，若存在垂直于电流方向的磁场，则导体内部产生与电流和磁场方向都垂直的电场，这一现象称为霍尔效应，它是一种磁电效应（磁能转换为电能）。对于一般金属导电材料，这一效应不太明显，20 世纪 50 年代以来，由于半导体工艺的发展，先后制成了多种有显著霍尔效应的材料，这一效应的应用研究也随之发展起来。现在，霍尔效应已在测量技术、自动化技术、计算机和信息技术等领域得到应用。在测量技术中，典型的应用是测量磁场，其特点是：（1）响应速度快，既能测稳恒磁场、交流磁场，也能测量脉宽为 μs 级的脉冲磁场；（2）现在霍尔元件可以做到 $10\ \mu m^2$ 的大小，能在很小的空间（零点几立方毫米）中进行测量；（3）测量范围大，可以适用于从 $10\ T$ 的强磁场到 $10^{-7}\ T$ 的弱磁场；（4）无接触、寿命长、成本低。

实验目的

1. 了解霍尔效应的物理原理以及该原理应用到测量技术中的基本过程。

2. 掌握霍尔效应（磁电转换）测磁场的实验方法和对称测量消除附加电势的方法。

3. 了解低电势的测量方法。

设计思路

由于磁场看不见、摸不着，在实际测量中，只能利用其性质以及所产生的一些效应进行测量，霍尔效应就是其中的一种。霍尔效应的基本原理已在前面作了简要叙述，（4.4-3）式是霍尔效应测磁场的基本理论依据。只要已知 K_H，用仪器测出 I 及 U_H，则可求出磁感应强度 B 的大小。

霍尔电压是关键的待测量，它直接影响磁场的测量准确度。U_H 应是完全由霍尔效应产生的电压，但由于加工工艺，以及附加效应的影响，会产生一些附加电势差。

1. 不等位电势

如图 4.4-9 所示，在焊接电压测试引线 A、A′ 时，不可能保证 A、A′ 在同一等势线上，所以，即使磁场 $B = 0$。由于 A、A′ 端不在同一等位面而产生不等位电势 U_0，U_0 的正负随工作电流方向的改变而改变。实际上，如果霍尔元件材料不均匀、几何尺寸不规则，即就是 A、A′ 焊接对齐，但其内部等势面不规则，也会产生不等位电势。

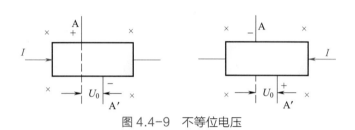

图 4.4-9　不等位电压

2. 厄廷豪森（Etinghausen）效应

推导公式（4.4-3）时认为载流子的平均速率是 u，而实际上，载流子速率各不相同。霍尔电场建立后，速度大于 u 的载流子所受洛仑兹力大于霍尔电场力；速度小于 u 的载流子所受洛仑兹力小于霍尔电场力。仍以图 4.4-1 所示霍尔元件为例，元件的一侧（A）聚集的高速载流子多，与晶格碰撞使该侧温度较高；而另一侧（A′）聚集低速载流子多、温度较低，结果在 A、A′ 两端产生附加的温差电动势 U_E。载流子所受洛仑兹力的方向与工作电流 I 和外磁场 B 的方向有关，所以 U_E 的正负随 I 或 B 方向的改变而改变。

3. 能斯特（Nernst）效应

给霍尔元件焊接工作电流引线时，由于两端焊点电阻不等，当电流 I 通过时，在两端产生温度差，从而形成附加的温差电流，该电流在磁场作用下，形成类似于 U_H 的附加电势 U_N。由于附加电流方向由两端温差决定，所以 U_N 的正负与工作电流方向无关，随外磁场方向改变而变。

4. 里纪－勒杜克（Righi-Leduc）效应

能斯特效应中产生的附加电流的载流子速度不同，因此，也会由于厄廷豪森效应产生温差电势 U_R，由于附加电流方向与工作电流方向无关，所以，U_R 的正负只随磁场方向的改变而变。

在以上附加电势中，不等位电势 U_0 影响最大，三个附加效应的影响均较小。当工作电流 I 和磁场 B 确定后，实际所测量 A、A′ 两端的电压 U，不仅包括霍尔电压，还有 U_0、U_E、U_N、U_R。由于附加电压的正负与工作电流 I 和磁场 B 的方向有关，测量时，改变 I 和 B 的方向，可以消除部分附加电势的影响。这种消除系统误差的方法称为对称测量法。

设　　$+B$　　$+I$　　时　　$U_1 = U_H + U_0 + U_E + U_N + U_R$

　　　　$-B$　　$+I$　　时　　$U_2 = -U_H + U_0 - U_E - U_N - U_R$

　　　　$+B$　　$-I$　　时　　$U_3 = -U_H - U_0 - U_E + U_N + U_R$

　　　　$-B$　　$-I$　　时　　$U_4 = U_H - U_0 + U_E - U_N - U_R$

可得
$$U_H = \frac{1}{4}(U_1 - U_2 - U_3 + U_4) - U_E$$

这样，除 U_E 外，其他附加电势均被消除，而一般 U_E 比 U_H 小得多，可以略去，有

$$U_H = \frac{1}{4}(U_1 - U_2 - U_3 + U_4) \qquad (4.4{-}13)$$

实验方案

1. 待测磁场 B 产生

（1）长直通电螺线管内产生磁场，当直径远小于长度时，螺线管中心部分磁场均匀，B 的方向可以由右手定则确定。螺线管励磁电路如图 4.4-10 所示，双刀双掷开关 S_1 可以改变通过螺线管电流的方向，进而改变磁场 B 的方向，调节稳流电源电流强度的大小可以改变磁场强度。螺线管内磁场的理论值可由电流 I 及螺线管参量计算。

（2）励磁线圈芯部装一铁芯就构成电磁铁。在半闭合铁芯的气隙内可以产生较强的磁场。在一定的范围内，该磁场与励磁电流成正比。

2. 霍尔元件

现在霍尔元件也已制成组件出售，每个霍尔元件均注明有材料类型、K_H 值、最大工作电流、电阻、几何尺寸等工作参量。一般霍尔元件是长方形，长的方向为工作电流端，宽的方向为霍尔电压测试端。

3. 霍尔片工作电流 I（mA）的测量

工作电流 I 由一专用电源提供，其强度由毫安表测量。由于霍尔元件通电后温度改变，使其阻值变化，所以为保证电流 I 不变，最好使用稳流电源。

4. 实验线路

实验接线原理如图 4.4-10 所示，三个换向开关 S_1，S_2 和 S_3 可以分别改变霍尔元件工作电流、霍尔电压和励磁电流的方向。U 的测量可用：（1）数字式电压表；（2）低电势电势差计。

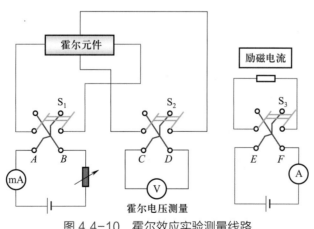

图 4.4-10　霍尔效应实验测量线路

选读：采用
电势差计测
量霍尔电压。

数字式电压表直接显示 U 的大小和正、负，非常方便。而电势差计利用补偿原理，当达到平衡后，

电压 U 不向外输出电流，相当于用一个内阻无限大电压表进行测量。

实验器材

数字电压表（或电势差计、灵敏电流计、标准电池 E_N），稳流源 E_1、E_2，毫安表，安培表，实验板（含双刀双掷开关，磁场源、霍尔元件）。

实验内容及要求

1. 测量内容

（1）测量螺线管磁场

测量螺线管中心处的磁感应强度，并与理论计算值比较。

由于仪器较多，接线之前应合理布置仪器，避免导线的交叉。多次重复测量，每次测量之前必须先调整电源，保证霍尔工作电流及励磁电流不变。

测量螺线管轴线上的磁场分布。沿螺线管轴线移动霍尔元件，接近管口时测量点应多一些。

（2）测量电磁铁气隙磁场

将霍尔元件放在气隙中心，取励磁电流为 500 mA，工作电流 I 取值：10、9、8、7、6、5、4、3、2、1（mA），测量 U_1、U_2、U_3、U_4，计算霍尔电压及磁感应强度 B。

保持工作电流不变，改变励磁电流 I_B 为 500、400、350、300、250、200（mA），测量 U_1、U_2、U_3、U_4，计算霍尔电势 U_H。进而计算磁感应强度 B，作测量 $B\text{-}I_B$ 曲线，分析励磁电流与电磁铁磁感应强度的关系。

测量电磁铁磁极间隙内的磁场分布。

2. 操作要求

（1）实验中必须满足磁场 B 垂直霍尔元件表面的条件，在霍尔元件移出螺线管时更应注意。思考如何用实验的方法判断霍尔元件表面与 B 垂直？

（2）励磁电流的方向决定着螺线管和电磁铁产生的磁场的方向。可以根据换向开关方向，自定义工作电流和励磁电流方向的正、负，从而构成 I 与 B 的 4 种组合。

注意：
1. 在保证测量要求的前提下，为了减小温度变化及附加电压的影响，霍尔元件工作电流不宜超过 10 mA。
2. 布置仪器时，螺线管和霍尔元件应远离其他可能产生磁场的仪器（如滑动变阻器），

分析与思考

1. 能否利用霍尔效应原理制作数显式电流表?

2. 在图 4.4-10 中，为了产生较强的磁场，制作螺线管时，其匝数和层数较多；励磁电流也较大。S_3 改变方向的瞬间在螺线管两端产生较大的自感电动势，可能会烧坏稳流电源。如何操作才能避免产

生较大自感电动势？为什么？

本实验是大学物理实验中典型的磁电转换测量实验。转换测量法是常用的基本实验方法，它能将无法测量或不易测量的物理量转换成可测或易测的物理量。转换测量分为参数转换和能量转换两类，霍尔效应测磁场是能量转换的一种，其中霍尔元件是核心，是磁电传感器。

选读：霍尔效应的其他运用。

在对霍尔电压的测量中，我们采用了对称测量法消除附加电势的影响，这也是一种非常重要的物理实验方法，常用来消除某些系统误差，如分光仪采用对径读数法消除度盘的偏心差；光栅衍射实验中采用对 ±1 级衍射角取平均的办法来改善光束偏离垂直入射造成的测角误差；等等。

4.5 温度的测量及其应用

温度测量是科学研究、生产乃至日常生活中最经常测量的物理量之一。理论上说，任何介质，只要它的某项物理量随温度变化，就可以利用这一特性设计制造温度计。

最早的温度计可以追溯到 1592 年，当时伽利略根据气体的热膨胀现象制造了气体温度计。1641 年，意大利科学家费狄南制造了第一个玻璃管酒精液体温度计。1714 年德国科学家华伦海脱又制成了水银温度计。尽管这些温度计很原始，但是其基本测量原理至今仍然在使用。例如，国际温标中 24.56 K 以下的温度仍然用气体压力温度计来定义，而玻璃管液体（酒精或水银）温度计也仍然是主要的家用测温器具。

上面介绍的温度计是用肉眼读数的。如果将温度的变化以电压、电流强度等电学量变化的形式表现出来，就会提高测量准确度，并有利于自动控制和计算机处理。为此，各种利用物质电性能随温度变化测温的方法应运而生。

在此，我们介绍几种常用的将温度信号转变为电信号进行测量的方法，然后安排了几个用到这类方法的实验。

1. 热电偶

热电偶由 A，B 两种不同材料的金属丝焊接而成，如图 4.5-1 所示。

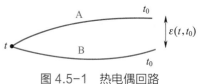

图 4.5-1 热电偶回路

金属丝结合点为测量端，其温度为 t。金属丝的另外端点为参考端，温度为 t_0。测量端与参考端之间具有温差电动势 ε。该电动势与两种金属丝材料有关，又与冷热端温度相关，可以表示成

$$\varepsilon(t,t_0) = e(t) - e(t_0)$$

温差电动势与温度之间的函数关系很复杂。常用热电偶材料参考端温度 $t_0 = 0$ 时温差电势被制成表格供查用。

理想热电偶材料的温差电动势与温度有近似的线性关系，可以表示成

$$\varepsilon = a\,(t - t_0) + b\,(t - t_0)^2 \tag{4.5-1}$$

其中 a，b 与两种材料有关。当 $a \gg b$，$\varepsilon \approx a(t - t_0)$，$\varepsilon$ 与温度 t 呈线性关系。

实际使用时需要在两根金属丝外部套上绝缘套管，并将整个热电偶封装在保护管内。

热电偶测温范围广，灵敏度高，受热面积小，所以应用很广。但是由于热电偶的电动势比较低，应该用电势差计、高阻抗的数字电压表等高准确度仪表，或者通过放大电路将温差电动势放大后再读出。

选读：热电偶材料。

2. 铂电阻

Pt 丝绕制的电阻稳定性高，复现性好，可以用于精密温度测量。ITS-90 就是用 Pt 电阻温度计来定义 13.80 K（氢的三相点）至 688.78 K（银的凝固点）区间的温度的。

由于 R 与 t 之间的关系是非线性的，在不同温度处电阻的温度灵敏度不一样。如 $R_0 = 100\ \Omega$ 的铂电阻，在 0 ℃处，$\dfrac{\mathrm{d}R}{\mathrm{d}t} = 0.396\ \Omega/℃$；在 200 ℃处，$\dfrac{\mathrm{d}R}{\mathrm{d}t} = 0.371\ \Omega/℃$；而在 −200 ℃处，$\dfrac{\mathrm{d}R}{\mathrm{d}t} = 0.417\ \Omega/℃$。为方便使用，制成 t 与 R 之间一一对应的分度表。表上列出阻值，直接查表得到温度。表上没有列出的温度，由插值法近似处理。

电阻阻值可以用伏安法测量。让恒定电流通过电阻，温度变化必将引起电压变化。一个 100 Ω 的 Pt 电阻通过 1 mA 的恒定电流，电压变化达到 0.4 mV/℃，远大于热电偶的温度系数。

为了减小测量时接线电阻的影响，应该采用四引线接法，其电路如图 4.5-2 所示。这种接法消除了电流引线与电阻之间的接触电阻对测量的影响。当采用输入阻抗非常高的数字电压表测量电压时，电压端引线与电阻之间的接触电阻也可以忽略。因此四引线法减小了引线接触电阻对测量的影响。

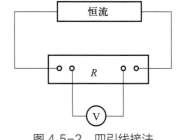

图 4.5-2　四引线接法

加大电流能够提高电压灵敏度，但是过大的电流会使电阻发热，影响测量结果。在高精度测量时，可以采用桥式电路取样（参见 4.3 节），信号经放大后再读出。

3. 热敏电阻

由于半导体材料的电阻率随温度变化较大，利用这一特性可以制成热敏电阻。

常用的半导体材料电阻率为

$$\rho = \rho_0 \mathrm{e}^{\frac{B}{T}}$$

其中 B 为材料常量，一般为 2 000～6 000 K。电阻（或电阻率）的温度系数

$$\alpha = \frac{1}{\rho}\frac{\mathrm{d}\rho}{\mathrm{d}T} = -\frac{B}{T^2} \tag{4.5-2}$$

若取 $B = 4\,000\,K$，在室温 300 K 附近，$\alpha \approx -0.03$，比 Pt 电阻大一个数量级。用热敏电阻作为测温元件，非常适于测量温度的微小变化。

热敏电阻的温度系数随温度变化急剧，这使得读数和数据处理很不方便。但是，在采用电子计算机控制的测量系统中，用软件程序来寻找电阻 R 与温度 T 之间的对应关系，可以很容易地解决温度系数的非线性问题。

4. PN 结测温

在 N 型半导体和 P 型半导体分界面附近形成 PN 结，如图 4.5-3 所示。由半导体理论可知，在一定温度范围内 PN 结的正向电流 I_F 和正向电压 U_F 存在如下近似关系：

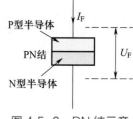

图 4.5-3 PN 结示意

$$U_F = U_g(0) - \left(\frac{k}{e}\ln\frac{C}{I_F}\right)T$$

式中 C 是与结面积、掺杂浓度等有关的常数，k 为玻耳兹曼常量，T 为热力学温度，e 为元电荷，$U_g(0)$ 为 0 K 时 PN 结材料的导带底和价带顶的电势差。

此式表明：在恒流源供电条件下，PN 结的 U_F-T 关系在一定温度范围内可看作线性的，即 PN 结的正向压降随温度的升高而降低。这也就是 PN 结测温的依据。

选读：PN 结测温原理。

由 PN 结制成的结型温度传感器具有灵敏度高（大约为 2 mV/℃）、线性较好、热响应快和体积小等特点。它的不足之处是：为满足线性度的要求，测温范围一般限为 -50～150 ℃。如果选用适当材料的 PN 结，可以展宽测量的温度范围。

5. 集成电路（IC）温度传感器

PN 结的电压 - 温度关系仍不是理想的线性。而且即使是同一批的产品中，电压 - 温度特性也不一致。采用差分电路处理可以得到严格的线性输出。随着半导体集成电路技术的飞速发展，现在可以把整个测量电路集成在一块芯片上，已有许多 IC 传感器出现在市场。

AD590 就是一种常见电流输出型 IC 温度传感器，工作温度范围在 -55～150 ℃。它有两个管脚，对其施加 4～30 V 的工作电压，输出电流灵敏度为 1 μA/K，并且电流读数（以 μA 为单位）恰好就是温度值（以 K 为单位）。若电路中串联一个适当的电阻，也很容易获得大的电压温度系数。AD590 温度传感器的应用电路如图 4.5-4 所示。

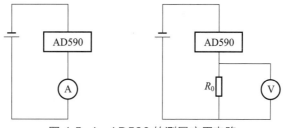

图 4.5-4 AD590 的测量应用电路

本节介绍几个热学量测量的实验。在这里，温度测量不是最终的目的，而是研究物质与热学性质相关的物理性质的一种手段。

4.5.1　不良导体热导率的测量

热导率（导热系数）是反映材料导热性能的物理量。它不仅是评价材料的重要依据，而且是应用材料时的一个设计参数。在加热器、散热器、传热管道设计、房屋设计、冰箱制造等工程实践中都要涉及这个参数。因为材料的热导率不仅随温度、压力变化，而且材料的杂质含量，结构变化都会明显影响热导率的数值，所以在科学实验和工程技术中对材料的热导率常用实验的方法测定。

测量热导率的方法大体上可以分为稳态法和动态法两类。本实验采用稳态法测量保温材料（不良热导体）的热导率，其设计思路清晰、简捷，实验方法具有典型性和实用性。

实验目的

1. 学习一种测量不良导体热导率的方法；体会绕过不便测量量（使用参量转换法）的设计思想；
2. 掌握一种用热电转换方式进行温度测量的方法；
3. 了解计算机检测系统的应用。

设计思路

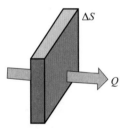

图 4.5-5　导热截面

为了测定材料的热导率，首先要从热导率的定义和它的物理意义入手。热传导定律指出：如果热量沿着 x 方向传导，那么在 x 轴上任一位置 x_0 处取一个垂直截面 ΔS（如图 4.5-5 所示），以 $\left(\dfrac{\mathrm{d}T}{\mathrm{d}x}\right)_{x_0}$ 表示在 x_0 处的温度梯度，以 $\dfrac{\mathrm{d}Q}{\mathrm{d}t}$ 表示在该处的传热速率（单位时间内通过截面 ΔS 的热量），那么热传导定律可以表示成：

$$\frac{\mathrm{d}Q}{\mathrm{d}t} = -\lambda \frac{\mathrm{d}T}{\mathrm{d}x} \cdot \Delta S \tag{4.5-3}$$

式中负号表示热量从高温区向低温区传导（即热传导的方向与温度梯度的方向相反）。式中比例系数 λ 即为热导率。可见热导率的物理意义是：在温度梯度为一个单位的情况下，单位时间内垂直通过单位面积截面的热量。

欲测量材料的热导率 λ，需解决的关键问题有两个：一个是在材料内造成一个均匀的温度梯度 $\mathrm{d}T/\mathrm{d}x$ 并确定其数值；另一个是测量材料内由高温区向低温区的传热速率 $\mathrm{d}Q/\mathrm{d}t$。

1. 关于温度梯度 $\dfrac{\mathrm{d}T}{\mathrm{d}x}$

将圆片形试样夹在两个铜板之间（如图 4.5-6 所示），使上、下铜板各有稳定的温度 T_1 和 T_2。由于铜的导热性能好，所以试样上下表面的温度都是均匀的。试样厚度 h 远小于直径 D，近似认为试样内部具有均匀的温度梯度 $(T_1-T_2)/h$。当然，这里需要铜板与试样表面的接触紧密，无缝隙，否则中间的空气层将产生热阻，使得

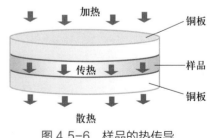

图 4.5-6　样品的热传导

温度梯度的测定不准确。

2. 关于传热速率 $\dfrac{dQ}{dt}$

单位时间内通过某一截面的热量 $\dfrac{dQ}{dt}$ 是一个无法直接测定的量,我们设法将这个量转化为较容易测量的量。

为了维持一个恒定的温度梯度分布,必须不断地给高温侧铜板加热,热量通过试样传到低温侧铜板,低温侧铜板则要将热量不断地向周围环境散出。当加热速率、传热速率与散热速率相等时,系统就达到一个动态平衡状态,称为稳态。此时低温侧铜板的散热速率就是试样内的传热速率。这样,测量传热速率的问题转化为测量低温侧铜板在稳态温度 T_2 下散热速率的问题。

但是,铜板的散热速率也不易测量,还需进一步做参量转换。温度为 T_2 的孤立铜板向周围散热,自身温度随之下降。试样散热速率与其冷却速率(温度变化率 $\dfrac{dT}{dt}$)有关,其表达式为:

$$\left(\frac{dQ}{dt}\right)_{T_2} = -mC\left(\frac{dT}{dt}\right)_{T_2} \tag{4.5-4}$$

式中 m 为铜板的质量,C 为铜板的比热容,负号表示热量向温度低的方向传播。因为质量 m 容易直接测量,C 为常量,这样对孤立铜板的测量又转化为对低温侧铜板冷却速率的测量。

测量铜板的冷却速率可以这样进行:将金属盘加热,使其温度高于稳定温度 T_2 至一定值,再让其在环境中自然冷却,直到温度低于 T_2 至一定值,测出温度随时间的变化 $T-t$ 曲线,曲线在 T_2 处的斜率就是铜板在稳态温度 T_2 下的冷却速率。

应该注意的是,自然散热时铜板全部表面暴露于空气中,散热面积为 $2\pi R_p^2 + 2\pi R_p h_p$(其中 h_p 和 R_p 分别是铜板的厚度与半径)。然而在实验中稳态传热时,盘的上表面(面积为 πR_p^2)是被试样覆盖的。由于物体的散热速率与它们的表面积成正比,所以稳态时,铜板散热速率的表达式应修正为:

$$\frac{dQ}{dt} = -mC\left(\frac{dT}{dt}\right)\frac{\pi R_p^2 + 2\pi R_p h_p}{2\pi R_p^2 + 2\pi R_p h_p} \tag{4.5-5}$$

根据前面的分析,这个量就是试样的传热速率。

将上式代入热传导定律表达式(4.5-3),并考虑到 $\Delta S = \pi R^2$,可以得到热导率

$$\lambda = -mC\frac{R_p + 2h_p}{2R_p + 2h_p} \cdot \frac{1}{\pi R^2} \cdot \frac{h}{T_1 - T_2} \cdot \frac{dT}{dt} \tag{4.5-6}$$

右式中各项为常量或容易直接测量的物理量。

实验方案

采用热效率较高的红外灯对样品加热。调节加热电源的电压,可以控制加热功率。为了减少加热过程中侧向散热,上铜板固定在一个金属筒 A 内。加热时红外灯也放在金属圆筒内。红外灯加热的温度范围在几十摄氏度至 200 ℃ 之间,可以用热电偶测温,也可以用集成电路温度传感器测温。下铜板

为 P，样品夹在两铜板之间。在两铜板 $\dfrac{\mathrm{d}T}{\mathrm{d}x}$ 的侧面各钻一深孔，测温时将热电偶或其他温度传感器插入孔中。图 4.5-7 所示为实验装置图。

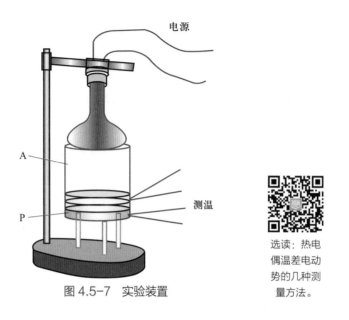

选读：热电偶温差电动势的几种测量方法。

图 4.5-7　实验装置

实验器材

样品、红外灯加热器、铁架、上铜板（紫铜板，在圆套筒内）、下铜板（黄铜板）、热电偶 2 只（或其他温度传感器）、加热调节器、测温仪表等。

实验内容及要求

（1）自定量具，多次测量样品、铜板的几何尺寸和质量等必要的物理量，取平均值。

（2）加热样品并同时测量温度，可使用调整电源电压和红外灯高度的方式，使样品尽快达到稳态。当样品温度在 3 分钟之内几乎不变化（或自定其他判别标准），便可以视为达到稳态。测出并记录稳态时上、下铜板的温度 T_1 和 T_2。

注意：加热电压不要太高，以免温度过高烧焦样品。

（3）移去样品，让加热筒上铜板贴近下铜板，继续对下铜板加热升温，使其温度超过 T_2 至一定值。

（4）停止加热，移去加热筒，将下铜板所有的表面均暴露于空气之中，使下铜板自然降温。每隔一定时间（如 30 s）测量一次下铜板温度并记录，直至温度下降到 T_2 以下一定值。记录数据，做铜板的 $T\text{-}t$ 冷却曲线。

注意：对加热装置进行调整时要小心谨慎，不要用手接触加热筒和红外灯，防止烫伤和触电。

采用计算机进行数据采集和处理时，可以直接得到 $T\text{-}t$ 曲线。

（5）用作图法求出铜板的冷却速率 $\left(\dfrac{\mathrm{d}T}{\mathrm{d}t}\right)_{T_2}$。

（6）计算样品的热导率 λ 并与实验室提供的参考值比较。已知黄铜板的比热容 $C = 0.385\ \mathrm{kJ/(K \cdot kg)}$。样品（橡胶板）273 K 时热导率的参考值 $\lambda_0 = 0.140\ \mathrm{W/(m \cdot K)}$，其他温度下 $\lambda_{\text{参}}(T) = \lambda_0 \left(\dfrac{T}{273}\right)^{\frac{3}{2}}$。

分析与思考

1. 如果长时间达不到稳态，可能是什么原因？怎样解决？

2. 怎样加热可达到快速、高效的效果？

3. 根据本实验设备，分析产生误差的主要原因，并说明测出的热导率常常偏小的原因。

4. 空气和水是热的不良导体，仿照本实验的设计，构思一套测量空气或水的热导率的装置。

归纳与小结

本实验是典型的参量转换实验法。

1. 在设计实验时，避开了传热速率 $\dfrac{\mathrm{d}Q}{\mathrm{d}t}$ 这个无法直接测量的量，把它巧妙地转化为对铜板散热速率的测量；进而又把铜板散热速率这个不容易测量的量转化为对铜板冷却速率 $\dfrac{\mathrm{d}T}{\mathrm{d}t}$ 的测量，而 $\dfrac{\mathrm{d}T}{\mathrm{d}t}$ 是比较容易直接测量的量。正是由于上述参量转换，才使热导率的测量得以实现。

2. 采用热电偶进行温度测量时，可以把温度测量转化为对温差电动势的测量，也可以进而又转化为对温差电流的测量，从而使测量工作大大简化而不影响测量结果。

参量转化的依据是相关的物理规律。可见在设计这类实验时，必须对有关的物理规律有深刻的理解，并能灵活运用，重在参量转化的简捷和巧妙。

附录：MCTH 20 型不良导体导热系数实验仪使用说明。

3. 计算机检测系统可以极大地提高检测质量，这不仅表现在其检测速度快、精度高、数据处理功能强，而且还表现在它能对检测过程进行控制。当计算机配以不同的传感器和不同的处理软件时，就可以构成不同的检测系统，进行不同的检测，可以说计算机检测系统是一种通用的检测系统，现在已经得到越来越广泛的应用。

4.5.2 PN 结正向压降的温度特性研究

由 PN 结制成的结型温度传感器（包括二极管温度传感器、三极管温度传感器和集成电路温度传感器）具有灵敏度高、线性好、热响应快和体积小等特点，特别在温度数字化、温度自动控制及微机进行温度实时信号处理等方面具有很大优势，其应用也日益广泛。本实验将进行 PN 结正向压降与温度关系的实验研究。

实验目的

1. 研究 PN 结正向压降随温度变化的关系；

2. 学习用 PN 结测温的方法。

设计思路

根据 PN 结测温原理（见相关选读），在一定温度范围内近似有

$$U_F(T) = U_g(0) - \left(\frac{k}{e} \ln \frac{C}{I_F} \right) T$$

如果在已知温度 T_0 测得正向压降为 $U_F(T_0)$，则

$$\Delta U = U_F(T) - U_F(T_0) = -\left(\frac{k}{e} \ln \frac{C}{I_F} \right)(T - T_0) \qquad (4.5-7)$$

当 $T_0 = 273.15\ \text{K}$，$T - T_0 = t$ 就是摄氏温度，得到

$$\Delta U = -\left(\frac{k}{e} \ln \frac{C}{I_F} \right) t \qquad (4.5-8)$$

在实际用 PN 结测温工作中，首先要通过实验研究 PN 结的正向压降与温度的关系，也就是测量 PN 结的 ΔU-t 关系曲线，这一步也叫作给 PN 结定标或校准。

一般给 PN 结定标有两种方法：一种是固定点法，即利用某些纯物质的相变点作为已知温度 T，测出 PN 结在这些温度下的正向电压值 U_F，从而得到 U_F-T 曲线；另一种是比较法，即利用一标准的测温仪与 PN 结放在一起量出一系列温度下的 PN 结的正向电压值 U_F，而得到 PN 结的 U_F-T 或 ΔU-t 曲线。本实验采用比较法给 PN 结定标。

由 PN 结的正向压降 U_F 与温度 T 的关系曲线，可以进一步研究其作为测温元件的一些性能。

（1）灵敏度 S(mV/K)：表示 PN 结正向压降随温度变化的显著程度，即 U_F-T 曲线的斜率。

$$S = \frac{\mathrm{d}U_F}{\mathrm{d}T} \qquad (\text{mV/K}) \qquad (4.5-9)$$

实验中可测量微小温度变化范围 ΔT 对应的 ΔU_F，即以平均灵敏度代替灵敏度。

（2）线性度 L：表明 U_F-T 曲线与理想直线的非线性偏差程度。

$$L = \Delta L_m / \Delta U_{FM} \times 100\%$$

式中 ΔL_m 为 U_F-T 曲线与理想直线的最大电压偏差，ΔU_{FM} 为在测温起始与结束的温度范围 ΔT_M 内对应的 U_F 的改变量。

（3）滞后性 H：表明升温到某一温度时对应的电压值与降温到此温度时的电压值之间的差异程度。

$$H = \Delta H_m / \Delta U_{Fm} \times 100\%$$

式中 ΔH_m 为升温和降温时 U_F-T 曲线之间的最大电压偏差。

（4）重复性 R：在环境条件不变的情况下，重复多次（三次以上）升温测量时对应同一温度值电压值不同的程度。

$$R = \Delta R_m / \Delta U_{Fm} \times 100\%$$

式中 ΔR_m 为多次升温时 U_F-T 曲线之间的最大电压差值。

由已经定标好的 PN 结的正向压降 U_F 与温度 T 的关系，可以进行测温。测温时，让此 PN 结与待测温的物质良好地接触，当达到热平衡时，读出 PN 结两端的电位差，从事先标定好的 U_F-T 关系就可以求得待测温度。应该注意：测量温度时所采用的电路和测试仪表，应与定标时所用的相同。如果不同时，应对读数进行修正。

实验方案

本实验采用比较法，重点研究 PN 结正向压降随温度变化的关系。实验中采用高精度的 AD590 温度传感器测量温度。实验系统主要由样品架和测试仪两部分组成。

1. 样品架

样品架的结构如图 4.5-8（a）所示：图中 A 为样品室，是一个可拆卸的筒状金属容器，筒盖内设橡皮圆圈，盖与筒套具有相应螺纹，可使两者旋紧保持密封，作为测试样品的 PN 结（硅二极管）和测温元件（AD590）均置于铜座 B 上，其管脚通过高温导线分别穿过两旁空芯细管与顶上插座 P_1，P_2 连接。加热器 H 装在中心管的支座下，其发热部位埋在中心柱体内，加热电源的进线由中心管上方的插孔 P_3 引入，P_3 和引线（外套瓷管）与容器绝缘，插件 P_1，P_2 把信号输入测试仪。

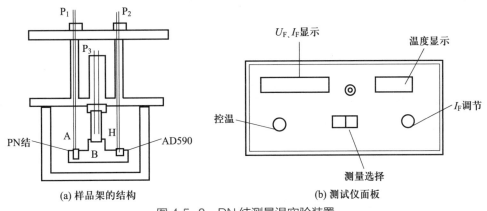

图 4.5-8　PN 结测量温实验装置

2. 测试仪

测试仪由恒流源、电压、电流测量及显示等单元组成。测试仪板面如图 4.5-8（b）所示。

实验装置

样品架（包括样品室），测试仪，冰水槽、福廷气压计等。

实验内容及要求

1. 测量 PN 结的正向压降 U_F 与温度 T 的关系

（1）实验装置的检查与连接；旋下套筒，检查 PN 结样管和测温元件是否分放在铜座的左右两侧圆孔内，并使其管脚不与容器接触。放好橡皮圆圈，防止水渗漏。查毕安好套筒。控温电流开关应放在

"关"的位置。此时，加热指示灯不亮，接上电源线和各连线。

（2）$U_F(0)$（水的冰点）或 $U_F(T_R)$（室温）的测量：将样品室埋入盛有冰水混合液的容器中降温，开启测量仪电源开关，预热数分钟后，将"测量选择"开关（以下简称 K）拨到 I_F，调节 I_F，使 $I_F = 50\ \mu A$，待温度冷却至 0 ℃时，将 K 拨到 U_F，记下 $U_F(0)_t$（表示摄氏温度 0 度时的压降）值。本实验的起始温度也可以是室温 T_R，按上述步骤，测量 $U_F(T_R)$。

（3）测 U_F-T 曲线；取走冰水槽，开启加热电源（指示灯亮），逐步增大加热电流，温度 T 和 U_F 开始变化，每当 U_F 改变 10 mV，同时记录 U_F 和 T，测量数据至少应有 10 组。高温最好控制在 120 ℃ 左右。升温过程测量完毕，开始测量降温过程。逐步减小控温电流，U_F 和 T 开始转折，重复上述记录过程，直到降温到起始温度。注意升温和降温速率要慢。

> 思考：（1）由仪器读出的摄氏温度 t 与 T 的关系是什么？（2）为什么升降温速率要足够慢？

2. 数据处理

（1）绘制 U_F-T 曲线，并用作图法求出 S、L、H（如时间允许可重复测三次时，求 R）。

（2）用最小二乘法求 S 与 $U_g(0)_T$（绝对零度时 PN 结材料导带底和价带顶之间的电势差），并求此 PN 结材料的禁带宽度 $E(0)_T = eU_g(0)_T$ 电子伏（式中 $E(0)_T$ 表示绝对零度时的禁带宽度）。并与公认值 $E(0)_T = 1.21$ 电子伏比较。

（3）用计算机求 S 与 $U_g(0)_T$。

3. 测量水的沸点和室温

用此 PN 结测量水的沸点和室温。并查出实际大气压下应有的沸点，分析产生误差的原因（由福廷气压计查大气压降）。

> 思考：
> （1）测温时，实验系统的连线应如何调整？
> （2）密封圈接触不严密有什么影响？
> （3）由沸点时的电压值如何查到沸点温度？

分析与思考

1. 为什么要求用恒流源供电？I_F 的大小对 U_F-T 曲线有何影响？

2. 起点不同对 U_F-T 曲线有无影响？由你的 U_F-T 曲线，能否找到 −20 ℃时的 U_F？

3. 设计一套用定点法校准 PN 结的装置（水的冰点和沸点）。

归纳与小结

1. 本实验研究了 PN 结正向压降随温度变化的关系，并以此为依据练习用 PN 结测温。作为测温依据我们还应了解 U_F-T 关系的几个相关特性。

2. 本实验用比较法给 PN 结样管定标，再用此 PN 结去测温，对于研究某种物质用作经验温标测量温度的方法具有普遍意义。

4.5.3　高温超导电阻温度特性的测量

1911 年荷兰物理学家翁纳斯（H. K.Onnes）发现当温度降到 4.2 K 附近，Hg 的电阻突然消失，这就是超导现象。之后又发现许多其他材料也具有超导性，如 Pb、NbTi、Nb_3Ge 等。

超导材料可以传输强大的电流而不产生热量，因此具有很大的应用价值和应用前景。然而，上述超导材料的超导转变温度均在 23 K 以下，需要采用昂贵的液氦作为制冷剂，限制了超导材料的应用。1986 年柏诺兹（J.G.Bednorz）和缪勒（K.A.Müller）发现氧化物 La-Ba-Cu-O 具有超导性，其转变温度高达 35 K，开创了超导研究的新纪元。1987 年 2 月，中美两国科学家独立地发现 Y-Ba-Cu-O 超导材料的超导转变温度大于 77 K，进入液氮温区，大大降低了冷却成本。1993 年获得 Hg-Ba-Ca-Cu-O 超导转变温度达到 133 K。超导性与高温超导是 20 世纪物理学发展中的重要发现。时至今日，已有 10 人 5 次在超导研究方面获得诺贝尔物理学奖。

与我们生活的环境温度相比，液氮温度已经很低了。但是它远高于液氦温度，所以人们常把液氮温区的超导体称为高温超导体。

目前采用超导材料的强磁体应用已经比较普遍，在超导磁悬浮列车、电能输送，磁流体发电等方面的研究与应用也不断取得新进展。

此外，1962 年，英国物理学家约瑟夫逊（Josephson）发现在由超导体—绝缘体—超导体组成的器件（超导结）两端加电压时，电子就会像通过隧道一样无阻挡地从绝缘介质中穿过。这就是"超导隧道效应"。超导结中的最大电流与磁场有关，在这一现象基础上发展了超导量子干涉器件 SQUID，开始了超导弱电应用方面的广泛研究。SQUID 是目前最灵敏的磁强计。将来，低热耗的超导电子器件可能用于超大规模集成电路。

实验目的

1. 在了解超导体基本特性的基础上，用电阻法观察和测量 Y-Ba-Cu-O 高温超导体的超导转变温度 T_c，从而对零电阻现象有一感性认识。
2. 学习和掌握在实验室中低温的获得、控制和测量的方法。
3. 学习和掌握用四引线法和反向电流法精确测量电阻的方法。

设计思路

超导转变温度是标志超导体进入超导态的一个重要参量。要确定一种材料是否是超导材料，最简便的办法是利用直流电阻－温度（R-T）曲线进行判断。图 4.5-9 是一种典型的 R-T 实验曲线。该图表明：正常态－超导态转变是在一定温度间隔内发生的，我们把电阻 R 开始偏离线性（正常态电阻

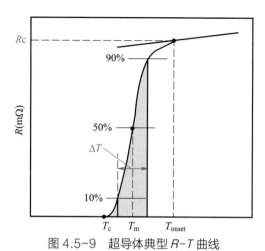

R_c）所对应的温度叫"起始转变温度"，用 T_{onset} 表示，当 R 下降到开始转变前正常态电阻的一半所对应的温度，称为"中点转变温度" T_m；电阻变为零的状态所对应的温度，叫作"零电阻温度"，记为 T_c，电阻下降到 $0.9R_c$ 及 $0.1R_c$ 所对应的两个温度之差，叫作"转变宽度"。上面定义的三个特征温度都叫作超导转变临界温度 T_c，可以根据研究问题的方便而选取。不过，通常说转变温度 T_c 指的是起始转变温度 T_{onset}，若指中点温度和零电阻温度，往往要加以说明。

图 4.5-9　超导体典型 R-T 曲线

本实验中，基于超导体零电阻特性，用电阻法测量 Y-Ba-Cu-O 高温超导体超导 R-T 曲线，从而确定转变温度 T_c。

实验方案

1. 低温的获得

利用低温液体作为制冷剂冷却待测样品，是实验室获得低温最常用的方法。由于低温液体的沸点很低，汽化潜热很小，所以低温液体要存放在绝热性能好的低温容器——杜瓦瓶中。本实验所用 $Y_1Ba_2Cu_3O_7$ 样品的转变温度大约为 90 K，我们以沸点为 77.4 K 的液氮为制冷剂，可以很好地观察和测量样品的转变温区电阻特性。

2. 温度的控制

用导热性能良好的紫铜制作恒温块，将样品固定在紫铜恒温块上。

（1）降温控制：使杜瓦瓶中液氮的液面与瓶口之间保持一定的距离，从而形成一个温度梯度场。将恒温块放在液氮表面以上且靠近液氮表面的位置，可以使样品由原来的室温缓慢下降到接近液氮温度。

（2）可以采用定点液面计检测样品是否在液面附近。

（3）改变样品与液氮液面的相对距离，实现变温和控温。此外，也可以利用电热法达到控温的目的，即在样品恒温块上绕上加热丝，控制加热丝的电流来改变恒温块的温度。控温的方法还有恒压法和气冷法，它们分别以改变低温液体的蒸汽压和控制液体或冷蒸汽的流量来达到控温目的。

3. 温度的测量

本实验同时采用铂电阻、铜－康铜热电偶、Si 二极管 PN 结三种方式进行测温，并可以在测量过程中对三种方法的测量结果进行比对。铂电阻性能稳定，且具有较好的线性电阻温度关系，实验中作为比对标准。

铜－康铜热电偶测温的直接测量量是温差电动势。铂电阻和 PN 结测量都是在电流恒定的情况下测量电压，同时这两种情况下的电流测量也是通过测量串联在回路里的标准电阻上的电压来实现的，原理图分别如图 4.5-10（a）（b）所示。

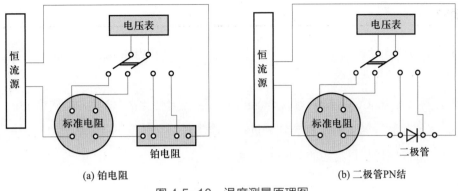

(a) 铂电阻   (b) 二极管PN结

图 4.5-10　温度测量原理图

4. 电阻的测量

样品电阻测量也用四引线法接线，标准电阻串联在测量回路里。标准电阻阻值为 R_N，电压表测量得到标准电阻 R_N 两端的电压为 U_N，样品上中间两点间的电阻为 R_s、电压为 U_s。由于通过标准电阻和样品的电流 I_s 相同，所以

$$I_s = \frac{U_N}{R_N} = \frac{U_s}{R_s}$$

$$R_s = R_N \frac{U_s}{U_N} \qquad (4.5\text{-}10)$$

由于超导体材料不均匀和四接触点间温度差别，采用上述方法测量电阻时还存在热电势的影响，即所产生的热电势差也会同时叠加在电阻电压降上，从而影响电阻的测量精度。为了解决这一问题，我们采用了反向电流法（即异号法），即利用反向开关先后两次测得样品上中间两点间的正反向电阻值，然后取其平均值。由于热电势不随电流方向而改变，正、反向两次平均正好将热电势的影响抵消掉了。采用反向电流法的测量原理线路图如图 4.5-11 所示。

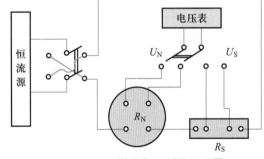

利用换向开关将电流反向后，样品电压变为负值（$U_s' < 0$），取其平均即有

$$R_s = \frac{R_N(U_s - U_s')}{2U_N} \qquad (4.5\text{-}11)$$

此即消除了热电势影响之样品电阻。

图 4.5-11　样品电阻测量原理图

实验装置

杜瓦瓶、低温测试杆、低温恒温器（含超导样品）、铂电阻温度计、Si 二极管、热电偶、铂电阻恒流源（1 mA）、二极管电阻恒流源（0.1 mA）、超导样品恒流源（0.1 mA～100 mA）、数字电压表 3 个、计算机测量系统。

1. 在超导转变前每 5 分钟进行一次三种测温计的比对。以铂电阻测量的温度为横轴，以另两种测温计测得的温度为纵轴做比对曲线。

2. 用降温法测量 $Y_1Ba_2Cu_3O_7$ 超导薄膜样品的电阻随温度变化曲线。实验从约 130—77 K 之间进行逐点测量。在未发生超导转变阶段每 5 分钟进行一次测量，在转变初始阶段每 1~2 分钟进行一次测量，在电阻急剧下降区域用尽可能短的间隔进行测量。

记录数据，实验后作出 R-T 曲线，定出 T_c，并估计超导"转变宽度"大小。

3. 当电流反向前后测量的数值和符号相同，说明超导样品达到了零电阻。记下此时的温度，即为零电阻温度。

4. 用计算机实时观测 $Y_1Ba_2Cu_3O_7$ 超导薄膜样品的电阻随温度变化曲线，并用采集到的数据绘图。在初始和终了位置标定特征温度（室温和液氮温度）值和样品电阻，用线性内插法标出记录图的横、纵坐标，从而定出超导转变温度 T_c，并与逐点测量结果进行比较。

注意：恒流源不可开路，稳压电源不可短路。

测量超导电阻用的高灵敏度数字电压表也不宜长时间开路，必要时可将数字电压表输入端短路。

分析与思考

1. 从电阻测量实验中，如何判断样品进入超导态了？

2. 样品电阻的测量为什么要采用四引线法？只由两引线测量样品电阻会带来什么问题？

3. 测量电流为什么要反向？不反向会发生什么问题？

4. 如果被测样品在正常态时不是金属行为，而是半导体行为。那么继续降温，会出现什么现象？

5. 如果样品不均匀，正常态下样品内部既存在金属相也存在半导体相，其超导态相当于无数超导颗粒夹杂在金属和半导体薄层之间。那么，测量电极位置不同会出现什么不同结果？

6. 本实验存在哪些方面的不足？实验方案哪些方面可以得到改进？改进后的优点体现在什么地方？试就实验中遇到的问题提出若干建议。

归纳与小结

高温超导转变温度是标志超导体进入超导态的重要参数，不仅具有重要的理论研究意义，而且对于观察超导体转变特性具有重要的应用价值。本实验中，基于超导体临界电阻特性，采用电阻法测量高温超导体电阻－温度曲线，并据此确定超导体转变温度。通过本实验的训练，可以对超导现象有一个直接的感性认识，同时学会低温的控制、四引线接法和反向电流法测电阻等实验方法以及数值拟合和转变温度的确定等数据处理方法，为进一步学习低温实验方法和超导技术打下基础。

4.6 波动光学实验

光学是物理学中较早发展起来的一门学科，也是当前科学领域中最为活跃的前沿阵地之一，光学实验方法和各种光学仪器在科研、生产、国防等领域有着十分广泛的应用。例如像的记录、存储和处理，非接触的高精度测量，研究原子、分子、原子核的结构以及测量各种物质的成分和含量等。特别是随着激光的发明及激光技术的发展，现代光学与电子技术相结合，许多光学精密仪器的出现，不但促进了光学学科自身的进展，也为其他学科的发展提供了重要的实验手段。可以看到，光学实验技术正发挥着日益重大的作用。

光具有波粒二象性。干涉现象即体现了光的波动性，光的偏振和在光学各向异性晶体中的双折射现象进一步证实了光的横波性。

光的干涉是指在一定条件下，两列（或两列以上）光波在传播过程中相遇时，在其重叠的区域内出现明暗相间条纹的现象。两光波产生干涉的必要条件是：（1）频率相同；（2）振动分量互相平行；（3）相位差恒定。

尽管干涉现象是多种多样的，但为满足上述相干条件，总是把由同一光源发出的光分成两束或两束以上的相干光，使它们各经不同的路径后再次相遇而产生干涉。产生相干光的方式有两种：分波阵面法和分振幅法，而常见的干涉形式有杨氏双缝干涉、菲涅耳双棱镜干涉、菲涅耳双面镜干涉、薄膜等倾干涉、薄膜等厚干涉、牛顿环干涉、迈克耳孙干涉等。光的干涉具有非常广泛的应用，它可用于测量物体的微小位移、振动、形变；精确测量介质的密度、压强、折射率甚至等离子体中自由电子密度的变化，精确测定光波波长及光谱线的精细结构，在薄膜干涉的基础上制造出增透膜、高反射膜和干涉滤光片等光学元件，全息干涉计量术还可用于无损检测。

光的偏振是指光的传播方向不变，光矢量末端在垂直于传播方向的平面上的轨迹呈椭圆或圆的现象。通过偏振光的研究，人们发明和制造了偏振光的元件，如偏振片、波片、各种棱镜等；利用光的偏振现象可以测量材料的厚度和折射率，可以了解材料的微观结构；利用偏振光的干涉现象可以检测材料应力分布，可用以检测桥梁和水坝的安全等。

本单元重点介绍两个历史上著名的干涉实验，通过这些基本实验来初步了解干涉的形成方式和条件以及在精确测量光波波长方面的应用，此外，还将通过偏振光实验掌握产生和检验各种偏振光的原理和方法，并了解一些偏振光的应用。

4.6.1 双棱镜干涉测量光波波长

1803 年英国科学家托马斯·杨做了著名的杨氏双缝干涉实验，首次从实验上证明了光的波动性，但当时并没有引起科学界的广泛关注。直到 1818 年，法国科学家菲涅耳巧妙地设计出菲涅耳双棱镜和双面镜实验,以无可辩驳的实验证据再次验证了光的波动性质,从而获得了法兰西科学院的承认,为波动光学奠定了坚实的基础。

菲涅耳双棱镜实验是一种分波阵面的干涉实验,实验装置简单,设计思想巧妙。通过该实验,不仅可以观察光波的干涉现象、验证光的波动性,还可以利用毫米量级的长度测量得到纳米量级的光波波长,其物理思想、实验方法与测量技巧至今仍然值得我们学习。

实验目的

1. 了解双棱镜干涉原理、实验装置及光路调整方法。
2. 观察双棱镜干涉现象,掌握利用双棱镜干涉测量光波波长的方法。
3. 学习读数显微镜等光学仪器的使用与调整方法。

设计思路

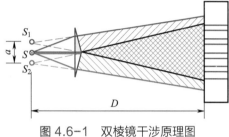

图 4.6-1 双棱镜干涉原理图

菲涅耳双棱镜是由两块底面相接、棱角很小(约为 1°)的直角棱镜合成。借助双棱镜界面的两次折射,可将光源 S 发出的光分成沿不同方向传播的两束光。这两束光相当于由虚光源 S_1、S_2 发出的两束相干光(如图 4.6-1 所示)。它们在重叠的空间区域内产生干涉,形成平行于棱脊的等间距干涉条纹。

设两虚光源的间距为 a,它们到观察屏的距离为 D,则相邻亮条纹(或暗条纹)的条纹间距为:

$$\Delta x = \frac{D}{a}\lambda \qquad (4.6-1)$$

因此,实验中只要测得条纹间距 Δx,a,D,便可以计算出光源的波长:

$$\lambda = \frac{a}{D}\Delta x \qquad (4.6-2)$$

选读:双棱镜干涉公式的推导。

实验方案

1. 光源的选择

由(4.6-2)式可知,当双棱镜与屏的位置确定以后,干涉条纹的间距 Δx 与光源的波长 λ 成正比,即当用不同波长的光入射双棱镜后,各波长产生的干涉条纹将相互错位叠加。因此,为了获得清晰的干涉条纹,实验必须使用单色光源,如钠光灯、激光等。

2. 光路组成

实验的具体光路布置如图 4.6-2 所示,其中辅助透镜 L 是为了测量两虚光源间距 a 而设置的凸透镜(测量干涉条纹时需取下)。所有这些光学元件都放置在光具座上,光具座上附有米尺刻度,可读出各元件的位置。若光源使用钠光灯,则将扩束镜取下,并在光源后放置可调狭缝。

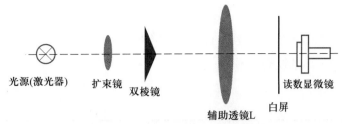

图 4.6-2　双棱镜干涉实验装置图

3. 各相关物理量的测量方法

（1）二次成像法测量两虚光源 S_1、S_2 的距离 a

在双棱镜和读数显微镜间插入辅助透镜 L（焦距 f），保持双棱镜和读数显微镜之间距离不变，且间距 D 稍大于 $4f$，移动 L，便可以在两个不同位置上从读数显微镜中观察到两虚光源 S_1 和 S_2 经辅助透镜 L 所成的实像。其中之一为放大的实像，另一个为缩小的实像。利用读数显微镜读出虚光源缩小像间距 b 和放大像间距 b'，并测量相应的物距 u 和像距 v。

根据公式 $a = \sqrt{bb'}$ 即可求得两虚光源之间的距离 a。

（2）用读数显微镜测量条纹间距 Δx

估取 $\lambda \approx 6 \times 10^{-7}$ m，$D \approx 8 \times 10^{-1}$ m，$a \approx 2 \times 10^{-3}$ m，由此可算得 $\Delta x \approx 2 \times 10^{-4}$ m，利用读数显微镜读数鼓轮的仪器误差计算得出 $\frac{\Delta_{仪}}{\Delta x} \approx 2\%$，显然直接测量 Δx 误差太大，故将读数显微镜从干涉区域的一端逐步移向另一端，分别测量 1、2、…、$2n$ 个条纹的位置，用最小二乘法计算出相邻两条纹的间距 Δx。

（3）D 的测量

用米尺直接测量虚光源到读数显微镜分划板（观察屏）间的距离 D。也可以用 $D = u + v$ 计算，这时 D 为间接测量量，这种方法的关键是确定成像位置的坐标。

4. 实验条件的确定

（1）各元件位置安排

① 为保证二次成像的实现，应有 $D > 4f$，但 D 不可过大，否则虚光源 S_1 和 S_2 在缩小像中的间距太小，测量误差增大，一般取 D 稍大于 $4f$。

② 由（4.6-2）式可知，当 a 或 D 改变时，Δx 也将变化，因此在整个测量过程中，双棱镜与读数显微镜的位置均不可变动。由于在测量时不需要记录双棱镜与读数显微镜的位置，因而这一条件容易被忽略。

③ 为减小 Δx 的测量误差，应使 Δx 尽可能大一些。若双棱镜到光源的距离过大，a 增加，将引起 Δx 减小。但是双棱镜到光源的距离也不能过小，否则 S_1 和 S_2 发出的光束的重合区减小，条纹数目太少。

（2）若采用钠光灯为光源，为了调出清晰的干涉条纹，必须满足如下实验条件：

① 狭缝宽度要足够窄，以使狭缝可视作线光源，具有良好的条纹对比度；但狭缝过窄时光强太弱，

也无法观察到干涉条纹。

② 狭缝光源的取向要与双棱镜的棱脊平行，否则缝的上下相应各点光源的干涉条纹互相错位叠加，降低条纹对比度，甚至使干涉条纹观察不到。

实验器材

光具座，双棱镜，扩束镜，辅助透镜，读数显微镜，白屏，光源（激光器、钠光灯）、可调狭缝。

实验内容及要求

1. 光路调节与干涉现象的观察

（1）按图 4.6-2 放置各光学元件于光具座上（暂不放置辅助透镜 L），按等高共轴的要求调整各元件；

（2）缓慢调节白屏与双棱镜间的距离，观察干涉条纹疏密程度的变化；

（3）调整读数显微镜至观察到清晰、条数适中的干涉条纹。

注意：借助白屏粗调，利用共轭法调整等高共轴。（参考第三章 3.2、3.3 中相关内容）；
光束要对称照射在双棱镜棱脊的两侧。

2. 测量未知波长

（1）连续测量 20 条暗纹位置，用最小二乘法计算得到条纹间距 Δx 及 $u(\Delta x)$。（$\Delta_仪 = 0.005$ mm）；

（2）测量缩小像时的像距 u、物距 v、像间距 b；测量放大像时的像距 u'、物距 v'、像间距 b'，不少于 6 次，计算得到两虚像的距离 a。

注意：读数显微镜的读数方法参考第三章 3.1 中相关内容；
读数显微镜读数时，必须沿一个方向旋转，以免产生回程误差；
读数显微镜中十字叉丝移动的方向应与被测条纹相垂直。

在以上测量中，u 和 u' 的不确定度除仪器误差外还应考虑由于眼睛对成像清晰判断不准造成的位置偏差，可取 $\Delta(u) = \Delta(u') = 0.5$ cm；b 和 b' 的不确定度除重复性误差、仪器误差外，还应计入因成像位置不准而带来的误差，可取 $\dfrac{\Delta b}{b} = \dfrac{\Delta b'}{b'} = 0.025$。

为简单起见，略去 u 与 b、u' 与 b' 的相关系数，把它们均当作独立测量处理。

（3）光源到读数显微镜的距离 $D = u + u'$。

3. 计算光源的波长，并计算不确定度

视频：双棱镜干涉。

分析与思考

1. 若用钠光光源，双棱镜产生的干涉条纹有无变化？用白光照射时，将会看到怎样的干涉条纹？

2. 根据实验条件和各物理量的测量方法，定性分析误差来源，说明其对实验结果准确度的影响。

3. 使用钠光灯为光源时，改变狭缝到棱镜之间距离而保持棱镜到干涉屏之间距离不变，条纹数有什么变化？如果实验中发现观察到的条纹数不到 20 条，应当怎样调整？

4. 在调整干涉条纹时，狭缝的宽度必须调得足够窄，否则将看不到干涉条纹。试根据所给数据计算狭缝的最大宽度：$D = 80.00$ cm，$L = 20.00$ cm（L 为狭缝到双棱镜间距离），$\lambda = 589.3$ nm，$a = 2.000$ mm。（提示：当缝光源两边缘产生的干涉图样错开一个条纹间距时，条纹将完全模糊）

归纳与小结

双棱镜干涉是一个著名的干涉实验，如何保证实验条件是本实验的重点内容之一。

我们知道，水平面上的两点光源产生的干涉条纹是垂直于水平面的，即两光源如沿竖直方向上下移动，干涉条纹不变。因此用两个竖直方向的线光源代替点光源，不仅不会损坏条纹的清晰度，反而增加了干涉图样的亮度。因此狭缝光源的取向要与双棱镜的棱脊平行。

一定宽度的狭缝光源可以看作是由许多相互平行的线光源组成，各线光源之间的干涉将使条纹的清晰度降低，为了得到清晰的干涉条纹，必须将狭缝调窄。

通过这个实验，一方面要注意体会其设计思想，另一方面还要学习如何把物理条件转化为实验条件，只有满足这些实验条件的测量结果才是真实可靠的。

4.6.2 迈克耳孙干涉仪测量激光波长

迈克耳孙干涉仪在近代物理学的发展中起过重要作用。十九世纪末，迈克耳孙与其合作者曾用此仪器进行了"以太漂移"实验、标定米尺、推断光谱线精细结构三项著名实验。第一项实验解决了当时关于"以太"的争论，并为爱因斯坦创立相对论提供了实验依据；第二项工作实现了长度单位的标准化，迈克耳孙发现镉红线（波长 $\lambda = 643.846\ 96$ nm）是一种理想的单色光，可以用它作为米尺的标准化基准，他定义 1 m=1 553 164.13 个镉红线波长，准确度达到 10^{-9}；第三项工作是研究了光源干涉条纹可见度随光程差变化的规律，并依此推断光谱线的精细结构。迈克耳孙 1907 年获诺贝尔物理学奖。迈克耳孙干涉仪在近代物理和计量技术中有着广泛的作用，例如 2015 年，LIGO 科学家合作组利用迈克耳孙干涉仪作为引力波探测器探测到了首例引力波。

实验目的

1. 了解迈克耳孙干涉仪的基本结构并掌握其调节和使用方法。
2. 观察各种干涉条纹，加深对薄膜干涉原理的理解。
3. 测量 He–Ne 激光的波长。

迈克耳孙干涉仪的结构如图 4.6-3 所示，其光路如图 4.6-4 所示。G_1 是镀有半透半反膜的分光板，G_2 是光程补偿板，M_1、M_2 是全反镜，M_1 可沿导轨移动。光源发出的光线入射到 G_1 被分为反射光 1 和透射光 2，沿互相垂直的路径前进，再经 M_1、M_2 反射成光线 1′、2′ 到达 P 处，可观察到干涉条纹。M_2' 是 M_2 对 G_1 所成的虚像，由 M_2 反射的光线可以看成是由 M_2' 反射的。M_1、M_2' 之间形成一个空气薄膜，由于迈克耳孙干涉仪的特殊结构，这个空气薄膜的厚度是可以随意调节而变化的（M_1 可沿导轨移动）。与薄膜干涉相比，迈克耳孙干涉仪的特点是光源、两反射镜、接收屏四者在空间完全分开，东西南北割据一方，便于在光路中安插其他器件。利用它既可观察相当于薄膜干涉（等厚干涉、等倾干涉以及与之相应的条纹变化）的许多现象，也可方便地进行各种精密检测。

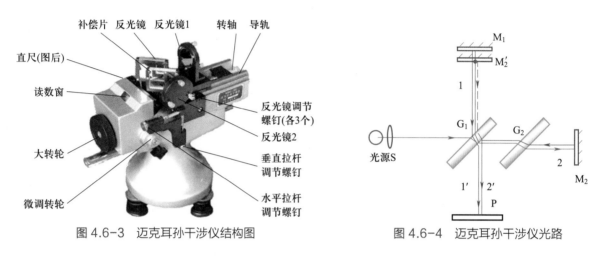

图 4.6-3　迈克耳孙干涉仪结构图　　　　图 4.6-4　迈克耳孙干涉仪光路

1. 补偿板的作用：光线 1 经 M_1 反射到达观察屏 P 时，两次通过 G_1。为保证透射光 2 与反射光 1 的光程能够完全相等，增加了一个与 G_1 同材料、同厚度且完全平行的补偿板 G_2。

2. 反射镜 M_2 的微小角度调节：为了实现 M_1 和 M_2 之间夹角的连续微小变化，仪器利用拉簧螺丝使 M_2 镜产生微小的角度变化。该调节系统能使 M_1 和 M_2' 完全平行，也能使 M_1 和 M_2' 之间有一个小的角度。

3. 读数机构：M_1 镜可在导轨上移动，为了达到波长级（10^{-7} m）的测量精度，测量系统由两个 1/100 mm 的读数机构组成，大转轮用于粗调，侧面的小转轮用于微调。粗调手轮上刻有 100 个格子，转一圈，M_1 移动 1 mm；微调手轮上也刻有 100 个格子，微调手轮转动一圈，粗调手轮转过一个格子（M_1 移动 0.01 mm），所以微调手轮每个最小格子相当于 M_1 移动万分之一毫米，可估读到十万分之一毫米（10^{-5} mm）。为了保证测量精度，丝杠、齿轮等均为精密加工部件，使用中要加以保护。

迈克耳孙干涉仪既可以形成定域干涉也可以形成非定域干涉；既可以形成等厚干涉也可以形成等倾干涉。这取决于光源的性质和两个平面反射镜的相对位置。

1. 点光源照射形成非定域干涉条纹

如图 4.6-5 所示，用相干点光源 S 直接照明迈克耳孙干涉仪，经 G_1 分束及平面镜 M_1、M_2 反射后射向接收屏 P 的光线，可以看成是由虚光源 S_1、S_2 发出的，其中 S_1 为 S 经 G_1 的半反射面及 M_1 反射所成的像，S_2 为经 M_2 及 G_1 的半反射面反射后所成的像（等效于 S 经 G_1 及 M'_2 反射后成的像）。显然 S_1、S_2 是一对相干点光源，它们发出的球面波在其相遇的空间里处处相干，即在这个空间里任何区域都能产生干涉条纹，因此称这种干涉现象为非定域干涉。

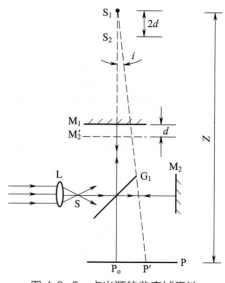

图 4.6-5　点光源的非定域干涉

如果 M_1 和 M_2 均与 G_1 成 45° 角，那么 M_1 和 M'_2 严格平行，此时 M_1 和 M'_2 两个平面之间形成了厚度均匀的"空气薄膜"，产生等倾干涉，为圆环状干涉条纹；如果 M_1 和 M_2 不严格垂直，M_1、M'_2 不平行，这时 M_1 和 M'_2 两个平面之间则形成了"空气薄膜劈尖"，产生干涉（在 i 非常小的区域内可近似为等厚干涉）。

各种情况下形成的干涉条纹如图 4.6-6 所示。

2. 扩展光源照射形成定域干涉条纹

在点光源之前加一毛玻璃，则形成扩展光源，扩展光源中各点光源是独立的，互不相干，每个点光源都有自己的一套干涉条纹。当 M_1 和 M'_2 严格平行时，在无穷远处，扩展光源上任意两个独立光源发出的光线，只要入射角相同，都将会聚在同一干涉条纹上，因此在无穷远处就会看见清晰的等倾条纹，这些条纹称作定域干涉条纹，可通过放置透镜，在其焦平面上观察或用聚焦到无穷远的眼睛直接观察；当 M_1、M'_2 不平行时，在空气薄膜表面附近将产生定域的等厚条纹，可用眼睛直接观察。各种干涉条纹与图 4.6-6 所示情况相同。

3. 波长的测量

当 M_1 和 M'_2 严格平行时，形成圆环的等倾干涉条纹。所有倾角为 i 的入射光束由 M_1 和 M'_2 反射的光线的光程差均为 $2d\cos i$，其明纹条件为：

$$\Delta L = 2d\cos i = k\lambda \quad (k = 0,1,2\cdots) \tag{4.6-3}$$

$i = 0$ 时，k 有最大值，环心处干涉条纹级次最高。当 M_1 和 M'_2 的间距 d 逐渐增大时，对于任一级干涉条纹（如第 k 级），为保证 $k\lambda$ 不变，$\cos i$ 必定要减少，即 i 增大，干涉条纹向 i 增加的方向移动（即向外扩展），条纹就好像从中心向外"冒出"，且每当间距 d 增加 $\lambda/2$ 时，就有一个条纹"冒出"；反之，当 d 减小时，i 减小，干涉条纹向 i 减小的方向移动（即向中心收缩），将一个一个地"陷入"中心，且每"陷入"一个条纹，间距的变化亦为 $\lambda/2$。

"陷入"或"冒出"了 N 个条纹，则 M_1 移动的距离 Δd 均为：

$$\Delta d = N\frac{\lambda}{2} \tag{4.6-4}$$

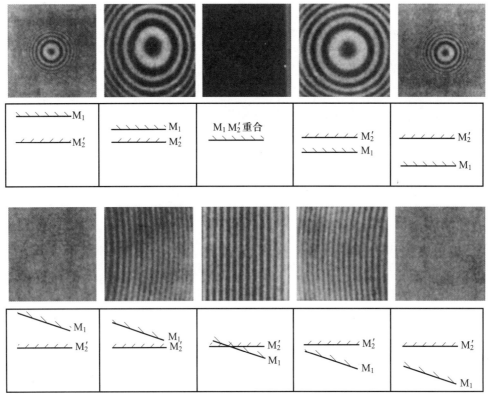

图 4.6-6 各种干涉条纹及 M₁ 和 M'₂ 的相应位置

利用（4.6-4）式，数出 N 个条纹对应的 Δd，即可求出波长 λ。

等厚干涉情况亦相同。

实验仪器

迈克耳孙干涉仪，He-Ne 激光器，毛玻璃屏。

实验内容

1. 干涉仪的调节及非定域条纹、定域条纹的观察

（1）参考图 4.6-4，打开 He-Ne 激光器，使激光束大致垂直于 M₂ 面，眼睛直接看向 M₁ 镜，即可看到两排激光光斑，每排光斑都有几个光点。调节 M₁、M₂ 镜背后的螺钉，使两排光点中最亮的两个光点大致重合，则 M'₂ 大致与 M₁ 平行。点光源照射，则在毛玻璃屏上可观察到明暗相间的同心环状干涉条纹。若条纹太细太密，则转动微调手轮使 M₁ 靠近 M'₂，若条纹太粗太稀疏，则转动微调手轮使 M₁ 与 M'₂ 之间距离增大，可得到清晰的、疏密适度的干涉条纹，若圆环中心条纹有上下或左右的偏移，可调整 M₂ 镜下方的水平和竖直拉簧螺丝，使环心处于视场中心。

注意：调节过程中，严禁手摸所有光学表面；

M₁、M₂ 两个全反镜背后的螺钉以及两个拉簧螺丝只能轻微转动，不能调节过紧，以免造成反射镜和弹簧的变形。

转动手轮使 M_1 镜前后移动，即使 d 增加或减小，观察干涉条纹的变化规律（如条纹的形状、疏密及中心"陷入""冒出"条纹随光程差改变而变化的情况），记录观察结果。

（2）移动 M_1 镜，使等倾条纹逐个向中心缩进，条纹变粗变疏。当视场中只出现 1～2 个圆环时，再调节 M_2 镜的微动螺钉，使 M_1 与 M_2' 之间有很小的夹角，即可观察到等厚干涉条纹。M_1 镜不动，改变 M_1 与 M_2' 之间的夹角，观察干涉条纹的变化情况。移动 M_1 镜，观察干涉条纹从弯曲变直再变弯曲的现象，记录观察结果。

（3）将另一块毛玻璃放在光源后面形成扩展光源，观察此时接收屏 P 上是否还能观察到干涉条纹。撤掉观察屏，通过分光板直接向可动反射镜方向望过去，可在无穷远处看到同心圆环，这就是扩展光源形成的定域条纹。仔细调节镜座上的调节螺钉，使眼睛上下左右移动时，干涉条纹不会有冒出或消失现象发生，干涉条纹的中心随眼睛的移动而移动，但各圆的直径不再发生变化，这便是严格的等倾干涉条纹。

仔细调节镜座上的调节螺钉中的一个，使空气膜变成有一微小夹角的空气劈尖，则可看到直条纹，即定域在薄膜附近的等厚干涉条纹。

2. 测量 He-Ne 激光波长

采用非定域的干涉条纹测量波长。缓慢转动微调手轮，当圆环条纹开始陷入（或冒出）时，记下此时 M_1 镜的初始位置，并对干涉条纹的陷入（或冒出）开始计数，至 100，200，300，…，1 200 个条纹时，均暂停移动 M_1 镜，再记下相应 M_1 镜的位置。利用（4.6-4）式及最小二乘法计算出激光波长和不确定度。

注意：必须避免引入空程，应将手轮按某一方向转几圈，直到干涉条纹开始均匀移动后，才可测量；

M_1 全反镜的移动是由丝杠转动带动一个拖板平动，再由拖板推动 M_1 镜在导轨上移动，拖板与 M_1 镜之间有一定的间隙，测量时，只能向一个方向移动 M_1 镜，中途不能倒退；

细调手轮可随时带动粗调手轮转动，但是粗调手轮不能带动细调手轮。因此，测量前应调好粗、细调手轮的零点。调零方法为：先将细调手轮调至 0，然后再将粗调手轮转至对齐任一刻度线。

视频：迈克耳孙干涉仪介绍。　　视频：迈克耳孙干涉仪调节。　　视频：定义域干涉和非定域干涉。

分析与思考

1. 测量波长时，要求条纹数 N 尽可能大，这是为什么？对测得的数据采用什么方法进行处理将使测量精度提高？

2. 在图 4.6-4 中，M_1 沿着 d 减小的方向移动并越过 M_2'，在这一过程中，环形条纹的"收缩"和"冒出"会发生什么变化？

3. 利用一个臂光程差改变 $\lambda/2$，"冒出"或"收缩"一个条纹的特性，请设计激光照射时，用迈克耳孙干涉仪测量液体、空气折射率的实验方法。

4. 热胀冷缩是物质的基本属性。现有一根金属棒，请利用全反镜移动时干涉条纹变化这一特性，设计用迈克耳孙干涉仪测量金属棒线膨胀系数的装置。

归纳与小结

迈克耳孙与他的合作者曾用迈克耳孙干涉仪做过"以太漂移"实验、光谱线精细结构的研究和用光波标定标准米尺三个闻名于世的重要实验，这些工作为近代物理和近代计量技术做出了重要贡献。不仅如此，后人又在此基础上发展出多种形式的干涉测量仪器。可以说，迈克耳孙干涉仪是许多近代干涉仪的原型，学习这一实验时，要注意体会干涉仪构造的特点和其内涵的物理思想。

迈克耳孙干涉仪是一种分振幅的干涉装置，它的光源、两个反射面、接收器（观察者）四者在空间完全分开，东西南北各据一方，便于在光路中安插其他元件。例如，相干光在干涉仪上分成两支，并且它们的光程差可由移动的反射镜 M_1 来改变；在研究介质的性质时（如折射率、光谱线等）可以在一支光路中加入待研究的物质；玻璃板 G_2 的补偿作用使任何波长的两束光具有相同的光程差，从而可以实现白光的干涉。当然，它通过机械放大原理，将米尺的测量精度提高到 10^{-5} mm 的读数装置，也体现了迈克耳孙干涉仪的巧妙之处。

利用迈克耳孙干涉仪不仅能进行多种测量，而且能观察到的干涉现象也极为丰富，如能观察到定域条纹和非定域条纹，非定域条纹又有直条纹、圆形、椭圆形、双曲形条纹等等。定域条纹可以是等厚的也可以是等倾的。由于干涉仪实际观测的光波往返走过任意给定长度的直线路程，所用的时间与该路程在空间中的方位有关，因此，还可以通过它研究时间、空间的相干性问题。

4.6.3 偏振光及其应用

光的偏振现象最早是牛顿引入光学的，"光的偏振"这一术语是马吕斯在 1809 年首先提出的，麦克斯韦建立了光的电磁理论，从本质上说明了光的偏振现象。光的干涉和衍射揭示了光的波动性质，而偏振现象表明光是横波。光波电矢量在垂直于光传播方向的平面内不同的振动方向构成了光的不同偏振态，一般可分成五种偏振态：自然光、线偏振光、部分偏振光、圆偏振光和椭圆偏振光。

通过对偏振光的研究，人们对光的波动理论和光的传播规律有了新的认识，同时偏振光理论在光学计量、晶体性质研究和实验应力分析等技术领域均有广泛的应用。

实验目的

1. 观察光的偏振现象，加深对偏振光概念的理解。

2. 掌握产生和检验各种偏振光的原理和方法。

3. 测定各种光通过检偏器的光强分布。

4. 测定布儒斯特角。

1. 偏振光的基本概念

光是电磁波，其电场和磁场矢量相互垂直，又同时垂直于光的传播方向。通常用电矢量代表光矢量。在垂直于光传播方向的平面内，光矢量可能有各式各样的振动状态，称为光的偏振态。

若光矢量的振动方向是任意的，且各方向光矢量的振幅相同，这种光称为自然光。

若各方向振幅不同，某一方向振动的振幅最强，而与该方向垂直的方向振动最弱，但不为零，则称为部分偏振光。

如果电矢量的振动只在一个方向，其他方向均为零，则称为线偏振光或平面偏振光。偏振光矢量振动方向示意图见图 4.6-7。

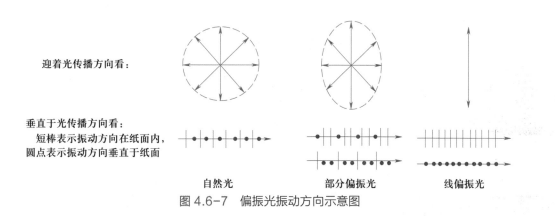

迎着光传播方向看：

垂直于光传播方向看：
短棒表示振动方向在纸面内，
圆点表示振动方向垂直于纸面

自然光　　　　　　部分偏振光　　　　　　线偏振光

图 4.6-7　偏振光振动方向示意图

若光矢量的方向和大小随时间变化，其末端在垂直于传播方向的平面内的轨迹呈圆或椭圆，则称为圆偏振光或椭圆偏振光。

2. 偏振光的产生

一般太阳光及各种热辐射光源发出的光均是自然光。通过一定的装置和手段把自然光变成偏振光的过程称为起偏，所用装置称为起偏器。

（1）平面偏振光的产生

① 反射和折射起偏

如图 4.6-8 所示，自然光从空气入射到折射率为 n 的介质表面，若入射角 i_0 满足

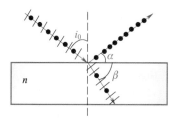

图 4.6-8　反射、折射起偏

$$\tan i_0 = n \tag{4.6-5}$$

则反射光是平面偏振光，且振动面垂直于入射平面，（4.6-5）式称为布儒斯特定律，i_0 称为布儒斯特角，此时折射光为部分偏振光，且与反射光垂直，即 $\alpha + \beta = 90°$。若以其他角度入射时，反射光、折射光均为部分偏振光。若自然光以布儒斯特角入射在多层玻璃片堆上，不仅反射光为平面偏振光，折射光也会因多次反射滤掉垂直分量，接近平面偏振光。

② 由二向色性晶体的选择吸收产生偏振

有些晶体对不同方向振动的光矢量具有不同的吸收能力，这种选择吸收性称为二向色性。当自然光通过二向色性晶体时，只让一个方向的光振动通过（该方向称为晶体的偏振化方向），其他方向的振动均被吸收。实验室常用的偏振片就是利用二向色性晶体吸收产生偏振。

③ 晶体双折射产生偏振

当自然光入射到一些各向异性晶体时，晶体内会产生两束折射光，均为平面偏振光，且偏振方向垂直（如图 4.6-9 所示）。其中一束满足折射定律，称为寻常光，简称 o 光；另一束不满足折射定律，称为非寻常光，简称 e 光。

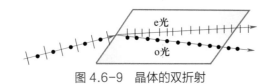

图 4.6-9　晶体的双折射

选读：偏振片和尼科尔棱镜。

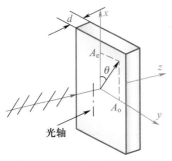

图 4.6-10　平面偏振光通过晶片的情形

（2）圆偏振光和椭圆偏振光的产生

对晶体而言，有一特定方向，当光线沿此方向入射时，不会产生双折射现象，该方向称为晶体的光轴。

如图 4.6-10 所示，一单色平面偏振光垂直入射到一块光轴平行于表面的单轴晶片上，当入射平面偏振光的偏振化方向与晶体光轴夹角为 θ 时，光在晶体内分解为平行光轴方向的 e 光以及垂直于光轴方向的 o 光。虽然它们在晶体内沿同一方向传播，但传播速度却不同。透过晶体后，o 光和 e 光（两光的偏振面相互垂直）之间就产生一定的相位差，即

$$\delta = \frac{2\pi}{\lambda}(n_o - n_e)d \tag{4.6-6}$$

式中，λ 为光波长；d 为晶片厚度。

因此，平面偏振光通过厚度为 d 的晶片后，可视为两个同频率、具有不同振幅、有固定相位差、沿同一方向传播、且振动方向互相垂直的两束平面偏振光的叠加。设入射光的振幅为 A，则 o 光和 e 光的振幅分别为：

$$\begin{aligned} A_o &= A\sin\theta \\ A_e &= A\cos\theta \end{aligned} \tag{4.6-7}$$

其合成光矢量的轨迹为：

$$\frac{x^2}{A_e^2} + \frac{y^2}{A_o^2} - \frac{2xy}{A_o A_e}\cos\delta = \sin^2\delta \tag{4.6-8}$$

这是一般椭圆方程，随着相位差 δ 的不同，（4.6-8）式表现为不同的椭圆形态。由（4.6-6）式可知，当晶片厚度 d 满足 $\delta = \pi/2$，即光程差为 $\lambda/4$ 时，上式变为

$$\frac{x^2}{A_e^2} + \frac{y^2}{A_o^2} = 1 \qquad\qquad (4.6-9)$$

出射光为椭圆偏振光，满足此条件的晶片称作 1/4 波片。更特殊的情况，当 $\theta = 45°$，则 $x^2 + y^2 = A_o^2$，出射光为圆偏振光。

选读：半波片。　　　选读：旋光现象。

3. 偏振光通过检偏器后的光强分布

偏振片亦可作为检验光偏振状态的检偏器。各种偏振光通过检偏器后的偏振态及其光强变化，既为检验光的偏振态提供了手段，又是偏振光应用中必不可少的环节。

（1）平面偏振光通过检偏器后的光强分布

一平面偏振光垂直入射检偏器，其入射光强为 I_0，偏振面与检偏器偏振化方向夹角为 α，如果不考虑检偏器的吸收，实验表明透过检偏器的光强 I 为

$$I = I_0 \cos^2 \alpha$$

上式称为马吕斯定律。

（2）椭圆偏振光或圆偏振光通过检偏器后的光强分布

如图 4.6-11 所示，平面偏振光透过 $\lambda/4$ 波片后产生椭圆偏振光或圆偏振光，如果检偏器偏振化方向与 $\lambda/4$ 波片光轴的夹角为 φ，则透过检偏器的光强为

$$\theta = 45° \text{（圆偏振光）} \qquad\qquad I = \text{常量}$$

$$\theta = \text{其他角度（椭圆偏振光）} \qquad I = k_0\left[b^2 + (a^2 - b^2)\cos^2\varphi\right]$$

其中 k_0 是常量，a、b 分别为椭圆偏振光的长短轴振幅。

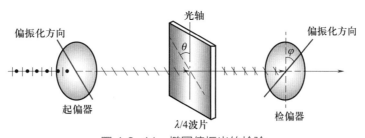

图 4.6-11　椭圆偏振光的检验

实验方案

1. 测量线偏振光通过检偏器后的光强分布

如图 4.6-12 所示，平行光管上装置起偏器，望远镜的前端装置检偏器，后端装置光电池，转动检偏器，照射在光电池上的光强改变，光电流的大小由灵敏检流计测量。光强的大小与检流计的偏转格

数成正比。

2. 圆偏振光和椭圆偏振光通过检偏器后的光强分布

在图 4.6-12 中，载物台放置 $\lambda/4$ 波片，起偏器产生的平面偏振光的偏振面与 $\lambda/4$ 波片的晶轴有一夹角时（此夹角可由起偏器上的刻度读出），通过 $\lambda/4$ 波片的是椭圆偏振光（夹角为 $45°$ 时是圆偏振光），椭圆偏振光通过检偏器的光强由光电池测量。

3. 玻璃板布儒斯特角和折射率的测量

如图 4.6-13 所示，在调整好的分光计上放置待测玻璃板，望远镜前装置检偏器。

（1）望远镜跟随玻璃板的反射光，并转动检偏器，当观察到的反射光最小光强度与最大光强度之比 $\dfrac{(E_{\min})^2}{(E_{\max})^2}$ 最小时，偏振态最佳，此时的反射角即为布儒斯特角。

$$i_0 = \frac{180 - |\varphi - \varphi_0|}{2} \tag{4.6-10}$$

（2）望远镜始终观察透射光，在转动载物台（转动玻璃板）的同时转动检偏器，当观察到的透射光的偏振态最佳 $\left[\dfrac{(E_{\min})^2}{(E_{\max})^2} \text{最小}\right]$ 时，则反射角为布儒斯特角。

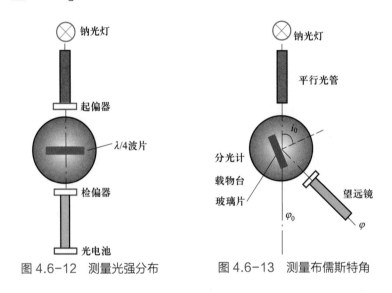

图 4.6-12　测量光强分布　　　图 4.6-13　测量布儒斯特角

实验器材

分光计、起偏器、检偏器、$\lambda/4$ 波片、灵敏检流计、光电池、电阻箱、钠光灯。

实验内容及要求

调节分光计使其达到工作状态（参考实验 3.4.3），接好光电池电路。

1. 测定平面偏振光通过检偏器后的光强分布

（1）如图 4.6-12 所示，在平行光管出光口安装起偏器，望远镜的物镜处安装检偏器。

（2）自然光经过偏振器后变成线偏振光。转动检偏器，可以观察到光源像明暗的变化。将目镜换成光电池，转动起偏器和检偏器至光电流最小。再将起偏器（或检偏器）转动90°，此时起偏器和检偏器的偏振化方向一致。测量此时的光强度 I_0（用光电流强度表示相对强度）。

注意：为了有较大的光电流，尽可能使平行光管的单缝宽一些，并选择合适的检流计灵敏度。实验中尽量避免环境杂散光的影响。

旋转检偏器，在360°内，每转15°测量光电流与角度 α 的关系，作 I-α 曲线，与 $I = I_0\cos^2\alpha$ 曲线比较，验证马吕斯定律。

2. 圆偏振光和椭圆偏振光的观测

在前项内容的基础上，在起偏器、检偏器中间放置 $\lambda/4$ 波片（图4.6-12），分别使 $\theta = 15°$、$30°$、$45°$，旋转检偏器（即改变 φ），在360°内，每隔15°测一次光电流，测量光强随角 φ 变化的关系。在坐标纸上作 I-φ 关系图。[提示：起偏器、检偏器的偏振化方向及 $\lambda/4$ 波片的晶轴方向在器件上有标注。首先使三者标注方向平行，然后保持检偏器与 $\lambda/4$ 波片不动，转动起偏器，使 θ 改变（如 $\theta = 15°$），再保持起偏器与 $\lambda/4$ 波片不动，转动检偏器]

3. 由布儒斯特定律测定玻璃片的折射率

（1）按图4.6-13布置仪器，首先使望远镜接到玻璃片的反射光，旋转检偏器使看到的光强最暗（这种现象说明了什么？），然后转动载物台，望远镜始终跟随反射光，当光强最暗（消失）时，则望远镜大致处于布儒斯特角位置，记下此时角度 φ_0。

（2）取下目镜，换上光电池。在 $\varphi = \varphi-1.5°$、$\varphi-1.0°$、$\varphi-0.5°$、φ、$\varphi + 0.5°$、$\varphi + 1.0°$、$\varphi + 1.5°$，转动检偏器，测量最大光电流 I_{max} 和最小光电流 I_{min}。

（3）做 $\dfrac{I_{min}}{I_{max}}$-φ 曲线，找出曲线极小值点，确定布儒斯特角。

（4）由（4.6-10）式计算布儒斯特角，进而计算玻璃的折射率。

（5）取下玻璃片，换上玻璃片堆，望远镜观察反射光，找到其布儒斯特角位置（方法同上），旋转检偏器使光强最暗，读出检偏器的角度；再使望远镜对准玻璃器堆的透射光，旋转检偏器使光强最暗，读出检偏器的角度。检偏器两次读数之差即为反射光与透射光偏振化方向之间的夹角。

分析与思考

1. 为什么偏振光现象能说明光波是横波？

2. 本实验为什么要用单色光源照明？根据什么选择单色光源的波长？若光波波长范围较宽，会给实验带来什么影响？

3. 设计一个简单的实验方案，用简单的实验装置判别自然光、部分偏振光、线偏振光、椭圆偏振光和圆偏振光。

偏振光的理论意义和价值是证明了光的横波性。同时，偏振光在很多技术领域得到了广泛的应用。

选读：偏振相关应用。

4.6.4 利用超声光栅测定液体中声速

1922 年布里渊曾预言液体中的高频声波能使可见光产生衍射效应，10 年后这个预言被证实。1935 年拉曼和奈斯发现，当透明介质中有超声波存在时，会引起介质的密度产生周期性变化，以致介质的折射率也相应地作周期性变化。当光波通过这样的介质时，将产生衍射效应，就像光通过普通光栅那样。我们把有超声行波或超声驻波存在的这种介质称作超声光栅，把光波在有超声波存在的介质中传播时被衍射的现象称作超声致光衍射，即声光效应。

近年来，由于超声技术和激光技术的飞速发展，使声光效应得到广泛应用。例如，人们利用这一效应对光束频率、强度和传播方向的快速、有效的控制作用，制成了声光偏转器和声光调制器，这些器件广泛应用于激光雷达扫描、电视大屏幕显示器的扫描、高清晰度图像传真、光信息存储等近代技术领域中。目前，对于声光效应的应用研究，已发展成一门崭新的技术——声光技术。

实验目的

1. 观察声光衍射现象，了解超声光栅产生原理；
2. 掌握利用超声光栅测量声波在液体中传播速度的方法；

基本原理

压电陶瓷片（PZT）在高频信号源（频率约 10 MHz）所产生的交变电场的作用下，发生周期性的压缩和伸长振动，其在液体中的传播就形成超声波。当一束平面超声波在液体中传播时，其声压使液体分子作周期性变化，液体的局部就会产生周期性的膨胀与压缩，这使得液体的密度在波传播方向上形成周期性分布，促使液体的折射率也做同样分布，形成了疏密波。此时若有平行光沿垂直于超声波传播方向通过液体时，平行光会被衍射。

以上超声场在液体中形成的密度分布层次结构是以行波运动的，为了使实验条件易实现，衍射现象易于稳定观察，实验中是在有限尺寸液槽内形成稳定驻波条件下进行观察。由于驻波振幅可以达到行波振幅的两倍，这样就加剧了液体疏密变化的程度。如图 4.6-14 所示，驻波形成以后，某一时刻 t，驻波某一波节两边的质点都涌向该波节，使该波节附近成为质点密集区，称为压缩层，而与之相邻的两个波节的质点都从波节处散开，形成质点的稀疏区，称为疏张层；半个周期以后，$t + T/2$，质点密集处波节两边的质点又向左右扩散，使该波节附近成为质点稀疏区，而与之相邻的两波节附近成为质点密集区。在这样的液体中，压缩层的折射率会变大，疏张层的折射率会变小。显然，相邻压缩层或相邻疏张层之间的距离都等于超声波波长 Λ。所以，沿声波传播方向，液体折射率产生了以超声波波长

Λ 为周期的周期性分布。

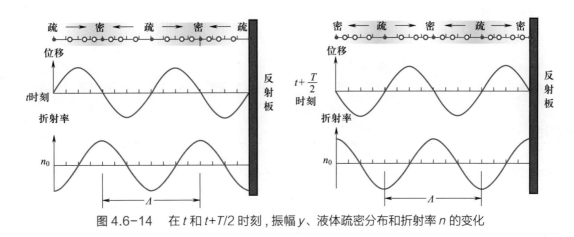

图 4.6-14　在 t 和 $t+T/2$ 时刻，振幅 y、液体疏密分布和折射率 n 的变化

　　一束单色平行光沿着垂直于超声波传播方向通过上述液体时，因折射率的周期变化使光波的波振面产生了相应的相位差，经透镜聚焦出现衍射条纹。这种现象与平行光通过透射光栅的情形相似。因为超声波的波长很短，只要盛装液体的液体槽的宽度能够维持平面波（宽度为 l），槽中的液体就相当于一个衍射光栅，称作超声光栅。

　　研究表明，当光通过的超声束的厚度 l 较厚、超声波的频率很高（100 MHz 以上），以至于满足 $2\pi\lambda l/\Lambda^2 \gg 1$ 时，会产生布拉格（Bragg）衍射，超声液槽相当于体光栅；我们所研究的是超声束厚度 l 较小，超声频率不太高（10 MHz 以下）的情形，满足条件 $2\pi\lambda l/\Lambda^2 \ll 1$，此时，产生拉曼 – 奈斯（Raman-Nath）衍射。

　　对于拉曼 – 奈斯衍射，其衍射规律与平行光通过平面透射光栅所产生的衍射相似，衍射情形示意如图 4.6-15 所示。由光栅方程知

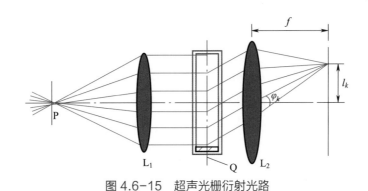

图 4.6-15　超声光栅衍射光路

$$\Lambda\sin\varphi_k = k\lambda , \qquad k = 1,\pm1,\pm2,\cdots \qquad (4.6\text{--}11)$$

　　式中 Λ 为在待测液体中超声波的波长（相当于光栅常量），λ 为光波波长，k 为衍射光谱的级次，φ_k 为第 k 级衍射光谱的衍射角。

　　因 φ_k 较小，$\sin\varphi_k \approx \tan\varphi_k = l_k/f$，式中 l_k 为零级至第 k 级衍射光谱的距离，f 为透镜 L_2 的焦距。从而代入（4.6-11）式可得液体中超声波波长

$$\Lambda = k\lambda / \sin\varphi_k = k\lambda f / l_k \qquad (4.6\text{-}12)$$

超声波在液体中的传播速度为

$$v = \Lambda\nu = \frac{\lambda f\nu}{\Delta l} \qquad (4.6\text{-}13)$$

式中 ν 为高频信号发生器发出的电频率,即为压电元件的共振频率,Δl 为单色光衍射条纹间距。

实验器材

超声光栅衍射仪(高频信号发生器,内装压电陶瓷片 PZT 的液体槽),分光计,汞灯,读数显微镜,待测液体(蒸馏水、乙醇等)。

实验内容与要求

1. 实验装置如图 4.6-16 所示。

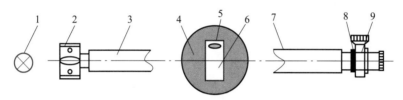

1—单色光源;2—分光计狭缝;3—分光计平行光管;4—分光计载物台;
5—超声池接线柱;6—超声池;7—分光计望远镜;8、9—测微目镜。

图 4.6-16　实验装置示意图

2. 将分光计调整至待测状态:调节望远镜聚焦于无穷远、望远镜光轴与分光计主轴垂直、平行光管与望远镜同轴并出射平行光,观察望远镜光轴与载物台台面平行。目镜调焦使看清分划板刻线,并以平行光管出射的平行光为准,调节望远镜使观察到的狭缝清晰,狭缝应调至最小,在实验过程中无需再调节。

3. 采用低压汞灯作光源,汞灯波长 λ 分别为:蓝光 435.8 nm,绿光 546.1 nm,黄光 578.0 nm。

4. 将待测液体(如蒸馏水、乙醇或其他液体)注入液体槽内,液面高度以液体槽侧面的液体高度刻线为准;将液体槽放置于分光计的载物台上,并使液体槽两侧表面基本垂直于望远镜和平行光管的光轴;利用高频信号线连接接线柱和超声信号源输出端,然后盖上液体槽盖板。

5. 开启超声信号源电源,从阿贝目镜观察衍射条纹,仔细调节频率微调,使电振荡频率与 PZT 晶片固有频率共振,此时,衍射光谱的级次会显著增多且更为明亮。

6. 左右转动超声池(可转动分光计载物台或游标盘),使射于超声池的平行光束完全垂直于超声束,同时观察视场内的衍射光谱左右级次亮度及对称性,直到从目镜中观察到稳定而清晰的左右各 3~4 级的衍射条纹为止。

7. 取下阿贝目镜,换上测微目镜,对目镜调焦,使观察到的衍射条纹清晰。利用读数显微镜逐级测量其位置读数(例如:从 −2、…、0、…、+2),再计算各色光衍射条纹平均间距。

8. 根据公式（4.6-13）计算超声波声速，并求三种不同波长测量声速平均值及相对不确定度。

注意：超声池置于载物台上必须稳定，在实验过程中应避免震动，以利形成稳定超声驻波；

导线分布电容的变化会对输出电信号频率有微小影响，因此不能触碰高频信号线；

实验时超声池中会有一定热量产生，并导致介质挥发，池壁会见挥发气体凝露，一般不影响实验结果，但须注意液面下降太多致 PZT 晶片外露时，应及时补充液体至正常工作液面线处；

实验时间不宜过长，实验完毕应将超声池内被测液体倒出，不要将 PZT 晶片长时间浸泡在液体内。

分析与思考

1. 超声光栅与平面透射光栅有何异同？
2. 声光拉曼－奈斯衍射条件对超声频率和超声池宽度有何要求？
3. 根据驻波理论，相邻两波腹或波节间距离均为半波长，为何超声光栅常量等于超声波波长？
4. 能否用钠灯作光源？

4.7 微电流测量

科学研究、生产实践以及教学实验中，存在着大量的微弱信号，例如弱光、弱磁、弱声、小位移、小电容、微压力、微温差等，对于这样一些微弱信号的检测，一般是通过相应的传感器将其转换为微电流和低电压，再经过放大器放大，使其幅度易被后续电路处理，从而指示出被测量的大小。因此，微电流和低电压测量技术的提高对微弱信号测量起决定性作用。一般微电流非常弱，通常仅在 $10^{-8} \sim 10^{-14}$ A 范围内。目前，微电流测量中最常采用的方法是使用微电流放大器，其基本电路如图 4.7-1 所示。图中 K 为运算放大器，其开环增益为 G，输入阻抗为 R_i。R_f 为反馈电阻，改变 R_f 可以改变放大器的量程，设被测电流为 I，通过反馈电阻 R_f 的电流为 I_f，通过输入阻抗的电流为 I_i，输出电压为 U_0，由于 $U_+ = 0$ V，因而 $U_+ \approx U_- \approx 0$ V，而一般输入阻抗 R_i 较高，故 I_i 可以忽略不计，所以 $I_i = I$，输出电压 U_0 与 I 的关系为：

$$U_0 = IR_f \quad \text{即} \quad I = \frac{U_0}{R_f} \quad (4.7-1)$$

整个电路的输入阻抗为 Z_i 为： $\quad Z_i \approx \dfrac{R_f}{G} \quad (4.7-2)$

由（4.7-1）式可以看出被测电流 I 与输出电压 U_0 成正比，即可通过测量 U_0 而测出电流 I。测量不同量级的微电流对于选择运算放大器、反馈电阻以及安装技术有不同的要求。在 pA(10^{-12} A) 级电流测量中，对运算放大器的输入偏置电流要求

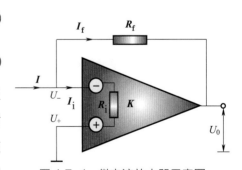

图 4.7-1　微电流放大器示意图

更为苛刻（应远小于 1 pA）。为提高放大器的输入阻抗，可采用电子管、静电计管、场效应管、参量放大器等。

事实上，纯理想的情况并不存在，例如放大电路的固有噪声以及外界的干扰往往比有用的微弱信号的幅度大得多，在被测信号放大的同时噪声信号也被放大了，而且还会附加一些额外的噪声。因此只靠放大是不能把微弱信号检测出来的，为此必须采取相应的措施，如隔离和屏蔽技术、补偿等等。

另外，随着数字电子技术的迅速发展，尤其是计算机在自动控制、自动检测及许多其他领域中的广泛应用，用数字电路处理模拟信号的情况更加普遍。

对于微电流和低电压信号，经过放大器之后仍然是一个模拟信号，为了能够使用数字电路处理这样一个模拟信号，就必须把模拟信号转换成相应的数字信号，方能送入数字系统（如微型计算机）进行处理。同时，往往还要求把处理后得到的数字信号再转换成相应的模拟信号，作为最后的输出。前一种从模拟信号到数字信号的转换称为模—数转换，简称为 A/D（Analog to Digital）转换，后一种从数字信号到模拟信号的转换称为数—模转换，简称 D/A（Digital to Analog）转换。我们把实现 A/D 转换的电路称为 A/D 转换器（简写为 ADC），把实现 D/A 转换的电路称为 D/A 转换器（简写为 DAC）。

为了保证数据处理结果的准确性，A/D 转换器和 D/A 转换器必须有足够的转换精度。同时，为了适应快速过程的控制和检测的需要，A/D 转换器和 D/A 转换器还必须有足够快的转换速度。

常见的 D/A 转换器有多种类型，如有权电阻网络 D/A 转换器、倒梯形电阻网络 D/A 转换器等，A/D 转换器也有多种类型。用户可以根据自己的需要选取合适的转换器。

本节中的光电效应实验和弗兰克－赫兹实验都涉及微电流的测量（如：弗兰克－赫兹实验中到达板极的电流非常微弱，约为 $10^{-8} \sim 10^{-7}$ A），同时也牵涉到对模拟信号的数字处理。在这里，我们不仅要学习这两个著名实验的设计思想，还要了解微电流的测试方法及相应的数字处理手段。

4.7.1 光电效应

光照射到某些物质上，引起物质的电性质发生变化，这类现象统称为光电效应。当光照射到某些固体上（如金属），其表面有电子逸出，此效应称为外光电效应。当光照射到某些物质（如半导体）时，无电子向物质外发射，但物质的电导率发生变化或产生电动势，这类效应称为内光电效应。光电效应现象早在 19 世纪末即已发现，但是当时经典的光波动理论无法对此作出圆满的解释。1905 年爱因斯坦大胆地把 1900 年普朗克在进行黑体辐射研究过程中提出的辐射能量不连续的观点应用于光辐射，提出"光量子"概念，建立了爱因斯坦方程，从而成功地解释了光电效应。1905 年到 1916 年密立根经过十年左右艰苦卓绝的实验工作，证实了爱因斯坦方程的正确性，并精确测出了普朗克常量 h。爱因斯坦和密立根因光电效应等方面的杰出贡献分别于 1921 年和 1923 年获得了诺贝尔物理学奖。

实验目的

1. 通过实验深刻理解爱因斯坦的光电子理论，了解光电效应的基本规律。
2. 掌握用光电管进行光电效应研究的方法。

3. 学习对光电管伏安特性曲线的处理方法，并用以测定普朗克常量。

设计思路

爱因斯坦从他提出的"光量子"概念出发，认为光并不是以连续分布的形式把能量传播到空间，而是以光量子的形式一份一份地向外辐射。对于频率为 ν 的光波，每个光子的能量为 $h\nu$，其中，$h = 6.626\,1 \times 10^{-34}\,\mathrm{J \cdot s}$，称为普朗克常量。

当频率为 ν 的光照射金属时，具有能量 $h\nu$ 的一个光子和金属中的一个电子碰撞，光子把全部能量传递给电子。电子获得的能量一部分用来克服金属表面对它的束缚，剩余的能量就成为逸出金属表面后光电子的动能。显然，根据能量守恒有：

$$E_\mathrm{p} = h\nu - W_\mathrm{S} \tag{4.7-3}$$

这个方程称为爱因斯坦方程。这里 W_S 为逸出功，是金属材料的固有属性。对于给定的金属材料，W_S 是一定值。

爱因斯坦方程表明：光电子的初动能与入射光频率之间呈线性关系。入射光的强度增加时，光子数目也增加。这说明光强只影响光电子所形成的光电流的大小。当光子能量 $h\nu < W_\mathrm{S}$ 时，不能产生光子。即存在一个产生光电流的截止频率 ν_0（$\nu_0 = W_\mathrm{S}/h$）。

光电效应实验原理图如图 4.7-2 所示。一束频率为 ν 的单色光照射在真空光电管的阴极 K 上，光电子将从阴极逸出。在阴极 K 和阳极 A 之间外加一个反向电压 V_KA（A 接负极），它对光电子运动起减速作用。随着反向电压 V_KA 的增大，到达阳极的光电子相应减少，光电流减少。当 $V_\mathrm{KA} = U_\mathrm{S}$ 时，光电流降为零。此时光电子的初动能全部用于克服反向电场作用。即

$$eU_\mathrm{S} = E_\mathrm{p} \tag{4.7-4}$$

这时的反向电压 U_S 叫截止电压。入射光频率不同时，截止电压也不同。将（4.7-4）式代入（4.7-3）式得

$$U_\mathrm{S} = \frac{h}{e}(\nu - \nu_0) \tag{4.7-5}$$

式中 h，e 都是常量，对同一光电管 ν_0 也是常量，实验中测量不同频率下的 U_S，做出 U_S-ν 曲线。在（4.7-5）式得到满足的条件下，这是一条直线。若元电荷 e 为已知，由斜率 $k = h/e$ 可以求出普朗克常量 h，由直线在 U_S 轴上的截距可以求出逸出功 W_S，由直线在 ν 轴上的截距可以求出截止频率 ν_0，如图 4.7-3 所示。

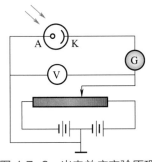

图 4.7-2　光电效应实验原理

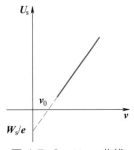

图 4.7-3　U_S-ν 曲线

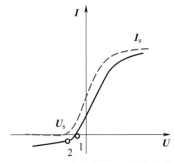

图 4.7-4　光电管伏安特性曲线

在实验中测得的伏安特性曲线与理想的有所不同，这是因为：

1. 光电管的阴极采用逸出电位低的碱金属材料制成，这种材料即使在高真空也有易氧化的趋势，使阴极表面各处的逸出电势不尽相等。同时逸出具有最大动能的光电子数目大为减少。随着反向电压的增高，光电流不是陡然截止，而是较快降低后平缓地趋近零点。

2. 阳极是用逸出电势较高的铂、钨等材料做成。本来只有远紫外线照射才能逸出光电子。但在使用过程中常会沉积上阴极材料，当阳极受到部分漫反射光照射时也会产生光电子。因为施加在光电管上的外电场对于这些光电子来说正好是个加速场，使得发射的光电子由阳极飞向阴极，构成反向电流。

3. 暗盒中的光电管即使没有光照射，在外加电压下也会有微弱电流流通，称作暗电流。其主要原因是极间绝缘电阻漏电（包括管座以及玻璃壳内外表面的漏电）阴极在常温下的热电子辐射等。暗电流与外加电压基本上呈线性关系。

由于以上原因，实测曲线上每一点的电流是阴极光电子发射电流、阳极反向光电子电流及暗电流三者之和。理想光电管的伏安特性曲线如图 4.7-4 的虚线所示，实际测量曲线如图中的实线表示。

实验方案

本实验的原理图如图 4.7-5 所示。

常见的光电管阴极为 Ag—O—K 化合物，最高灵敏度波长为 410 ± 10 nm。为避免杂散光和外界电磁场的影响，光电管装在留有窗口的暗盒内。

实验光源为高压汞灯，与滤色片配合使用，可以提供 365.6 nm，404.6 nm，435.8 nm，546.1 nm，577.0 nm 五种波长的单色光。

由于光电流强度非常微弱，一般需要经过微电流放大器放大后才能读出。微电流放大器的测量范围 $10^{-13} \sim 10^{-8}$ A。光电管的极间电压由直流电源提供，电源可以从负到正在一定范围调节。

MCPH20 型光电效应实验仪可以手动测量阴极 K 和阳极 A 之间的电压和阳极电流，也可以自动测量。手动测量时参考本实验附录中图 4.7-10，并根据测量数据做出伏安特性曲线。采用自动测量时，MCPH20 型光电效应实验仪可以自动测量并显示伏安特性曲线。相关的实验测量数据可以从 MCPH20 型光电效应实验仪上取出，也可以从 PC 机上取出。

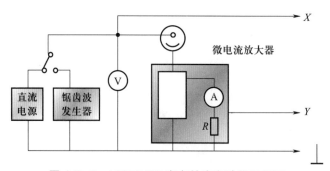

图 4.7-5　MCPH20 光电效应实验仪原理图

由于暗电流和阳极电流的存在，准确地测量截止电压是困难的。一般采用下述两种方法进行近似处理：

1. 若在截止电压点附近阳极电流上升很快，则实测曲线与横轴的交点（图4.7-4中的"1"点）非常接近于 U_s 点。以此点代替 U_s 点，就是"交点法"。

2. 若测量的反向电流饱和很快，则反向电流由斜率很小的斜线开始偏离线性的"抬头点"（图4.7-4中的"2"点）电压值与 U_s 点电压非常接近，可以用"抬头点"电压值代替 U_s 点电压。

实验器材

高压汞灯、滤色片、光电管及光电管暗盒、MCPH20型光电效应实验仪等。

实验内容及要求

1. 按要求布置好仪器，打开汞灯和MCPH20型光电效应实验仪，预热15～20分钟。

2. 罩好暗盒窗上的遮光罩，选择好某一波长的入射光，手动方法或自动方法测量 I 随 U 变化的数据。

3. 更换滤色片，选择其他波长，重复第2项实验内容。

4. 做各波长 I-U 曲线，用"抬头点"确定 U_s 点。

5. 做 U_s-v 曲线，验证爱因斯坦公式（4.7-3）。用作图法或最小二乘法求斜率并外推直线求截距，计算普朗克常量 h、逸出功 W_s 和截止频率 v_0。

6. 用改变光源与暗盒间的距离的方法改变入射光的强度，观测 W_s、v_0 和 I-U 曲线的变化。

注意：

1. 汞灯打开后，直至实验全部完成后再关闭。一旦中途关闭电源，至少等5分钟后再启动。

2. 实验过程中不要改变光源与光电管之间的距离（第6项内容除外），以免改变入射光的强度。

3. 更换、安装滤波片时必须将汞灯出光口盖上，要避免各种光直接进入暗盒，以保护光电管。

4. 注意保持滤色片的清洁，但不要随意擦拭滤色片。

分析与思考

1. 光电流是否随光源的强度变化？截止电位是否因光源强度不同而改变，请解释。

2. 本实验是如何满足照到光电管的入射光束为单色光的？

3. 在实验过程中若改变了光源与光电管之间距离，会产生什么影响？

4. 光电管的阴极和阳极之间存在接触电位差，试分析这对本实验结果有无影响？

5. 光电管的阳极、阴极材料选用应考虑哪些因素？

6. 请用学过的知识设计一实验方案，测量饱和光电流随光强度的变化。

爱因斯坦关于光量子的假设激励了美国芝加哥大学的密立根。他从 1905 年开始到 1912 年取得的结果证实了爱因斯坦方程的正确，中间克服了许多困难。

光电效应的发现与密立根光电实验过程的巧妙设计，细心操作分不开的。回顾他的整个实验过程无疑会使我们加深对实验的理解。

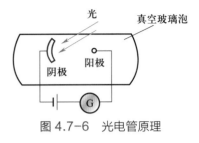

图 4.7-6　光电管原理

密立根的实验原理是非常简单明了的，光电管的结构原理如图 4.7-6 所示，它是由一个阴极和一个阳极装在抽成真空的玻璃管内制成，阴极表面涂有适当的光电子发射材料。当有一定波长的光照射阴极时，将发射光电子。当频率 v 的光入射到光电管阴极上时，电子以能量 $hv - W_S$ 射出。当减速电势 $U > (hv - W_S)/e$ 时，到收集极的电子电流就停止。观察临界减速电势 $U_0 = (hv - W_S)/e$ 随 v 的变化得出常量 h/e。

但实际情况要复杂得多，首先光阴极要避免氧化层薄膜、油脂或其他的表面污染，特别是要消除表面氧化物的影响。

密立根进行这些实验时，他首先将碱金属表面保持在高真空中以防杂质覆盖。然后他利用高超的实验技术巧妙地设计了一个在抽真空的玻璃容器并被他称之为"真空理发店"的设备——用一把电磁铁遥控的"利刀"刮光金属表面。由于采用了许多周密措施，使入射光能照在新鲜的金属表面上。为了减少"反向电流"的影响，即在反射光作用下收集极释放的电子，他采用了光电效应截止频率比光电阴极高很多的金属做光电管收集极。而用介于两者截止频率之间的频率工作，从而抑制了反向电流的产生。为了以极高的准确度检验 U_S 和 v 的关系，首先要高精度地知道频率，然后用滤光片滤掉短波长的光，以免由它们引起误差。又因为光电流在临界范围内是很小的，他利用象限静电计根据在 30 秒时间内流过的电荷来确定电流值。

密立根还考虑了仪器各部分之间接触电势差，并在相当宽的范围内改变入射光的频率或波长，对爱因斯坦方程做出了完全成功的验证。

附录：MCPH20 型光电效应实验仪工作原理及操作说明。

选读：光电效应与光敏器件。

4.7.2　弗兰克－赫兹实验

1913 年，丹麦物理学家玻尔（N.Bohr）在卢瑟福原子核式模型的基础上，结合普朗克的量子理论，成功地解释了氢原子的线状光谱，玻尔理论是原子物理学发展史上的一个重要里程碑。1914 年，弗兰克（J.Franck）和赫兹（G.Hertz）用慢电子与稀薄气体原子碰撞的方法，观察测量到了汞的激发电位和电离电位，从而证明了原子能级的存在，为玻尔的原子结构理论假说提供了直接的而且是独立于光谱研究方法的实验证据。由于该项卓越的成就，他们二人共同获得了 1925 年的诺贝尔物理学奖。

本实验用 MCFH20 型弗兰克 – 赫兹实验仪观察原子能量量子化的现象并进行一些简单的测量，加深对原子量子化结构及量子论的认识。

实验目的

1. 了解弗兰克 – 赫兹实验（F–H 实验）原理和方法，提高综合分析能力。
2. 通过测定氩原子的第一激发电位，验证原子能级的存在。
3. 分析灯丝电压、拒斥电压等因素对弗兰克 – 赫兹实验曲线的影响。
4. 了解计算机实施测控系统的一般原理和使用方法。

设计思路

原子的核式模型认为：原子由原子核和核外电子组成，电子绕核做高速运动。按照经典理论，电子做圆周运动，会不断发射电磁波，从而损失能量，电子运动半径会不断地减小，最后碰到原子核，原子会坍塌。玻尔的量子理论认为：（1）原子只能在某些特定的轨道上运动，即原子只能较长久地停留在一些稳定状态（即定态），其中每一状态对应于一定的能量值（叫作能级），各定态的能量是分立的；（2）电子可以从一个能级"跃迁"到另一能级上，在跃迁的过程中发射或吸收一定频率的光子，吸收或辐射的能量相当于两能级差的能量。若 E_2 和 E_1 是原子跃迁前后两个能级所对应的能量，ν 是吸收或放出光子的频率，则有：

$$h\nu = |E_2 - E_1| \tag{4.7-6}$$

其中 h 是普朗克常量。在原子中，能量最低的能级叫基态，更高的能级依次叫"第一激发态""第二激发态""第三激发态"，等等。

设氩原子的基态能量为 E_0，第一激发态的能量为 E_1，初速度为零的电子在电位差为 U_0 的加速电场作用下，获得能量为 eU_0，具有这种能量的电子与氩原子发生碰撞，当电子能量 $eU_0 < E_1 - E_0$ 时，电子与氩原子只能发生弹性碰撞，由于电子质量比氩原子小得多，电子能量损失很少。如果 $eU_0 > E_1 - E_0$，则电子与氩原子会产生非弹性碰撞。氩原子从电子中获得能量 $\Delta E = E_1 - E_0$，而由基态跃迁到第一激发态，$eU_0 = \Delta E$。相应的电位差即为氩原子的第一激发电位。

弗兰克 – 赫兹实验原理如图 4.7-7 所示，在充氩的弗兰克 – 赫兹管中主要有四个电极：灯丝和阴极 K 是分离的，阴极 K 由灯丝加热而发射电子，控制灯丝电压可改变灯丝的温度，从而控制发射电子的多少；靠近阴极的控制栅极 G1 是一个栅网，测量第一激发态时，它的电位略高于阴极，用于消除热发射电子在阴极附近空间电荷的堆积，改变电压 U_{G1K} 可控制阴极发射电子流的强弱；在控制栅极上边是另一个栅网，它的电位最高，称为加速栅极 G2；在 G2 与阴极 K 之间加一可变的正电压 U_{G2K}，它使电子获得能量，速度加快，并在这个区域内不断与原子发生碰撞；最上边的电极是 A，称为板极，G2 和 A 之间有减速电压 U_{G2A}（拒斥电压），当电子通过 K—G1—G2 空间进入 G2—A 空间时，如果能量

大于 eU_{G2A} 就能达到板极 A 形成板流。如果电子在 K—G1—G2 空间与氩原子发生了非弹性碰撞，则电子本身剩余的能量小于 eU_{G2A}，电子不能达到板极，板极电流将会随栅极大于增加而减少。整个管内的电位分布如图 4.7-8 所示。

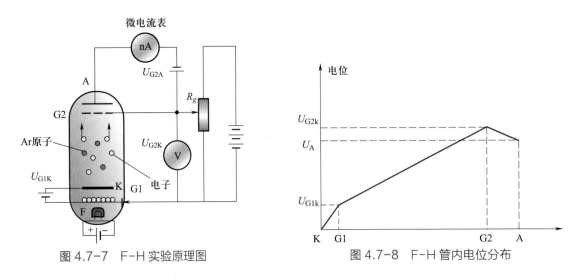

图 4.7-7　F-H 实验原理图　　　　图 4.7-8　F-H 管内电位分布

实验时使 U_{G2K} 逐渐增加，板极 A 电流的变化如图 4.7-9 所示。随着 U_{G2K} 的增加，电子能量增加，当电子与氩原子碰撞后还留下足够的能量，可以克服 G2—A 空间的减速电场而到达板极 A 时，板极电流又开始上升。如果电子在 K—G1—G2 空间得到的能量 $eU = 2\Delta E$ 时，电子在 K—G1—G2 空间会因二次非弹性碰撞而失去能量，造成第二次板极电流下降。在 U_{G2K} 较高的情况下，电子在跑向栅极的过程中，将与氩原子发生多次非弹性碰撞。只要 $U_{\mathrm{G2K}} = nU_0(n=1,2,\cdots)$，就发生这种碰撞，在 $I_{\mathrm{A}} \sim U_{\mathrm{G2K}}$ 曲线上将出现多次下降，曲线的极大极小出现明显的规律性，它是特定能量被反复吸收的结果。原子在与电子碰撞的过程中只吸收特定能量而不吸收任意能量，正是原子能量量子化的充分体现。对于氩原子，曲线上相邻两峰（或谷）对应的 U_{G2K} 之差，即为原子的第一激发电位 U_{g}。

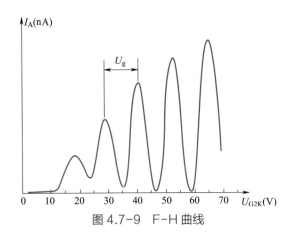

图 4.7-9　F-H 曲线

实验方案

本实验的原理图如图 4.7-10 所示。

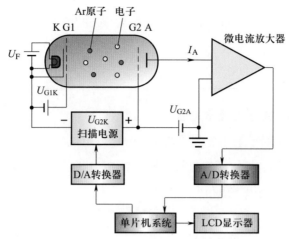

图 4.7-10　MCFH20A F-H 实验仪原理图

由于 F-H 管输出的阳极电流 I_A 强度非常微弱，一般在几纳安到几十纳安之间。我们采用输入阻抗极高的 JFE 管为输入的运算放大器作为电流－电压转换电路，再经过一级电压放大将 I_A 信号送入 AD 转换器。在电路中采用适当的滤波措施，降低了 50 Hz 的电源干扰。

F-H 管正常工作需要多组电源，如图 4.7-10 所示，其中，U_F：1.3～4.5 V，用作灯丝电源；U_{G1K}：0～4.5 V，提供第一栅极 G1 与阴极 K 之间的电位差；U_{G2A}：0～11 V，在第二栅极与 G2 和板极 A 之间建立一拒斥场。另外扫描电源 U_{G2K}：0～80 V，加在栅极 G2 和阴极 K 之间，建立一个加速电场。

MCFH20 型弗兰克－赫兹仪可以手动测量，也可以采用自动测量，参考本实验附录仪器操作。

实验器材

弗兰克－赫兹管、MCFH20 型弗兰克－赫兹仪、万用表。

实验内容及要求

1. 按要求布置好仪器（参看附录：MCFH20 型 F-H 实验仪工作原理及操作说明），打开 MCFH20 型弗兰克－赫兹仪，预热 10 分钟。

2. 仔细调整各电源电压，使 MCFH20 型弗兰克－赫兹仪显示出光滑的 F-H 曲线。

3. 测量氩原子的第一激发电位

4. 改变灯丝电压 U_F、拒斥电压 U_{G1}、第一阳极电压 U_A，重复进行实验测量，观察曲线各有什么变化，分析对弗兰克－赫兹（F-H）曲线产生影响的原因。

5. 将氩原子的第一激发电位的实验值与理论值（11.55 V）比较，做误差分析。

注意：

1. 仔细检查接线，使用 MCFH20 实验仪时，各路电压不得互换，极性不得接反，否则可能造成仪器损坏。

2. 注意不要超出 U_F，U_{G1}，U_A 电压的参考范围。

3. 自动测量时，"手动调节"旋钮应顺时针调到最小位置，否则扫描电压输出不准。

分析与思考

附录：MCFH 20 型 F-H 实验仪工作原理及操作说明。

1. 如何从本实验结果看出原子的能量是量子化的？
2. 灯丝电压对实验结果有什么影响？是否影响第一激发电位？
3. 弗兰克－赫兹管的阴极和栅极间的接触电位差对 F–H 曲线有何影响？
4. 如何测定较高激发电位或电离电位？

第5章 专题实验

5.1 电子特性

专题简介

1897 年英国著名物理学家约翰·汤姆孙（J.J.Thomson）发现了电子，1909 年美国物理学家密立根（R.A.Millikan）做了著名的油滴实验，测量了电子电荷、电子的质量、电子的荷质比，而且确定了电子电荷是电量的最小单位。

电子的质量很小，因此它有很大荷质比，其值是氢离子的荷质比的 1 840 倍，比其他元素特别是重元素的荷质比更要大得多。荷质比越大，电子束在电磁场中越容易被聚焦、偏转和加速。利用这些性能可以执行各种复杂的任务，制成性能优越的各种电子束器件和设备。例如，显像管和摄像管是一些电视的核心器件。它利用电子束的扫描来完成图像的同步记录、传输和显示。电子束器件还有示波管、图像增强器、光电倍增管、高速开关管、存储管和发射管等。

电子与其他粒子一样，具有粒子性和波动性，它的波长 $\lambda = \dfrac{h}{p}$，其中 h 是普朗克常量，p 是电子动能。当用 100 kV 电压加速电子时，其电子波长 $\lambda = 0.003\ 7$ nm，它是可见光波长的十万分之一，因此用电子束照射样品的电子显微镜可以观察物体的微观结构，其分辨率可接近 0.1 nm。电子束在电场加速下，可获得很大的能量，这种高能电子束可用来熔化、蒸发、焊接各种材料。在加速器中，用加速到极高能量的电子束轰击原子核和其他粒子进行高能物理的各种现象的研究。

本专题从认识电子的基本属性，即测定电子的电荷值入手，然后进一步研究电子的发射、电子在电场和磁场中的运动情况，从而对电子的特性有一个全面的认识，能够理解电子所涉及问题的广泛性和深刻性。

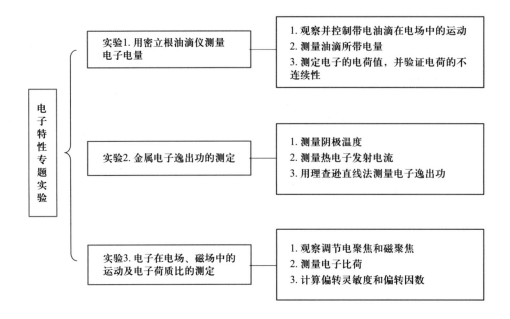

预习要点

本专题实验内容涉及"大学物理"课程中光电效应等内容；实验过程中将应用到直流伏特计、安培计、数字万用表、信号发生器等仪器的使用。

5.1.1 用密立根油滴仪测量电子电荷量

实验目的

1. 掌握用密立根油滴仪测量元电荷的方法。
2. 测定电子的电荷值，并验证电荷的不连续性。

实验仪器

密立根油滴仪，喷雾器，实验用油等。

实验原理

密立根花费数年进行油滴实验，1913 年他得到元电荷的数值为 1.592×10^{-19} C，略小于现在公认的元电荷值 $e = 1.602\ 176\ 53 \times 10^{-19}$ C。

用喷雾器将油滴喷入两块相距为 d 的水平放置的平行板之间，由于喷射时的摩擦，油滴一般带有电量 q。当平行板间加有电压 V，产生电场 E，油滴受电场力作用。调整电压的大小，使油滴所受的电场力与重力相

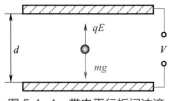

图 5.1-1 带电平行板间油滴的平衡

等，油滴将静止地悬浮在极板中间，如图 5.1-1 所示。此时

$$mg = qE = q\frac{V}{d} \quad \text{或} \quad q = \frac{mgd}{V} \tag{5.1-1}$$

其中 V、d 是容易测量的物理量，如果进一步测量出油滴的质量 m，就能得到油滴所带的电量。实验发现，油滴的电量是某最小常量的整数倍，即 $q = ne, n = \pm 1, \pm 2, \cdots$。这样就证明了电荷的不连续性，并存在着最小的电荷单位，即电子的电荷值 e。

设油滴的密度为 ρ，油滴的质量 m 可用下式表示

$$m = \frac{4}{3}\pi r^3 \rho \tag{5.1-2}$$

为测量 r，去掉平行板间电压。油滴受重力而下降，同时受到空气的黏性对油滴所产生的阻力。黏性力与下降速度成正比，也就是服从斯托克斯定律：

$$f_r = 6\pi r \eta v \tag{5.1-3}$$

式中 η 是空气黏度，r 是油滴半径，v 是油滴下落速度。油滴受重力 $\frac{4}{3}\pi r^3 \rho g$，当油滴在空气中下降一段距离时，黏滞阻力增大，达到二力平衡，油滴开始匀速下降。

$$\frac{4}{3}\pi r^3 \rho g = 6\pi r \eta v \tag{5.1-4}$$

解出油滴半径

$$r = \sqrt{\frac{9\eta v}{2\rho g}} \tag{5.1-5}$$

对于半径小到 10^{-6} m 的油滴，空气介质不能认为是均匀连续的，因而需将空气的黏度 η 修正为 $\eta' = \dfrac{\eta}{1+\dfrac{b}{pr}}$，式中 b 为一修正系数，p 为大气压强，于是可得

$$r = \sqrt{\frac{9\eta v}{2\rho g} \cdot \frac{1}{1+\dfrac{b}{pr}}} \tag{5.1-6}$$

$$m = \frac{4}{3}\pi \left(\frac{9\eta v}{2\rho g} \cdot \frac{1}{1+\dfrac{b}{pr}} \right)^{\frac{3}{2}} \cdot \rho \tag{5.1-7}$$

上式根号中还包含油滴半径 r，但因它是处于修正项中，不需要十分精确，故可将（5.1-5）式代入（5.1-7）式进行计算。

考虑到油滴匀速下降的速度 v 等于匀速下降的距离与经过这段距离所需时间的比值，即 $v = \dfrac{l}{t}$，得到：

$$m = \frac{4}{3}\pi\left(\frac{9\eta l}{2\rho gt} \cdot \frac{1}{1+\dfrac{b}{pr}}\right)^{\frac{3}{2}} \cdot \rho \qquad (5.1-8)$$

将上式代入（5.1-1）式可得：

$$q = ne = \frac{18\pi}{\sqrt{2\rho g}}\left[\frac{\eta l}{t\left(1+\dfrac{b}{pr}\right)}\right]^{\frac{3}{2}} \cdot \frac{d}{V} \qquad (5.1-9)$$

上式及（5.1-5）式就是本实验地所用的基本公式。

实验内容与步骤

1. 仪器调节

将工作电压选择开关置于"下落"位置，这时上、下电极板短路，并且不带电，油雾容易喷入。取下油雾室，检查绝缘环及上电极板是否放平稳，上电极板压簧是否和上电极板接触良好并将其压住。放上油雾室，并使喷雾口朝向右前侧，打开油雾室的油雾孔开关以便喷油。

将仪器放平稳，调整两只调平螺丝使水准泡指示水平，这时油滴盒处于水平状态。

打开电源开关，微调 CCD 镜头焦距使分划板刻线清晰。

2. 油滴观察与运动控制

竖拿喷雾器，对准油雾室的喷雾口轻轻喷入少许油滴（喷一下即可），微调测量显微镜的调焦手轮，使监视器上油滴清晰，此时视场中的油滴如夜空繁星。如果视场不够明亮，或视场上、下亮度不均匀，可调整发光二极管的方向使视场和油滴清晰明亮。取下油雾室调整发光二极管时，应将工作电压选择开关放在"下落"位置，以防触电。

将工作电压选择开关拨到"平衡"位置，在平行极板上加 250 V 左右的工作电压，观察油滴的运动情况；选择一颗清晰的油滴（不宜太大），调节工作电压大小，观察油滴运动速度的变化，直至油滴平衡不动为止；将选择开关拨到"提升"位置，把油滴提升到视场上方，然后再将选择开关置于"下落"挡，油滴开始下落，并测量油滴下落一段距离所用的时间。对一颗油滴反复进行"平衡""提升""下落""计时"等操作，以便能熟练控制油滴。

3. 正式测量

由（5.1-9）式可知，进行本实验要测量的只有两个量，一个是平衡电压 V，另一个是油滴匀速下降一段距离 l 所需要的时间 t。测量平衡电压必须经过仔细调节，将油滴悬于分划板上某条横线附近，以便准确判断出这颗油滴是否平衡了。

选择大小合适的油滴是实验的关键。大而亮的油滴，因其质量大，油滴带电量也多，匀速下落一定距离的时间短，从而增加测量和数据处理误差。而过小的油滴布朗运动明显，且不易观察。可选择平衡电压为200～300 V，匀速下落2 mm所用时间约20 s的油滴作为待测对象较好。测量油滴匀速下降一段距离l所需的时间t时，为保证油滴下降时速度均匀，应先让它下降一段距离后再测量时间。选定测量的一段距离应该在平行极板之间的中央部分，若太靠近上极板，小孔附近有气流，电场也不均匀，会影响测量结果。太靠近下极板，油滴容易丢失，影响重复测量。油滴平衡后，通过"提升"挡电压将油滴提升到合适位置，让油滴下落一小段距离后开始计时，测出油滴匀速运动距离l所用的时间t。接着再加上平衡电压，否则油滴很快消失，影响测量。

本实验中已知：

油的密度　$\rho = 981 \text{ kg/m}^3$　　空气黏度　$\eta = 1.83 \times 10^{-5} \text{ kg/(m} \cdot \text{s)}$

重力加速度　$g = 9.80 \text{ m/s}^2$　　修正常量　$b = 6.17 \times 10^{-6} \text{ m} \cdot \text{cmHg}$

大气压强　$p = 76.0 \text{ cmHg}$　　平行极板间距　$d = 5.00 \times 10^{-3} \text{ m}$

将以上数据代入公式得油滴所带电量为：

$$q = \frac{1.6 \times 10^{-10} \times l^{3/2}}{\left[t \left(1 + 8.76 \times 10^{-4} \sqrt{\dfrac{t}{l}} \right) \right]^{3/2}} \cdot \frac{1}{V} \tag{5.1-10}$$

显然，由于油滴的密度ρ，空气黏度η都是温度的函数，重力加速度和大气压又随实验地点和条件而变化，因此，上式的计算是近似的。但一般条件下，这样的计算引起的误差仅有1%左右，带来的好处是运算大为简化。

由于实验的统计涨落现象显著，对于同一颗油滴应进行6～10次测量，而且每次测量都要重新调整平衡电压，并记录此电压值。同时还应该分别对6～10颗油滴进行反复的测量。

注意事项

1. 每次计时之后，及时控制油滴不要丢失，眼睛离开显微镜时，一定使油滴静止。油滴升降运动时必须不停地注视，以免油滴跑得太高和太低，以致逃出视野甚至丢失。若停止观察时间略长，则应把油滴稳定在电场上部，但不可停止观察太久。

2. 油滴选定之后，应及时关闭电极进油孔，再开始正式测量。

3. 为使平衡电压测量值准确，应适当延长观察平衡状态的时间。

4. 在测量过程中，不断校准平衡电压，每一次测量都要记录平衡电压值。若发现平衡电压有明显改变，则应作为一颗新的油滴记录其测量数据。

5. 由于实验中喷出的油滴是非常微小的，难于捕捉、控制和测量，因此做本实验时，特别要有严谨的科学态度，严格的实验操作，准确的数据处理，才能得到比较好的实验结果。

基本要求

1. 观察并控制带电油滴在电场中的运动

2. 根据公式（5.1-10）计算 6 颗以上不同油滴所带电量。注意：所选油滴的平衡电压和下落速度应该有所区别，否则所有油滴都带相同的电荷，无法验证油滴所带电荷是电子电荷的整数倍。

3. 测定电子的电荷值，并验证电荷的不连续性。

4. 为了证明电荷的不连续性和所有电荷都是基本电荷 e 的整数倍，并得到基本电荷 e 值，我们应对实验测得的各个电量 q 求最大公约数。这个最大公约数就是元电荷，也就是电子的电荷值。但是初学者可以用"倒过来验证"的办法进行数据处理。即用公认的电子电荷值 $e = 1.602 \times 10^{-19}$ C 去除实验测得的电量 q，得到很接近于某一个整数的数值（如果和整数值相差较大，则应舍去），然后取其整数，这个整数就是油滴所带的基本电荷数目 n。再用这个 n 去除实验测得的电量，即得电子的电荷值 e，求出 $\bar{e}$ 并与公认值比较。

5. 数据表格由同学自行设计，应使其合理而明显地表达出测试结果。对实验结果给出合理的评价（考虑实验误差）。

分析与思考

1. 未加电压情况下，一个油滴下落极快或极慢的原因是什么？对测量带来什么影响？

2. 若一个油滴所需平衡电压太大或太小，各说明了什么？

3. 在一个油滴测量过程中，发现所加平衡电压有显著变化，说明什么？如果平衡电压须在不大范围内逐渐减小，又说明什么问题？

4. 观察中发现油滴形象变模糊，是什么问题？为什么会发生？如何处理？

5. 根据你的实验数据，求出自由下落同样距离，所需时间最多和最少的两个油滴的半径和质量。说明时间差别较大的原因。

附录：MOD-5 型油滴仪。

6. 利用某一颗油滴的实验数据，计算出作用在该油滴上的浮力，将其大小与重力、黏性力、电场力相比较。

5.1.2　金属电子逸出功的测定

实验目的

1. 了解金属电子逸出功的概念和用热发射法测量逸出功的方法。
2. 学习掌握用直线拟合法和外推法处理数据。
3. 学习不同方法测量温度。

实验仪器

理想二极管、光测高温计、逸出功测定仪、直流伏特计（0～150 V），直流安培计（0～1 A），数字万用表。

电子从被加热的金属中发射出来的现象称为热电子发射。热电子发射的性能与金属材料的逸出功有关。所谓金属电子的逸出功，就是电子由金属内部逸出所做的功。在现代技术中制作电真空元器件（如阴极射线管），选择阴极材料时，一个重要的物理参量就是逸出功。本实验通过对热电子发射规律的研究，可以测定阴极材料的逸出功，为选择合适的阴极材料提供依据。

1. 电子的逸出功

根据固体物理学中金属电子理论，金属中动能在 $E—E+\mathrm{d}E$ 之间的传导电子的数目为

$$\mathrm{d}N/\mathrm{d}E = \frac{4\pi}{h^3}(2m)^{3/2}E^{1/2}\left[\exp\left(\frac{E-E_f}{kT}\right)+1\right]^{-1} \quad (5.1-11)$$

式中 E_f 为费米能级，m 为电子质量，k 为玻耳兹曼常量，h 为普朗克常量。

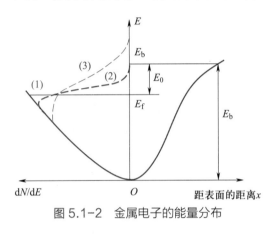

图 5.1-2　金属电子的能量分布

在绝对零度时电子的能量分布 $\mathrm{d}N/\mathrm{d}E$ 如图 5.1-2 曲线（1）所示。这时电子所具有的最大能量即为 E_f。当温度较高（$T>0\ \mathrm{K}$）时，电子能量分布曲线如图 5.1-2 中曲线（2）、（3）所示。其中少数电子具有比 E_f 更高的能量，而这部分电子的数量随能量的增加按指数规律减少。

在通常温度下由于金属表面存在一个厚约 $10^{-10}\ \mathrm{m}$ 电子 - 正电荷偶电层，即金属表面与外界（真空）之间存在一个势垒 E_b，阻碍电子从金属表面逸出。因此，电子要从金属中逸出，至少要具有 E_0 动能。从图 5.1-2 可见，在绝对零度时，这一能量为

$$E_0 = E_b - E_f = e\varphi \quad (5.1-12)$$

E_0（或 $e\varphi$）称为金属电子逸出功，其常用单位为电子伏特（eV），它表征要使处于绝对零度下的金属中具有最大能量的电子逸出金属表面所需要的能量。φ 称为逸出电势，其数值等于以电子伏特为单位的电子逸出功。

2. 热电子发射法测量金属逸出功的原理

在高真空的电子管中，一个由待测金属丝做成的阴极 K，通过电流加热，在阳极上加上正电压，在连接这两个电极的外电路中有电流通过，如图 5.1-3 所示，这种现象称为热电子发射。热电子发射是用提高阴极温度的办法来改变电子的能量分布，使其中一部分电子的能量大于 E_b，这样部分电子就可以从金属中发射出来。因此，逸出功 $e\varphi$ 的大小，对热电子发射的强弱，具有决定性作用。可以导出热电子发射规律遵从理查逊 - 杜西曼公式

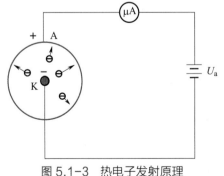

图 5.1-3　热电子发射原理

$$I = AST^2 \exp\left(-\frac{e\varphi}{kT}\right) \tag{5.1-13}$$

式中 I 是热电子发射的电流强度，A 是和阴极表面化学纯度有关的系数，S 是阴极的有效发射面积，T 是热阴极的热力学温度，k 是玻耳兹曼常量（$k = 1.38 \times 10^{-23}\ \mathrm{J \cdot K^{-1}}$）。

原则上我们只要测定 I、A、S 和 T，就可以根据（5.1-13）式计算阴极材料的逸出功。但是 A 和 S 这两个量是难以直接测定的，一般在逸出功测量中常用理查逊法解决这一难题。

理查逊直线法

将（5.1-14）式两边同除以 T^2，再取对数得：

$$\lg \frac{I}{T^2} = \lg AS - \frac{e\varphi}{2.30KT} = \lg AS - 5.04 \times 10^3 \varphi \frac{1}{T} \tag{5.1-14}$$

由此可见，$\lg \dfrac{I}{T^2}$ 与 $\dfrac{1}{T}$ 呈线性关系。如果以 $\lg \dfrac{I}{T^2}$ 为纵坐标，以 $\dfrac{1}{T}$ 为横坐标作图，由此所得直线的斜率，即可求出电子的逸出电位，而不必再测量 A 和 S。这种方法就叫作理查逊直线法。

3. 理想（标准）二极管与热电子发射

实验中所用的电子管为直热式理想二极管。其阴极由直线钨丝制成，并把阳极设计成与阴极同轴的圆柱系统，如图 5.1-4 所示。所谓"理想"是把待测的阴极发射面限制在温度均匀的一定长度内和近似地把电极看成是无限长的，即无边缘效应的理想状态。为了避免阴极 K 的两端温度较低和电场不均匀等边缘效应，在阳极 A 两端各装一个保护电极 B，它们在管内相联后再引到管外，但阳极和它们绝缘。因此保护电极虽和阳极相同的电压，但其电流并不包括在被测热电子发射电流中。在阳极上开有一个小孔，通过它可以看到阴极，以便用光测高温计测量阴极温度。

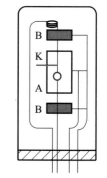

图 5.1-4　理想二极管结构

由于阴极阳极做成共轴柱形，忽略空间电荷、接触电势差等因素的影响，阴极和阳极间的加速电场为

$$E_{\mathrm{a}} = \frac{U_{\mathrm{a}}}{r_1 \ln(r_2/r_1)} \tag{5.1-15}$$

式中 r_1 和 r_2 分别为阴极和阳极半径，U_{a} 为加速电压。阴极发射的电子在加速电场的作用下向阳极运动，产生电流。

4. 热电子发射电流 I 的测量

（5.1-14）式中的 I 是在阴极与阳极间不存在加速度电场情况下的热电子发射电流。然而，为了维持阴极和阳极间有一恒定的电流，又必须在阳极和阴极间加一个加速电场 E_{a}。而 E_{a} 的存在又会使阴极表面的势垒降低 E_{b}，造成逸出功减小，发射电流增大，这就是肖特基效应，由于肖特基效应我们无法直接测量 I。

可以证明，在加速电场 E_{a} 作用下，阴极发射电流与 I_{a} 与 E_{a} 有如下关系：

$$I_a = I \exp\left(0.440\sqrt{E_a}/T\right) \qquad (5.1\text{-}16)$$

对（5.1-16）式取对数，使曲线取直，则有：

$$\lg I_a = \lg I + \frac{0.440}{2.30T}\sqrt{E_a} \qquad (5.1\text{-}17)$$

将（5.1-15）式代入（5.1-17）式得：

$$\lg I_a = \lg I + \frac{0.440\sqrt{U_a}}{2.30T\sqrt{r_1\ln(r_2/r_1)}} \qquad (5.1\text{-}18)$$

由（5.1-18）式可见，对于一定尺寸的二极管，当阴极的温度一定时，$\lg I_a$ 和 $\sqrt{U_a}$ 呈线性关系。如果以 $\lg I_a$ 为纵坐标，以 $\sqrt{U_a}$ 为横坐标作图（如图 5.1-5 所示），并将此直线外推与纵轴相交，得到 $\lg I$，求反对数，即可定出在一定温度下，加速电场为零时的发射电流 I。

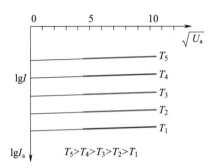

图 5.1-5　外推法求零电场电流

综上所述，要测定金属材料的逸出功，首先应该把被测材料做成二极管的阴极。当测定了阴极温度 T，阳极电压 U_a 和阳极电流 I_a 后，通过上述的图解法，得到零场电流 I 的对数值 $\lg I$。再根据（5.1-14）式，即可求出逸出功 $e\varphi$（或逸出电势 φ）。

实验内容与步骤

1. 熟悉仪器装置，按图 5.1-6 连接电路，检查无误后，接通电源，预热 10 分钟。

2. 理想二极管灯丝电流 I_f 从 0.50～0.80 安培之间变化，根据灯丝电流与温度关系对照表选择电流进行测温。

3. 对应每一阴极电流（T 一定），在阳极上分别加 25 V,36 V,49 V,…,144 V 等电压，测量不同加速电压 U_a 下的阳极电流 I_a。由测试数据作 $\lg I_a$-$\sqrt{U_a}$ 图线，用外推法求出截距 $\lg I$，进而求出 I。

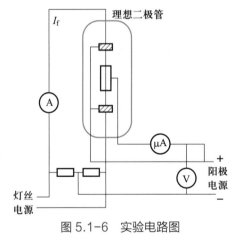

图 5.1-6　实验电路图

4. 根据所得值 I 及值 T，作图线 $\lg \dfrac{I}{T^2} \sim \dfrac{1}{T}$，由图线上求出逸出功值 $e\varphi$ 并与公认值（4.54 eV）比较。

基本要求

1. 测量阴极温度。
2. 测量热电子发射电流。
3. 用理查逊直线法测量电子逸出功。

分析与思考

1. 什么是理查逊直线法，怎样应用它测得逸出功，优点是什么？

2. 怎样测准零场发射电流？

3. 比较热电子发射和光电子发射的异同点，是否可用光电效应法测定金属电子的逸出功？

选读：阴极（灯丝）
温度 T 的测定。

5.1.3　电子在电场和磁场中的运动及电子荷质比的测定

实验目的

1. 掌握电子在电场和磁场中的运动规律及电、磁聚焦和电、磁偏转的基本原理。

2. 学习电子电、磁聚焦和电、磁偏转的实验方法。

3. 测定电子比荷。

实验仪器

示波管。

实验原理

电子具有一定的质量与电量。它在电场或磁场中运动时会受到电、磁场的作用，使自己的运动状态发生变化，产生聚焦或偏转现象。利用聚焦偏转现象可以研究电子自身的性质，例如可以测定电子比荷（也称为荷质比），即单位质量带有的电荷 e/m。此外示波器的示波管、电视机显像管也是利用电子在电、磁场中的聚焦、偏转性质工作的。

实验所用的 SJ31 型示波管的构造如图 5.1-7 所示。

亮度调节：阴极 K 是一个表面涂有氧化物的金属圆筒，经灯丝加热后可以发射自由电子。电子在外电场作用下定向运动形成电子流。栅极 G 为顶端开有小孔的圆筒，其电位比阴极低，使阴极发射出来具有一定初速度的电子在电场作用下减速。初速小的电子被斥返回阴极，初速大的电子可以

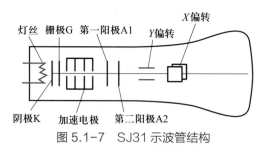

图 5.1-7　SJ31 示波管结构

穿过栅极小孔射向荧光屏。这样调节栅极电压可以控制射向荧光屏的电子数量，从而控制荧光屏上光点的亮度，这就是亮度调节。

电聚焦：电子束电聚焦原理如图 5.1-8 所示。在示波管中，阴极 K 经灯丝加热发射电子，第一阳极 A1 加速电子，使电子束通过栅极 G 的空隙，由于栅极电位与第一阳极电位不等，在它们之间的空间便产生电场，这个电场的曲度像一面透镜，它使由阴极表面不同点发出的电子在栅极前方会聚，形成一个电子聚焦点。由第一阳极和第二阳极组成的电聚焦系统，就把上述聚焦点成像在示波管的荧光

屏上。由于该系统与凸透镜对光的会聚作用相似，所以通常称之为电子透镜。

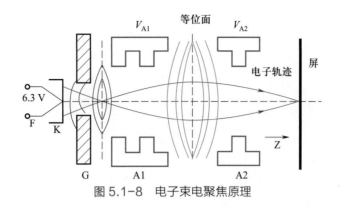

图 5.1-8　电子束电聚焦原理

电子束通过电子透镜能否聚焦在荧光屏上，与第一阳极 V_{A1} 和第二阳极 V_{A2} 的单值无关，仅取决于它们之间的比值。改变第一阳极和第二阳极的电位差，相当于改变电子透镜的焦距，选择合适 V_{A1} 与 V_{A2} 的比值，就可以使电子束的成像点落在示波管的荧光屏上。

在实际示波管内，由于第二阳极的特点结构，使之对电子直接起加速作用，所以称为加速极。第一阳极主要是用来改变 V_{A1} 与 V_{A2} 比值，便于聚焦，故又称聚焦极。改变 V_{A2} 也能改变比值 V_{A1}/V_{A2}，故第二阳极又能起辅助聚焦作用。

磁聚焦：若将加速电极、第一阳极、第二阳极、X 和 Y 方向偏转电极全部连在一起，相对阴极加同一高电压（如图 5.1-9 所示），这样离开第一焦点后发散的电子射线一进入加速电极就在零电场中做匀速运动。由于没有聚焦电场，电子不能在第二焦点聚焦。若沿电子前进方向加一磁感应强度为 B 的均匀磁场，电子离开栅极后就在此磁场中运动。电子受洛仑兹力作用

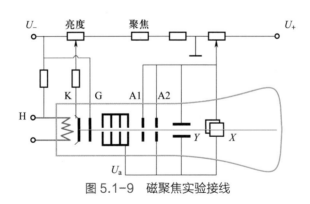

图 5.1-9　磁聚焦实验接线

$$F = -ev \times B \tag{5.1-19}$$

设电子速度稍微偏离轴线，该速度矢量分解出 $v_\perp$ 和 $v_{/\!/}$ 两个分量。其中水平分量 $v_{/\!/} \approx v$ 平行于磁场方向，电子在该方向的运动不受磁场力影响。垂直于磁场方向，电子受力为 $F = ev_\perp B$，力的方向垂直于 $v_\perp$ 的方向，是向心力。电子在此向心力作用下作匀速圆周运动，见图 5.1-10。洛仑兹力与向心力相等

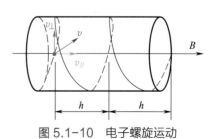

图 5.1-10　电子螺旋运动

$$ev_{\perp}B = m\frac{v_{\perp}^2}{R} \qquad (5.1-20)$$

电子运动轨道半径为

$$R = \frac{mv_{\perp}}{eB} \qquad (5.1-21)$$

圆周运动周期与速度无关，为

$$T = \frac{2\pi R}{v_{\perp}} = \frac{2\pi m}{eB} \qquad (5.1-22)$$

电子一方面沿轴线方向做匀速直线运动，一方面绕轴线作匀速圆周运动，合成运动轨迹是一条螺线。电子离开第一焦点后方向略有区别，但方向是近轴的，$v_{/\!/} \approx v$ 基本相同，经过一个周期后，各电子沿轴线运动的距离相同。也就是说离开第一焦点的射线又将会聚在

$$h = v_{/\!/}T = \frac{2\pi m}{eB}v_{/\!/} \qquad (5.1-23)$$

处，h 即为螺旋线的螺距。h 点或 h 点的整数倍处也相当于是焦点。调整磁场 B 使 kh（k 为正整数）等于第一焦点至荧光屏的距离 l_0，就是磁聚焦。

电子比荷的测量：电子的速度由加速电压 U_a 决定（电子离开阴极时的初速度很小，可以忽略），即 $\frac{1}{2}mv^2 = eU_a$。电子偏离轴线很小，所以 $v_{/\!/} \approx v = \sqrt{\dfrac{2eU_a}{m}}$

聚焦时

$$l_0 = kh = \frac{2\pi k}{B}\sqrt{\frac{2mU_a}{e}} \qquad (5.1-24)$$

得到电子比荷为

$$\frac{e}{m} = \frac{8\pi^2 U_a}{l_0^2 B^2}k^2 \qquad (5.1-25)$$

示波管的磁场来源于套在其外部的螺线管。对于长度为 L，直径为 d，单位长度的匝数为 n，励磁电流强度为 I 的薄螺线管（严格应按多层螺线管公式计算），轴线中点的磁感应强度为

$$B = \mu_0 nI\frac{L}{\sqrt{d^2 + L^2}} \qquad (5.1-26)$$

电子射线的电偏转：示波管第二阳极后面有两对偏转板。上下相对放置的是 Y 方向偏转板，水平相对放置的是 X 方向偏转板（见图 5.1-11）。当偏转板上加以偏转电压 V 时，电子受力向正极偏转。当加到偏转板上的是直流电压时，示波管上可以看到一个发生了偏转的亮点。当所加电压是交流电压时，示波管上看到的是一条亮线。

可以证明（推导见选读部分），加在偏转板上的电压 V 越大，荧光屏上光点的位移也越大，两者呈线性关系。比例常数在数值上等于偏转板加单位偏转电压时光点位移的大小，称之为偏转灵敏度，用 S 表示，单位为 cm/V。偏转灵敏度的倒数为偏转因数，单位为 V/cm。X 方向和 Y 方向的偏转灵敏度和

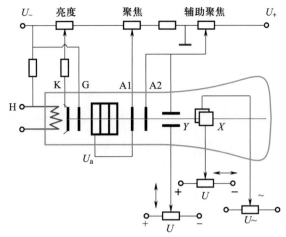

图 5.1-11　电场偏转接线

偏转因数可分别表示为

$$S_x = \frac{x}{V_x}, \quad S_y = \frac{y}{V_y}, \tag{5.1-27}$$

$$\frac{1}{S_x} = \frac{V_x}{x}, \quad \frac{1}{S_y} = \frac{V_y}{y}, \tag{5.1-28}$$

电子射线的磁偏转：垂直于轴线方向加一磁场如图 5.1-12 所示，电子在洛仑兹力作用下发生偏转。电子运动轨道半径为 $R = \frac{mv}{eB}$。示波管中偏转角 θ 很小，$\tan\theta = \frac{b}{R} = \frac{y}{L}$，又有 $\frac{1}{2}mv^2 = eU_a$，可得偏转时光点位移：

$$y = \sqrt{\frac{e}{2mU_a}}\, bLB \tag{5.1-29}$$

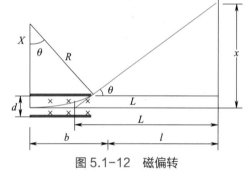

图 5.1-12　磁偏转

产生 B 的线圈有多种形式，例如在电视机显像管外采用的马鞍形偏转线圈，既能紧贴显像管径，又能产生均匀磁场。本实验中采用亥姆霍兹线圈挂在长直螺线管的两侧以获得磁场。亥姆霍兹线圈产生的磁感应强度 $B = k_0 I$。I 是励磁电流，常量 k_0 由亥姆霍兹线圈的匝数和几何参量决定，数值由实验室提供。

磁偏转可以得到较大的偏转角度，从而适于大屏幕显示的需要，故显像管都采用磁偏转。但是磁偏转线圈有较大的电感和较大的分布电容，不利于在高频下使用，所以示波管都采用电偏转。

实验内容与步骤

1. 观察调节显示亮度。

2. 观察调节电聚焦。

3. 观察调节磁聚焦。

4. 测量电子比荷。

如图 5.1-9 所示连接电路。选定加速电压 U_a，实验中可选为 800～900 V。注意改变加速电压后亮点的亮度会有变化。勿使亮点过亮，不仅保护仪器，同时也便于判断聚焦质量。

由零开始向上调节励磁电流以产生磁场。第一次聚焦时测量电流 I_1 共 6 次，求平均值。代入公式求比荷。

调大电流第二次、第三次聚焦。分别测量电流 I_2、I_3 各 6 次，求各自电流平均值，分别计算比荷。

将螺线管电流反向再做一次实验。求比荷平均值。

5. 测量偏转灵敏度和偏转因数。

如图 5.1-11 所示连接电路。选定加速电压。测定亮线长为 1 cm，2 cm，…，5 cm 时对应的偏转电压 V，计算偏转灵敏度和偏转因数。分别进行 X，Y 两个方向的测量（Y 方向只做到偏转 4 cm）。

选做：研究偏转灵敏度与加速电压的关系。

实验参数

第一焦点至荧光屏的距离 $l_0 = 0.199$ m，螺线管线圈长度 $L = 0.260$ m，螺线管总匝数 $N = nL = 1\ 596$，外直径为 0.098 m，内直径为 0.090 m，可以用平均直径代入公式计算磁场。

基本要求

1. 观察调节电聚焦和磁聚焦。
2. 测量电子比荷。
3. 计算偏转灵敏度和偏转因数。

分析与思考

1. 从实验仪器和实验方法上分析产生实验误差的原因，提出改进意见。

2. 在电偏转的基础上，再加一与电场垂直的磁场，电子在互相垂直的电场和磁场的共同作用下产生偏转，这就是正交电磁场实验方法。英国物理学家 J.J. 汤姆孙用这种方法于 1897 年在英国卡文迪许实验室测定了电子比荷，为此于 1906 年获诺贝尔物理学奖。试推导实验公式，拟定实验方案。

选读：电子射线电偏转量的推导。

小结与扩展

作为构成物质的基本粒子之一，人们对于电子的研究从未停止过。本专题实验是围绕电子及电子的特性而开设的，实验内容涉及和电子相关的不同问题，希望通过本专题实验，能够对于电子问题获得更深入更广泛地理解。实验 1 和实验 3 测量了电子的电量及比荷，这既是电子的基本属性，也属于基本物理常量；实验 2 研究了通过加热金属使电子逸出的热电子发射方法；实验 3 研究了电子在电场和磁场中的运动。

阴极射线是低压气体放电过程出现的一种现象，电子的发现直接与阴极射线的研究有关。1858 年，德国物理学家普吕克尔（J. Plucker，1801—1868）在观察放电管中的放电现象时，发现正对阴极的管壁发出绿色的荧光。

围绕阴极射线由什么组成的问题，科学家提出了不同的猜想：1876 年，德国物理学家戈尔茨坦（E. Goldstein，1850—1930）根据这一射线会引起化学作用的性质，判断它是类似于紫外线的以太波。这一观点后来得到赫兹（H.Hertz，1857—1894）等人的支持；1871 年，英国物理学家瓦尔利（C.F.Varley，1828—1883）从阴极射线在磁场中发生偏转的事实，提出这一射线是由带负电的物质微粒组成的设想。他的主张得到克鲁克斯（W. Crookes，1832—1919）和舒斯特的赞同。

"以太说"和"带电微粒说"形成了两种对立的观点。为了找到有利于自己观点的证据，双方都做了大量实验。如戈尔茨坦的光谱实验、赫兹的真空管中电流分布的实验、勒纳德的铝窗实验以及佩兰测阴极射线的电荷实验等。

对阴极射线的本性做出正确答案的是英国剑桥大学卡文迪什实验室教授 J.J. 汤姆孙（J. J. Thomson，1856—1940），他从 1890 年起，就带领自己的学生研究阴极射线。克鲁克斯和舒斯特的思想对他很有影响。他认为带电微粒说更符合实际，决心用实验进行周密考察，找出确凿证据。为此，他进行了以下几方面实验：

（1）直接测阴极射线携带的电荷；

（2）使阴极射线受静电作用偏转；

（3）用不同方法测量阴极射线的荷质比；

（4）证明电子存在的普遍性。

1897 年他在论文中指出：根据实验数据可以计算出一个粒子所带的电荷与其质量的比值，即荷质比（e/m）。他发现由不同物质制成阴极，应用不同的电压，管内充以不同气体，阴极射线都具有相同的 e/m 值。显然，这种带负电的微粒是一切物质所共有的基本微粒。他称这种带负电荷的微粒为电子。1897 年汤姆孙的发现，使人类认识了第一个基本粒子，同时打破了原子不可再分的传统观念，这在物理学史上是有划时代意义的。1906 年，汤姆孙由于在气体导电方面的理论和实验研究而荣获诺贝尔物理学奖。

后来，密立根设计并进行了多年的油滴实验，不仅证明了电荷的不连续性，而且测出了基本电荷的精确数值。他的测量结果最终结束了关于对电子离散性的争论，并使许多物理常量的计算获得较高的精度。他的求实、严谨细致、富有创造性的实验作风也使其成为物理界的楷模。与此同时，他还致力于光电效应的研究，经过细心认真的观测，1916 年，他的实验结果完全肯定了爱因斯坦光电效应方程，并且测出了当时最精确的普朗克常量 h 的值。由于上述工作，密立根赢得 1923 年诺贝尔物理学奖。

参考资料：

1. 谢行恕，康士秀，霍剑青 . 大学物理实验　第 2 册 . 北京：高等教育出版社，2005

2. 周殿清 . 大学物理实验 . 武汉：武汉大学出版社，2005

3. 柴成钢，罗贤清，丁儒牛等 . 大学物理实验 . 北京：科学出版社，2004

5.2 波的衍射

专题简介

尽管人们很早就观察到了很多光学现象，但是对光的本质的认识却经过了一个相当漫长的道路。直到 1690 年惠更斯（C.Huygens，1629—1695）才提出了光的波动说，但是他仅仅把光解释成一种类似声波的在"以太"介质中传播的机械波。其后，关于光的干涉、衍射等性质的发现，证实了光具有波动性。19 世纪光的偏振性的发现表明光是一种横波。1860 年，麦克斯韦（C.Maxwell）建立了统一的电磁场理论，预言电磁波的存在，而光波只是一种特定波长的电磁波。1892 年赫兹（H. Hertz）用实验证实了麦克斯韦的预言。

现在所知，电磁波的波长范围在 $10^{-14} \sim 10^{4}$ m，其中可见光波长范围为 $3.9 \times 10^{-7} \sim 7.6 \times 10^{-7}$ m，微波波长范围在 $10^{-3} \sim 1$ m，X 射线在 $10^{-8} \sim 10^{-12}$ m。

20 世纪初量子理论的建立过程中使人们逐渐认识到光不仅具有波动性，也同时具有粒子性。1923 年，德布罗意（L.de.Broglie，1892—1987）想到既然传统概念的光波具有粒子性，那么传统概念上的粒子也应该具有波动性，提出了粒子的波粒二象性理论。薛定谔（E. Schrödinger）将这种波称为物质波。物质波的频率和波长为

$$\nu = \frac{E}{h}, \qquad \lambda = \frac{h}{p}$$

上式也经常表示成

$$\omega = \frac{E}{\hbar}, \qquad k = \frac{p}{\hbar}$$

其中 $k = \frac{2\pi}{\lambda}\boldsymbol{i}$，被称为波矢量，其方向是波的传播方向。

既然电磁波和物质波都是波，就都具有波的干涉、衍射等共性。通过对干涉、衍射现象的研究，可以更深刻地认识电磁波和物质波的本质。另一方面，在人们充分掌握了波动性质后，又能利用干涉、衍射现象作为手段研究、探查其他物理现象。本专题从光波的衍射性质入手，先了解衍射的一般性质，再学习各种波的衍射在测试和物质结构分析方面的应用。

专题安排

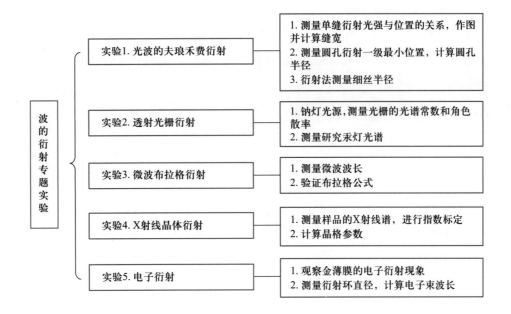

波的衍射专题实验
- 实验1. 光波的夫琅禾费衍射
  - 1. 测量单缝衍射光强与位置的关系，作图并计算缝宽
  - 2. 测量圆孔衍射一级最小位置，计算圆孔半径
  - 3. 衍射法测量细丝半径
- 实验2. 透射光栅衍射
  - 1. 钠灯光源，测量光栅的光谱常数和角色散率
  - 2. 测量研究汞灯光谱
- 实验3. 微波布拉格衍射
  - 1. 测量微波波长
  - 2. 验证布拉格公式
- 实验4. X射线晶体衍射
  - 1. 测量样品的X射线谱，进行指数标定
  - 2. 计算晶格参数
- 实验5. 电子衍射
  - 1. 观察金薄膜的电子衍射现象
  - 2. 测量衍射环直径，计算电子束波长

预习要点

1. 复习相关实验：分光计的调整和使用
2. 复习大学物理的相关内容：光的衍射、光栅、物质波

5.2.1　光波的夫琅禾费衍射

实验目的

1. 理解光波的单缝及圆孔夫琅禾费衍射原理。
2. 掌握测量单缝衍射光强分布的方法。
3. 学习用衍射方法测量细丝半径的方法。

实验仪器

激光器、衍射屏（包括单缝、圆孔、细丝）、透镜、光电池、电阻箱、检流计、MCDF20 单缝衍射仪。

实验原理

1. 夫琅禾费单缝衍射

惠更斯指出，波阵面 S 上的每一点都可以看成是一个子波的新波源。子波的传播方向可以偏离原入射波方向，使得光波可以绕过障碍物前进，这就是光的衍射现象。衍射物与光源及接收屏均无穷远时的衍射称为夫琅禾费衍射。实际实验时，既可利用透镜在焦平面上观察，也可不用透镜，在远大于波长位置处观察夫琅禾费衍射现象。

平行光经狭缝衍射，光屏上将出现一组明暗相间的条纹，其中除了按照光的直线传播原理得到的中央明纹外，在它的两侧还有一些宽度逐渐变窄的明纹，这就是光的单缝衍射现象。单缝衍射的示意图如图 5.2-1 所示。

可以证明，单缝衍射光强度分布可表示为

$$I = A^2 \left[\frac{\sin\left(\frac{\pi a}{\lambda}\sin\theta\right)}{\frac{\pi a}{\lambda}\sin\theta} \right]^2 \tag{5.2-1}$$

其中 a 为单缝宽度，θ 为衍射角，即衍射光和单缝平面法线的夹角。随衍射角度 θ 变化，屏上位置 x 变化，衍射强度发生强弱变化，产生衍射条纹。衍射强度分布曲线如图 5.2-2 所示。

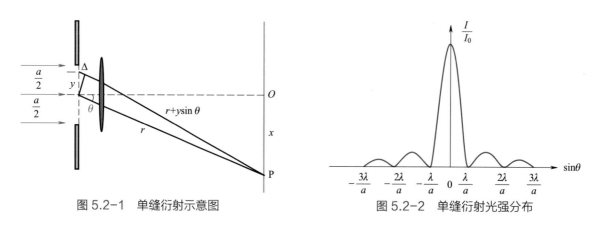

图 5.2-1　单缝衍射示意图　　　　　　图 5.2-2　单缝衍射光强分布

由衍射公式可得出如下结论：

（1）在 $\sin\theta = \pm n\frac{\lambda}{a}$（$n=1,2,3,\cdots$）处衍射强度为零，为暗条纹位置，分别对应 n 级最小。

（2）次级极大对应的衍射角

$$\sin\theta = \pm 1.43\frac{\lambda}{a}, \quad \pm 2.46\frac{\lambda}{a}, \quad \pm 3.47\frac{\lambda}{a}, \quad \cdots \tag{5.2-2}$$

可以计算出各次极大衍射强度依次为

$$\frac{I}{I_0} = 0.047, 0.017, 0.008, \cdots$$

其中 I 为各次极大对应的光强，I_0 为中央明纹光强极大值。

2. 夫琅禾费圆孔衍射

当衍射狭缝换成小圆孔时，也可以发生衍射，当圆孔与光源及接收屏均无穷远时就是夫琅禾费圆孔衍射。由于孔的中心对称性，屏上的衍射图形也具有中心对称性，所以圆孔衍射的图形是一组同心圆。可以计算出衍射光强度为

$$I = A^2 \left[1 - \frac{1}{2}m^2 + \frac{1}{3}\left(\frac{m^2}{2!}\right)^2 - \frac{1}{4}\left(\frac{m^3}{3!}\right)^2 + \cdots \right] \tag{5.2-3}$$

其中 $m = \frac{b\pi}{\lambda}\sin\theta$，$b$ 是圆孔半径。圆孔衍射的中央最大是一个圆斑，称为艾里斑。计算得出艾里斑对应的角度满足条件 $\sin\theta = 0.61\frac{\lambda}{b}$。

3. 互补物体的衍射

如果两个衍射物 A、B 互补，它们叠加起来就构成一个不透光的屏（如图 5.2-3 所示）。设 A、B 两衍射物在 P 点产生的光波场分别为 E_A 和 E_B，则 $E_A + E_B = 0$，即 $E_A = -E_B$。所以 $E_A^* \cdot E_A = E_B^* \cdot E_B$，互补两物产生的衍射波图形相同。这就是巴比涅定理。同理，直径为 a 的细丝与宽度为 a 的单缝产生的衍射图形完全一样。根据这一定理可以用衍射方法测量细丝的直径或薄带的宽度，采用这种方法测量可以避免接触式测量造成的样品变形。

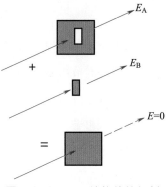

图 5.2-3 两互补物体的衍射

实验内容

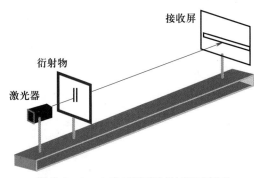

图 5.2-4 夫琅禾费衍射装置示意图

以激光作为光源，获得单色平行入射光。用光电池和 CCD 作为衍射光接收传感器进行实验。装置放在导轨上，也可以放在光学平台上。实验装置原理如图 5.2-4 所示。

1. 光电池测量光强度

硅光电池的短路电流与光强度成正比。测量时垂直于缝的方向移动光电池，以测量不同位置处的光强度。

由于光电流很微弱，可以采用检流计测量，其接线参考图如图 5.2-5 所示。检流计光标偏转幅度与光强度成正比。转动调节光电池位置的旋柄，使光敏器件的狭缝对准衍射图形的中央明纹，仔细确定中央明纹极大值 O 的位置读数 x_0，调整 R 使此时检流计读数 n_0 约为 100 格。然后向一侧（左侧和右侧均可）移动光电池进行测量。如向左移动，初始测量位置应在 x_0 点右侧，如向右移动，初始测量位置应在 x_0 点左侧，为的是峰值附近的点包含在测量中，以便确定光强最大值的点。采用光电池作为探测器件时，每移动光电池 0.2 mm 测量一次。在极值点附近要多测几个点，不受 0.2 mm 的限制，一直测到二级暗纹处。为了避免传动机构空程产生的位置读数误差，测量时螺杆只能沿一个方向转动。

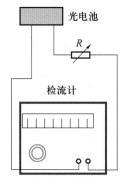

图 5.2-5 检流计接线

2. CCD 测量光强度

测量系统包括激光器、可调狭缝、CCD 测量系统和示波器等，如图 5.2-6 所示。CCD 测量系统由偏振片对、CCD 探头、CCD 驱动电路、信号处理电路和电源组成。偏振片对由一片偏振方向可调的偏振片和一片偏振方向固定的偏振片组成，用于调整入射到 CCD 上的光强。

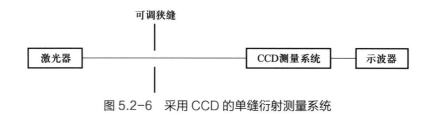

图 5.2-6 采用 CCD 的单缝衍射测量系统

CCD 的输出信号是各个像元依次输出每个像元的光强信号（电压），形成一系列脉冲串。经放大滤波后形成随时间变化的电压信号，时间与像元顺序成正比。因此用示波器 T-V 方式就可以显示出一维空间光强分布曲线。

实验调整要点：

（1）仪器与示波器的连接

使用双通道示波器，将仪器的"信号"端输入到示波器"CH1"通道，"触发"端输入"CH2"通道，触发源选 CH2。调整示波器触发电平，将 CH1、CH2 和时间轴设置到合适位置，使 CH2 在屏幕两侧显示出稳定的触发脉冲。

（2）调整光路

调整激光器、狭缝和 CCD 测量系统等高共轴。调节偏振方向，直到能看见 CCD 的探测区。调整光路，使被测光带进入 CCD 的探测区，在示波器中能观测到单缝衍射光强分布曲线（如图 5.2-2 所示）。如果曲线上方出现平顶，说明入射光太强，调整偏振方向，衰减入射光强。

（3）测量值的读出

示波器上显示的是光强的相对分布。在分布曲线上任取 15~20 个点，利用示波器读出每个点的坐标值，记下单缝到 CCD 的距离 L'，通过换算，在坐标纸上画出 $I/I_0 \sim \sin\theta$ 曲线。

> 注意：
> 1. 严禁将激光束直接射入 CCD 探测器。
> 2. 使用和保存时不要接触偏振片，擦拭时应采用擦拭光学镜头的方法。
> 3. 调整偏振方向时应缓慢旋转偏振片。

基本要求

1. 用光电池作为衍射光接收传感器，测出从中央明纹到二级暗纹处不同位置的光电流，做出 $I/I_0 \sim \sin\theta$ 曲线，利用暗纹（5.2-2）式计算缝宽 a，并求平均。将平均值和用读数显微镜测出的缝宽值作比较。

2. 用 CCD 作为衍射光接收元件，在示波器中观测单缝衍射光强分布曲线，记录数据，在坐标纸上画出 $I/I_0 \sim \sin\theta$ 曲线。

3.（选做）调节出圆孔衍射图形，测量一级最小位置（艾里斑半径），计算圆孔半径。

4.（选做）用衍射法测量细丝的半径。

1. 狭缝的宽、窄、方位和观察屏的远近对衍射图像有何影响？

2. 如果使用的光源有红光和蓝光，这两种光的中央明纹在同一位置吗？这两种光的 1 级明纹在同一位置吗？说明理由。

3. 入射光波长过大或过小对衍射图形有何影响？

5.2.2　透射光栅衍射

实验目的

1. 了解光栅衍射的特点。
2. 进一步掌握分光计的调整和使用。
3. 观察光栅的光谱特性，测定光栅常量及角色散率。

实验仪器

钠灯光源，汞灯光源，光栅，分光计。

实验原理

1. 单色光的衍射

多条等间距、等宽的平行细缝构成光栅。广义上说，任何可以周期性地分割波阵面的装置都能被用作光栅。光栅是进行光谱研究的重要分光元件。

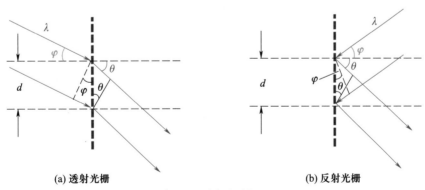

(a) 透射光栅　　　　　　(b) 反射光栅

图 5.2-7　光栅衍射原理图

如图 5.2-7（a）（b）所示分别是透射光栅和反射光栅原理图，图中只示意性画了三个相邻的缝。将入射光与光栅平面法线夹角定义为入射角，用 φ 表示。衍射光线与光栅法线夹角定义为衍射角，用 θ

表示。由图可知，当满足

$$d(\sin\theta \pm \sin\varphi) = m\lambda \quad (m \text{ 取整数})\tag{5.2-4}$$

时，两缝衍射相干叠加形成亮条纹。公式中正负号规则为：对透射光栅，入射光束与衍射光束在光栅法线同侧时取正号，异侧时取负号。对反射光栅，入射光束与衍射光束在光栅法线同侧时取负号，异侧时取正号。（5.2-4）式称为光栅方程。

在正入射情况，即 $\varphi = 0°$，设光栅细缝数目为 N，缝宽为 a，不透光部分宽度为 b，光栅常量为 $d = a + b$。任一点的衍射光强度为

$$I = A^2\left(\frac{\sin u}{u}\right)^2\left(\frac{\sin Nv}{\sin v}\right)^2\tag{5.2-5}$$

其中

$$v = \frac{ka}{2}\sin\theta = \frac{a\pi}{\lambda}\sin\theta\tag{5.2-6}$$

$$v = \frac{ka}{2}\sin\theta = \frac{a\pi}{\lambda}\sin\theta\tag{5.2-7}$$

由公式看出，光栅衍射是单缝衍射和多缝干涉的叠加，衍射光强度是单缝衍射和多缝干涉强度的乘积。

波长为 λ 的单色光入射时干涉因子 $\left(\frac{\sin Nv}{\sin v}\right)^2$ 产生的强度分布如图 5.2-8（a）所示，在两干涉极大峰之间存在许多次极大峰，干涉极大的条件

$$v = \frac{d \cdot \pi}{\lambda}\sin\theta = m\pi\tag{5.2-8}$$

即

$$d\sin\theta = m\lambda ,\tag{5.2-9}$$

上式即为 $\varphi = 0°$ 条件下的光栅方程。

单缝衍射因子 $\left(\frac{\sin u}{u}\right)^2$ 产生的强度分布如图 5.2-8（b）所示。光栅衍射强度项由两因子相乘，如图 5.2-8（c）所示，中央极大内包含了多个干涉主极大，且干涉主极大强度被衍射因子调制。

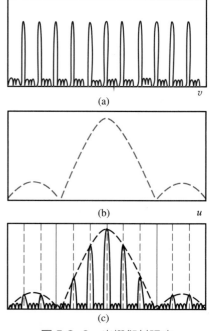

图 5.2-8 光栅衍射强度

2. 复色光的衍射

当入射光是各种波长的复色光时，经过光栅衍射，对于给定的衍射级数，一个波长对应一个角度，各波长的光按照不同的角度排列，形成光栅光谱。平行光经过一狭缝后成为线光源，线光源的光栅衍射使得短的衍射斑变成长的衍射线。复色线光源的衍射图形式如图 5.2-9 所示。从（5.2-4）式可以看出，对于同一 m 值，波长越长，衍射角越大，即衍射光谱沿角度增大方向从短波长向长波长排列。

光栅的角色散率是光栅元件的重要参量，在数值上等于波长差为 1 个单位的两单色光所分开的角间距，角色散率可以通过对光栅方程两边微分得到

$$D=\frac{\mathrm{d}\theta}{\mathrm{d}\lambda}=\frac{m}{d\cos\theta}\approx\frac{\Delta\theta}{\Delta\lambda}$$ （5.2-10）

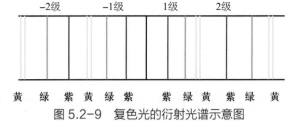

图 5.2-9　复色光的衍射光谱示意图

实验内容

根据光栅方程（5.2-9），如果已知入射光波长 λ，可通过测量衍射角 θ，得到光栅常量 d；反之，如果已知光栅常量 d，也可通过测量衍射角 θ 获得入射光波的波长。

本实验的关键测量值是衍射角，它可以用测角仪（如分光计）测量。

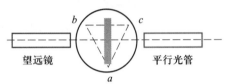

图 5.2-10　平行光垂直入射光栅

首先调节分光计的基本工作状态，然后在载物台上放置光栅，调节光栅的位置，使其满足：（a）平行光管发出的平行光垂直照射光栅；（b）光栅衍射的正、负极光谱线构成的平面应与分光计读数盘垂直，如图 5.2-10 所示。

基本要求

1. 使用钠灯光源（波长为 589.3 nm）测出一级谱线的衍射角，利用光栅方程计算光栅常量。

2. 使用汞灯光源，测量、研究光谱，画出光谱条纹角度位置，计算各主要谱线的波长，并测量黄线的角色散率。

分析与思考

1. 要在钠灯的第 1 级谱线中使它的双线分开的间距为 0.5°，光栅常量应为多少？

2. 请提出方案进行光栅光谱中各条谱线强度的测量。

5.2.3　微波布拉格衍射

实验目的

1. 学会微波分光计的使用和测量微波波长的方法。

2. 观察衍射现象，验证布拉格公式。

实验仪器

微波发射器，微波探测器，微波分光计，模拟晶体。

1. 布拉格公式

微波投射到晶体上时，晶体内的每一个原子都可以看成是子波源。各子波衍射叠加在空间形成衍射图形。微波衍射实际上是原子的衍射与周期排列的原子点阵干涉的共同效果。

布拉格采用镜像反射的物理图像对晶体微波衍射进行了一种简明的解释，其结果与现在用更精确的衍射理论得到的结果相吻合。

晶体中周期排列的原子形成一系列平行的晶面。按布拉格解释：当微波入射到晶体上时，将在晶面上产生镜像反射，并服从镜像反射定律，即入射角等于反射角。也就是说来源于同一层点阵（即同一晶面）的反射线，当入射角等于反射角时，它们之间的光程差为零，如图 5.2-11（a）所示。不同层散射线的光程差一般不同。设晶面间距为 d，相邻晶面反射的光程差为 $2d\sin\theta$，如图 5.2-11（b）所示。不同层之间的反射形成干涉。在某些方向上，不同层的波程差正好是波长的整数倍，此时反射线相干加强形成亮纹。所以相干加强的条件为

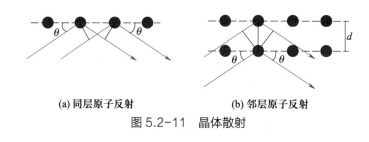

(a) 同层原子反射   **(b) 邻层原子反射**

图 5.2-11 晶体散射

$$2d\sin\theta = m\lambda \qquad m = 1,2,3,\cdots \qquad (5.2\text{-}11)$$

此式即为布拉格衍射公式。式中 λ 为微波波长，θ 为掠射角（入射线与晶面之间的夹角），m 为干涉级数。

2. 晶面的表示

晶体点阵中的平行晶面族有许多种取法。实际上任意三个不在同一条直线上的原子都可以确定一个晶面，这个晶面伴随着众多与之平行的平面构成一个晶面族。图 5.2-12 就画出了二维点阵中一些晶面族的取法。

标志每个晶面族最主要的参量就是它的取向，也就是晶面族的法线方向矢量。设一族晶面中离原点最近的平面与三个坐标轴相交，得到三个截距。将它们的倒数乘以同一倍数得到三个互质的整数（h、k、l）。可以证明，以这三个整数为分量的矢量就是该晶面的法向矢量。这三个数称为晶面的米勒（Miller）指数。

例如，某平面在三个坐标轴上的截距分别为 $x=3$，$y=4$，$z=2$（如图 5.2-12（a）所示），取倒数为 $\dfrac{1}{3}$，$\dfrac{1}{4}$，$\dfrac{1}{2}$。乘以最小公倍数 12，化为 4，3，6，此平面的米勒指数即为（436）。

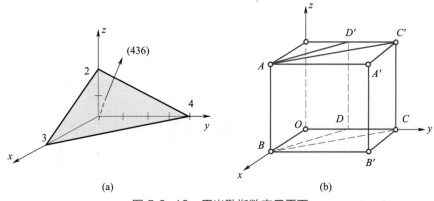

图 5.2-12　用米勒指数表示平面

又如图 5.2-12（b）所示，平面 *ABB'A'* 在三个坐标轴上的截距为 $x = 1, y = \infty, z = \infty$，所以米勒指数为（100）。*ABCC'* 平面的截距为 $x = 1, y = 1, z = \infty$ 的，所以米勒指数为（110）。依次类推，平面 *ABDD'* 的米勒指数为（120）。

立方晶体是衍射图形最简单的（对称性最高的）晶系。立方晶系有三种基本结构，即简单立方、体心立方和面心立方。如图 5.2-12（b）所示就是简单立方晶体的点阵结构图（图中只画了一个最小单元）。晶体点阵及若干晶面沿 *z* 轴方向在 *xOy* 平面上的投影如图 5.2-13 所示。实线表示（100）晶面，点划线与虚线分别表示（110）晶面及（120）晶面。体心立方和面心立方晶体的点阵结构如图 5.2-14 所示。

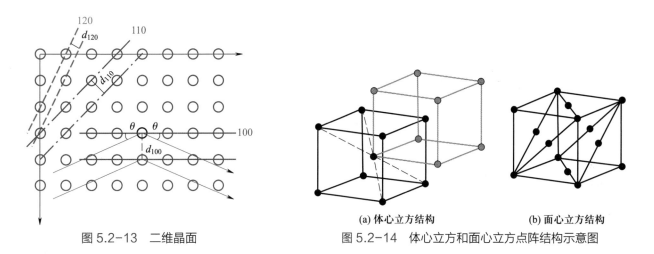

图 5.2-13　二维晶面　　　　　图 5.2-14　体心立方和面心立方点阵结构示意图

对于立方晶系，均有 $d_{100} = d_{010} = d_{001} = a$，可以证明各晶面族的晶面间距计算公式为：

$$d_{hkl} = \frac{a}{\sqrt{h^2 + k^2 + l^2}} \tag{5.2-12}$$

a 为晶格常数。其他晶系面间距的计算公式要复杂一些。

3. 实验方法

本实验装置主要是微波发射器、微波探测器和微波分光计，如图 5.2-15 所示。一臂装有发射喇叭、衰减器，可发射波长为 3 cm 左右的单色微波。另一臂装有探测喇叭、检波器，经输出引线连接到直流电流表（量程为 100 μA 的微安表），以显示接收到的微波能量。分光计的发射臂固定，接收臂可以绕主轴转动。为防止分光计底座与小平台对微波的反射，两个喇叭高于小平台等高度放置。

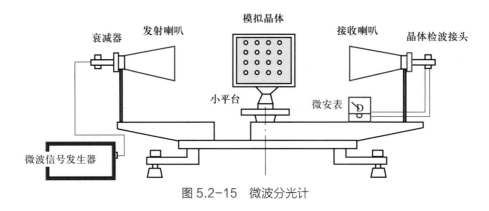

图 5.2-15　微波分光计

小平台上的模拟立方晶体由对于微波几乎是透明的塑料或木制支柱托起，使晶体中心与喇叭在同一高度。用直径为 1 cm 的钢球（或表面镀金属的塑料球）模拟晶体中的原子，模拟晶体尺寸约为 15 cm × 15 cm × 15 cm。为使入射波近似为平面波，发射喇叭与探测喇叭应离模拟晶体远一些。喇叭口径为 10 cm × 14 cm。

微波波长可以用迈克耳孙干涉法测量，实验装置如图 5.2-16 所示。其中固定反射板和可动反射板均由可以反射微波的金属板构成。45°放置的玻璃板对微波具有半反射半透射的性质。与光学迈克耳孙干涉仪类似，经固定反射板和可动反射板反射的两路微波在接收喇叭处产生干涉。当可动反射板移动 $\frac{\lambda}{2}$，该路波程变化一个波长，干涉波发生一次强弱变化的周期。测量两次干涉最大或干涉最小对应的反射板移动距离，就可以计算出微波波长。

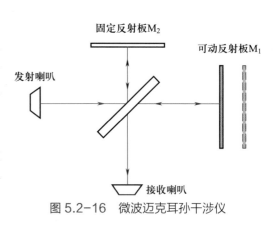

图 5.2-16　微波迈克耳孙干涉仪

实验内容

1. 测量微波波长

将仪器的接收喇叭与发射喇叭成 90°放置，并装平板玻璃、可动反射板（M_1）和固定反射板（M_2），构成微波迈克耳孙干涉仪，如图 5.2-16 所示。测定连续 3 个极小或极大变化之间 M_1 移动距离（相邻两个极小值或极大值时 M_1 位移为 1/2 波长），并计算出微波波长。重复 6 次，计算其不确定度。

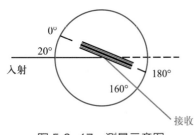

图 5.2-17　测量示意图

2. 验证布拉格公式

（1）用直尺测量模拟晶体的晶格常数 d_{100}。

（2）将仪器恢复为分光计（如图 5.2-17 所示）状态。使两臂各指向 0°与 180°位置。适当调节衰减器，由衰减 100%（输出最低）开始，逐渐减小衰减，使发射信号增强，同时显示接收信号的电流表头指针接近满量程。

（3）测量立方晶体（100）面衍射一级与二级极大值的掠射角 θ_1 与 θ_2。测量时保持发射臂不变，同时转动样品和接收臂。当样品转动 θ 角（指向 θ）时，接收臂转动 2θ 角（指向 $180° -\theta$，参考图 5.2-17）。从掠射角 θ 为 $20°$ 开始测量，转动样品每隔 $1°$ 记录表头读数，直到 $60°$，画出 $I-\theta$ 曲线找出一级与二级极大值掠射角，并与计算值进行比较。

3. 测定模拟立方晶体的晶格常数

（1）启动微波电源。

（2）用（110）晶面族作为散射点阵面，测出不同掠射角所对应的电流值，步骤同 2，根据布拉格公式计算晶面间距 d_{110} 和晶格常数 a。

注意：

1. 每次开启电源之前，都必须将电源输出电压旋钮旋至最小。

2. 发射喇叭和探测喇叭有增益作用，如果装配不当，信号传输可能被破坏，因此使用过程中不得随意拆下。

基本要求

1. 利用微波迈克耳孙干涉仪测量微波波长，计算其不确定度。

2. 测量立方晶体（100）面衍射一级与二级极大值的掠射角 θ_1 与 θ_2，验证布拉格公式。

3. 对（110）晶面族测出衍射极大值对应的掠射角，计算晶面间距 d_{110} 和晶格常数 a。

分析与思考

1. 为什么（100）面只有第二级极大值，不存在第三级极大值？而（110）面只有第一级极大值？

2. 掠射角从 $20°$ 开始测量，如果在 $20°$ 以前测试，有时可能出现不符合布拉格公式的极大值，试解释。

5.2.4 X 射线晶体衍射

实验目的

1. 了解 X 射线衍射原理。

2. 学习测量硅（silicon）粉晶样品的 X 射线衍射谱，计算晶格常数。

实验仪器

X 射线衍射仪，粉晶。

1. 衍射原理

本实验采用类似微波衍射仪的方法，衍射原理参见本专题实验 3。

2. 晶面指数的标定

由（5.2-11）式和（5.2-12）式得到

$$\sin\theta = \frac{m\lambda}{2a}\sqrt{h^2 + k^2 + l^2} \qquad (5.2\text{-}13)$$

上式也可以写成

$$\sin\theta = \frac{\lambda}{2a}\sqrt{(mh)^2 + (mk)^2 + (ml)^2} = \frac{\lambda}{2a}\sqrt{H^2 + K^2 + L^2} \qquad (5.2\text{-}14)$$

此时 H, K, L 仍看成是晶面指数。它们都是整数，可以有共同的整数因子 m。公式表明，当晶面间距逐渐减小，衍射角逐渐增大。对未知样品进行测试实验时，需要对衍射峰进行指数标定，才能用布拉格公式确定 a。

设立方晶系两个晶面族的晶面指数分别是 (H_1, K_1, L_1) 和 (H_2, K_2, L_2)，衍射角分别是 θ_1 和 θ_2。显然 $\dfrac{\sin^2\theta_1}{\sin^2\theta_2} = \dfrac{H_1^2 + K_1^2 + L_1^2}{H_2^2 + K_2^2 + L_2^2}$。对简立方晶体，所有指数晶面的衍射都是允许的，$H_i^2 + K_i^2 + L_i^2$ 值由小到大依次为 1, 2, 3, 4, 5, 6, 8, 9, 10, 11, 12, 13, 14, 16, …。所以 $\sin^2\theta_1 : \sin^2\theta_2 : \cdots : \sin^2\theta_n$=1：2：3：4：5：6：8：9：10：11：12：13：14：16…

对于复杂一些的晶体结构，并不是所有满足（5.2-13）式的晶面 (H, K, L) 都有衍射峰出现。一个复杂的晶体结构，在形式上往往可以把它分解成为若干套大小、形状相同的单原子空间点阵结构的叠加，这些相同的子结构彼此平行地穿插在一起。例如体心立方晶体中所有立方体角上的原子构成一套简立方格子，所有体心原子又构成另一套简立方格子。当每套格子都满足布拉格衍射公式时，各套格子之间还有干涉。它们互相干涉的结果，将导致合成波的振幅发生变化，即衍射线强度会有变化。在某些特定的条件下，在特定的方向上，由于这种互相干涉的结果，可以使合成波的振幅恰好等于 0。这就意味着，在满足布拉格公式而应该出现衍射线的方向上，由于其强度为 0 而实际上已没有衍射线存在了。这一现象称为衍射系统消光。根据衍射系统消光情况可以推算出样品的晶格形式及指标化。

简立方晶体没有系统消光，而体心立方晶体在 $H + K + L$ 为奇数时产生系统消光，面心立方晶体在 (H, K, L) 中既有奇数又有偶数时产生系统消光。金刚石是由碳（C）原子按图 5.2-18 所示的方式堆积而成的，它实际上是两个面心立方格子沿立方体对角线方向错动 1/4 对角线长度后组合而成的。所以它在面心立方晶体的基本消光条件之上还有附加的消光条件。

根据消光条件，列出常见立方晶体消光条件如表 5.2-1：

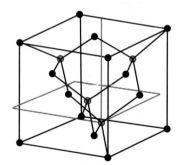

图 5.2-18　金刚石结构

表 5.2–1　常见立方晶体消光条件

hkl	100	110	111	200	210	211	220	221 300	310	311
$h^2+k^2+l^2$	1	2	3	4	5	6	8	9	10	11
体心立方	—		—		—			—		—
面心立方	—	—			—	—		—	—	
金刚石立方	—	—		—	—	—		—	—	

hkl	222	320	321	400	322 410	330 411	331	420	421	332
$h^2+k^2+l^2$	12	13	14	16	17	18	19	20	21	22
体心立方		—			—		—		—	
面心立方		—	—		—	—			—	—
金刚石立方	—	—	—		—	—		—	—	—

有"—"者为消光的晶面指数。简单立方不存在衍射系统消光现象，没有列出。

为此，当 $\sin^2\theta_1:\sin^2\theta_2:\cdots:\sin^2\theta_n=2:4:6:8:10:12:14:16\cdots$ 满足时为体心立方晶体；当 $\sin^2\theta_1:\sin^2\theta_2:\cdots:\sin^2\theta_n=3:4:8:11:12:16:19:20\cdots$ 满足时为面心立方晶体；当 $\sin^2\theta_1:\sin^2\theta_2:\cdots:\sin^2\theta_n=3:8:11:16:19\cdots$ 满足时为金刚石结构晶体。已知晶体结构类型，可以根据上表按次序标出各衍射峰指数。

3. 衍射条件的满足与实验方法

考虑到晶面间距（5.2–12）式，布拉格公式写成

$$2d_{hkl}\cdot\sin\theta=m\lambda \tag{5.2–15}$$

尽管公式很简单，但是包括 d，θ，m，λ 共 4 个参量。例如，当 λ 确定，θ 确定（也就是晶体空间位置及取向固定）时，与入射角对应的 d_{hkl} 不一定正好满足衍射条件。这样在屏上不会出现衍射斑点。为了得到较多的衍射斑，必须采取一定的措施。常用的方法有三种：

（1）采用连续谱的 X 射线入射到单晶上，θ, d_{hkl}, m 确定，总有一些波长可以满足衍射条件。于是在衍射屏上可以得到相应的衍射斑点。这就是劳厄（Laue）衍射。

（2）采用晶体粉末样品，单色 X 射线入射。粉末样品含有大量微粒，它们在空间取向不同。λ, d_{hkl}, m 确定，总有一些微粒的取向使得 θ 满足衍射条件。这就是德拜（Debye）衍射。

（3）当单色 X 射线入射到粉末样品或多晶样品上，入射角相同时，不同的晶面对应着不同的衍射角。以一固定轴为中心转动 X 射线探测器就可以接收到来自不同晶面的衍射，从而得到衍射强度与衍射角 θ 的关系。这就是 X 射线衍射仪法。由于这种方法可以进行自动测量、便于用计算机进行数据处理，所以在科学研究中被广泛使用。本实验也采用衍射仪进行晶体衍射实验。

衍射仪实验的原理图如图 5.2–19 所示。实验时射线源保持不变，样品架以 θ 角转动的同时，探测器以 2θ 角转动（扫描），这样在实验过程中，产生布拉格衍射的晶面总是和样品表面平行的。

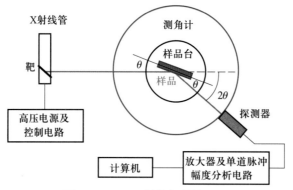

图 5.2-19　X 射线衍射仪原理

实验内容

X 射线衍射仪是获得衍射强度随掠射角的分布曲线及数据的大型精密仪器。仪器由 X 射线发生器、测角计、辐射探测器和微型计算机等组成。

X 射线发生器提供衍射所需的高稳定度的标识 X 射线，主要包括高压电源、控制电路和 X 射线管等。

探测器用于探测衍射射线的强度，常用闪烁计数器，并配有放大器及单道脉冲幅度分析器等电路。

测角计是衍射仪的"心脏"。它通过旋转样品台和探测器使探测器位于样品衍射射线的出射角方向。由几何关系可知，若入射线方向不变，以入射方向为 0°角，如样品表面和入射线成 θ 角（掠射角），而探测器位于 2θ 角方向，就可以满足镜面反射条件。当测角计以 1∶2 的速度旋转样品台和安装探测器的旋转臂时，衍射仪就可以测出 θ-I（衍射强度）曲线。在 θ 角满足布拉格公式的位置将可能出现衍射峰，每一个衍射峰对应一族晶面。由于射线波长是已知的，根据布拉格公式将各峰位的 θ 换算为晶面间距 d；找到其中最强衍射峰 I_{max}，再将其他峰强度 I 换算为 I/I_{max}，得到衍射强度分布曲线及数据。

计算机用于控制仪器的各种操作、数据处理和输出、保存实验结果；并可安装衍射数据文件等软件，以便对衍射资料进行分析。

本实验采用硅粉晶样品。所谓粉晶就是将单晶研磨成微小的晶粒，样品由无数这样的微小晶粒制备，其取向各异，衍射情况与多晶样品相同。

实验时先阅读、熟悉 X 射线衍射仪操作规程，熟悉仪器。熟悉计算机操作界面。制备、安装样品后，按照操作规程打开 X 射线衍射仪。调整射线管工作高压为 30 kV，工作电流为 20 mA。用计算机操作衍射仪。进入"LJDmax"界面，设定有关选项。其中起始角度（2θ 角）设置为 20°，终止角度（2θ 角）设置为 60°。扫描速度设置为 2°/min。开始扫描。

扫描结束后，进入"pdp"界面。对衍射强度曲线进行平滑等处理，寻找出各衍射峰（寻峰）。记录各衍射峰的 θ 角和强度 I。

1. 遵守衍射仪操作规程。

2. 衍射仪工作时要监视电压表、电流表，如出现摆动或偏离设定值（30 kV, 20 mA）要立即报告指导教师并按操作规程关机。

3. 开衍射仪前要打开冷却水，衍射仪工作时要保证冷却水通畅，如遇断水，要立即停机。关机后6 分钟再关冷却水。

4. 扫描时要关上防护窗，防止射线照射人体。

基本要求

1. 测量样品的 X 射线衍射谱。

2. 进行指数标定。

3. 计算晶格常数。

5.2.5　电子衍射

实验目的

1. 观察金薄膜的电子衍射现象。

2. 测量电子束的德布罗意波波长 λ。

实验仪器

电子衍射仪

实验原理

1. 电子波长

在电子速度远小于光速时，可以用非相对论理论处理，此时电子动能 $E = \dfrac{p^2}{2m}$，其中 m 是电子质量。电子的波长

$$\lambda = \frac{h}{p} = \frac{h}{\sqrt{2mE}} \qquad (5.2{-}16)$$

当加速电压为 U，电子能量为 eU，可得

$$\lambda = \frac{h}{\sqrt{2meU}} \qquad (5.2{-}17)$$

如果电压用伏特（V）为单位，波长用 nm 为单位，电子波长表示成

$$\lambda = \frac{1.225}{\sqrt{U}} \qquad (5.2-18)$$

当加速电压达到 10 000 伏时，电子波长约为 0.012 nm，相当于晶体晶面间距的数量级。在如此高加速电压时，电子速度也较高，需要进行相对论修正计算波长。

2. 金属薄膜的衍射花样

用电子进行透射式衍射时，由于电子的穿透能力不强，所以样品必须做成薄膜状。对于多晶的薄膜样品，样品内含有大量的晶粒。每个晶粒具有相同的晶体结构，但是各个晶粒在空间的取向不同。

现在来进一步分析各晶粒的同一晶面族（hkl）衍射线的方向。假设某一晶粒（hkl）晶面与入射电子束的交角为 θ_{hkl}，且此 θ_{hkl} 满足布拉格公式，即：

$$2d_{hkl} \sin\theta_{hkl} = \lambda \qquad (5.2-19)$$

该晶面衍射束与入射束夹角是 $2\theta_{hkl}$。

样品中其他晶粒的取向可能与此不同，必有一些晶粒（hkl）晶面与入射电子束的交角也为 θ_{hkl}。显而易见，这些晶面族的衍射线与入射线均成 $2\theta_{hkl}$ 交角（衍射角），它们在空间将连成一个以入射线为轴的圆锥面，其张角为 $4\theta_{hkl}$，如图 5.2-20 所示。入射电子束投射到接收屏上，该晶面的衍射花样是一个圆环。

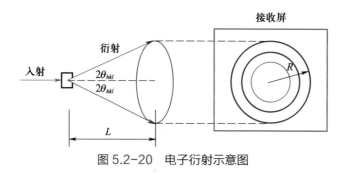

图 5.2-20　电子衍射示意图

对于另一 $(h_1k_1l_1)$ 晶面族，必能在样品中找到另外一些晶粒，它们的 $(h_1k_1l_1)$ 晶面族与入射线的交角 $\theta_{h_1k_1l_1}$ 满足布拉格公式，产生反射。以此类推，还可以得出分别由 $(h_2k_2l_2)$, $(h_3k_3l_3)$ 晶面族产生的张角为 $4\theta_{h_2k_2l_2}$, $4\theta_{h_3k_3l_3}$ 的一系列发射圆锥面。

这些圆锥面如投射到垂直于入射线的荧光屏上，将产生一系列直径不等的同心圆。根据样品与荧光屏的距离和每个圆环的直径，由布拉格公式就可得到每个晶面族的晶面间距 d_{hkl}。

如图 5.2-20 所示的几何关系，在 $R \ll L$ 时，$\tan 2\theta = \dfrac{R}{L} \approx 2\theta$

代入到布拉格公式，并利用（5.2-12）式得

$$\lambda = 2d_{hkl}\sin\theta_{hkl} \approx \frac{Rd_{hkl}}{L} = \frac{aR}{L\sqrt{h^2 + k^2 + l^2}} \qquad (5.2-20)$$

3. 电子衍射仪

本实验使用的电子衍射仪，如图 5.2-21 所示，主要由两部分组成。

（1）电子衍射管

包括3个部件

a. 电子枪。它由阴极、灯丝、调制极、加速极、聚焦极、辅助聚焦极和 XY 偏转板等组成。

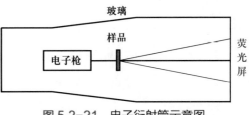

图 5.2-21　电子衍射管示意图

b. 晶体薄膜样品。采用多晶金膜，厚度为 10～20 nm。

c. 荧光屏。电子衍射管的外壳为玻璃制成，内部抽成高真空。样品周围的玻璃壳部分涂有石墨层，并和荧光屏、样品相连，接到可调高压直流电源正极，阴极接到负极。

（2）电源部分

加在晶体薄膜和阴极之间的高压 6～13 kV 连续可调，面板上有电压表指示这个高压。灯丝电源为 6.3 V。阴极和各组阳极及 XY 偏转板均另有几组电源供给。本仪器要求薄膜和阴极之间的高压电源有较高的稳定度，较小的波纹，以保证衍射环的稳定和清晰程度。

操作要点：

1. 熟悉仪器及实验注意事项。

2. 开仪器电源。

3. 调整仪器的聚焦和衍射环位置，调整时将高压调到 7 kV，亮度适中。

注意：

1. 开机前高压旋钮必须调到最小位置，亮度旋钮调到中间位置。

2. 开机后不要打开上盖。不要碰撞荧光屏，防止发生危险。

3. 实验在高压下进行，实验时严禁触碰非操作部分。实验结束，及时降下高压，最高不要超过 13 kV。

4. 使用单相三线电源，保护地线要可靠。

实验内容

本实验采用的金样品，观察测量金薄膜的电子衍射环。

金为面心立方晶体。考虑到衍射系统的消光，产生衍射的晶面其晶面指数（hkl）为（111）、（200）、（220）、（311）、（222）、（400）、（331）…等。

1. 测量高压为 7 kV、9 kV、11 kV、12 kV 下的 4 组衍射环的直径，只测每组中较小的 4 个环的直径，这 4 个衍射环的晶面指数分别为（111）、（200）、（220）和（311）。共测量 16 个环。每个环在水平和垂直位置各测一次，取其平均值作为直径。

2. 由（5.2-17）式计算各电压下电子束的德布罗意波波长 λ。

3. 由（5.2-20）式求出根据晶体衍射结果得到各电压下的电子束波长。并与由（5.2-17）式得到的波长进行比较。式中 $L = 232$ mm，晶格常数 $a = 0.408$ nm。

1. 测量高压为 7 kV、9 kV、11 kV、12 kV 下的 4 组衍射环的直径。

2. 求出各电压下的电子束波长。

小结与扩展

波在传播过程中会发生衍射现象，即不沿直线传播而向各个方向绕射的现象。衍射现象是波动本性的必然结果。本专题实验从不同方面研究波的衍射现象和性质。实验 1 研究光通过单缝、细丝等简单衍射屏所发生的衍射；实验 2 是一维光栅的衍射，既有单缝衍射的因素，又有缝间干涉作用；这两个实验都是电磁波在可见光波段发生的衍射。实验三和四分别研究了电磁波谱长波（微波）和中短波（X 射线）通过三维光栅（晶体）的衍射；实验五研究电子衍射，得到电磁波和物质波在波动性上的一致性结论。

1895 年德国物理学家伦琴（W.K.Röntgen，1845—1923）发现高速电子撞击某些金属阳极（靶）时会产生一种当时未知的射线，把它称为 X 射线，也称伦琴射线。1912 年劳厄（M.von Laue，1879—1960）用一块晶体中的原子点阵作为三维光栅，实现了 X 射线衍射，同时也证明了 X 射线是一种波。后来人们知道 X 射线是一种电磁波，波长范围为 0.001～10 nm。1913 年英国物理学家布拉格（Bragg）父子对 X 射线晶体衍射与晶体中原子排列的关系进行了研究，提出了著名的布拉格公式，奠定了用 X 射线衍射进行晶体结构分析的基础，以此荣获了 1915 年的诺贝尔物理学奖。

现在 X 射线衍射是进行晶体结构分析的一种重要手段。晶体中原子最小间距一般在 0.1～0.3 nm 之间，所以用于晶体衍射的 X 射线波长也在这个范围之间。

微波是波长范围为 10^{-3}～1 m 的电磁波，具有干涉、衍射等波的特性。微波布拉格衍射的"点阵"尺寸与波长相当，只要选择适当的微波波长，就能使点阵尺寸在厘米范围内的模拟晶体点阵发生布拉格衍射。通过这些"放大了的晶体"的微波布拉格衍射现象，直观地认识、研究布拉格衍射与晶体结构的关系，从而深入认识波的本质，并帮助我们理解分析晶体结构的理论和方法。

在 20 世纪初，电磁辐射的波粒二象性早已得到公认，1924 年德布罗意提出微观粒子波粒二象性的设想。按照这一思路，1927 年戴维森（C.J. Davisson 1881—1958）和革末（L. Germer，1896—1971）合作完成用镍单晶对电子衍射的实验，首先用实验直接证明了电子的波动性。同时汤姆孙（G.P. Thomson，1892—1975）独立完成了用电子穿过晶体薄膜得到衍射纹的实验，进一步证明了德布罗意物质波的设想，并测出了德布罗意波粒的波长。现在电子衍射技术已成为研究薄膜和表面层晶体结构的先进技术之一。

参考资料：

1. 母国光等，光学 . 北京：人民教育出版社，1978.

2. 姚启钧，光学 . 北京：高等教育出版社，2008.

3. 马本堃等，固体物理基础 . 北京：高等教育出版社，1992.

5.3 光源光谱

专题简介

很多光源发出的光是由多种不同颜色（波长）的光组成的，通过仪器我们可以将这些不同波长的光分开，形成"光谱"。气体原子的发光机理是来源于电子在原子内部能级间的跃迁，固体发光还和固体的能带结构有关，所以对物质发光光谱的研究将有助于我们认识发光物质的微观性质。另外，不同元素的原子有着自己特有的光谱特征，通过对光谱研究也可以帮助我们分析物质的组成成分。现代光谱分析技术是物理、化学、材料学、天文学、考古学等研究中不可缺少的手段。

最早的光谱分光（色散）元件是三棱镜。1666 年牛顿用三棱镜得知太阳的白光光谱是由红、橙、黄、绿、蓝、靛、紫依次排列的光带组成的。光栅是另一种常用色散元件。1859 年基尔霍夫用平行光管、三棱镜及望远镜构成了最早的棱镜光谱仪、光栅光谱仪。

本专题主要研究色散元件棱镜和光栅的色散性质，并利用小型棱镜摄谱仪和光栅光谱仪进行光谱测量。

专题安排

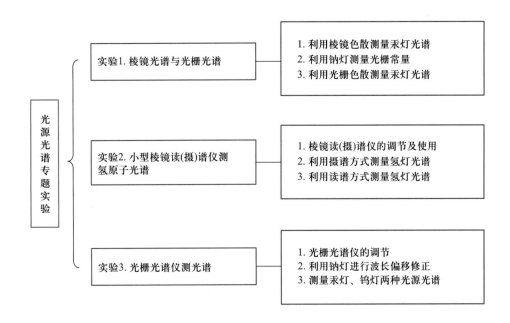

预习要点

本专题实验内容涉及"大学物理"课程中光栅衍射、光栅光谱、氢原子理论等内容；实验过程中将涉及基础实验中的分光计的调整及使用、棱镜的最小偏向角、光栅衍射测波长等实验内容。

5.3.1 棱镜光谱与光栅光谱

实验目的

1. 进一步掌握分光计的调整及使用。
2. 了解三棱镜的色散特性。
3. 掌握利用棱镜最小偏向角测量光源光谱的方法。
4. 掌握利用光栅衍射测量光源光谱的方法。
5. 了解棱镜光谱与光栅光谱的异同。

实验仪器

分光计，三棱镜，光栅，汞灯。

实验原理

1. 棱镜的色散

不同波长的光在光学介质中有不同的折射率。当一束白光通过三棱镜后，在观察屏上将得到一条彩色光带，即光谱，这种不同波长的光按不同折射角而散开的现象叫作棱镜色散，如图 5.3-1 所示。表述棱镜色散本领的重要指标是角色散率，定义为单位波长变化引起的角度偏转，即

图 5.3-1 棱镜色散

$$D = \frac{\mathrm{d}\theta}{\mathrm{d}\lambda} \qquad (5.3\text{-}1)$$

式中 θ 是色散后光束的偏转角度。棱镜色散是由于折射率变化所引起，所以上式可以改写成

$$D = \frac{\mathrm{d}\theta}{\mathrm{d}n} \cdot \frac{\mathrm{d}n}{\mathrm{d}\lambda} \qquad (5.3\text{-}2)$$

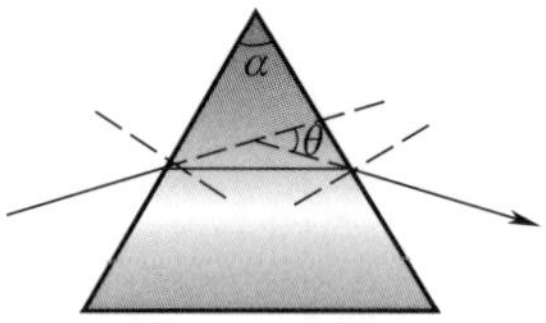

图 5.3-2 最小偏向角

式中 $\mathrm{d}n/\mathrm{d}\lambda$ 取决于棱镜的材料。一般作为色散的棱镜处于最小偏向角 θ 位置可以减小色散，如图 5.3-2 所示。此时 $\mathrm{d}\theta/\mathrm{d}n$ 取决于棱镜的顶角 α，则

$$\sin\frac{\theta+\alpha}{2} = n\sin\frac{\alpha}{2} \text{（参考有关分光计测最小偏向角的实验）} \qquad (5.3\text{-}3)$$

求导数得出

$$\frac{\mathrm{d}\theta}{\mathrm{d}n} = \frac{2\sin\frac{\alpha}{2}}{\cos\frac{\theta+\alpha}{2}} = \frac{2\sin\frac{\alpha}{2}}{\left(1 - n^2\sin^2\frac{\alpha}{2}\right)^{1/2}} \qquad (5.3\text{-}4)$$

代入（5.3-2）式，得到角色散率为

$$D = \frac{2\sin\dfrac{\alpha}{2}}{\left(1 - n^2\sin^2\dfrac{\alpha}{2}\right)^{1/2}} \cdot \frac{\mathrm{d}n}{\mathrm{d}\lambda} \qquad (5.3\text{-}5)$$

一般选用顶角为 $60°$ 的等边三棱镜，角色散率公式化简为

$$D = \frac{2}{\sqrt{4 - n^2}} \cdot \frac{\mathrm{d}n}{\mathrm{d}\lambda} \qquad (5.3\text{-}6)$$

物质折射率随波长变化的关系曲线称为色散曲线。通常情况下，当波长增加，折射率 n 和色散率 $\mathrm{d}n/\mathrm{d}\lambda$ 都随之减小的色散称为正常色散，反之当波长增加，折射率和色散率增加，称其为反常色散。

2. 光栅光谱

由大量等宽等间距的狭缝构成的光学元件叫作衍射光栅，光栅方程为

$$d\sin\theta = k\lambda, \quad (k = 0, \pm 1, \pm 2, \cdots) \qquad (5.3\text{-}7)$$

不同波长的亮线出现在不同衍射角方向上形成光谱，测定出某谱线的衍射角和光谱级，根据已知光栅常量，可由光栅方程求出该谱线的波长；反之，如果波长是已知的，则可求出光栅常量。

由光栅方程对波长 λ 微分，可得光栅的角色散为

$$D = \frac{\mathrm{d}\theta}{\mathrm{d}\lambda} = \frac{k}{d\cos\theta} \qquad (5.3\text{-}8)$$

表示单位波长间隔内两单色谱线分开的角间距。

实验内容

1. 利用棱镜色散，测量低压汞灯至少 5 条主要谱线的最小偏向角

参考基础实验"分光计的调整和使用"中所述详细步骤调整好分光计，即应使望远镜能接收平行光，平行光管能出射平行光，并使二者的主光轴共轴且垂直于分光计的转动主轴。将三棱镜置于分光计的载物平台上，测出三棱镜的顶角 α 和汞光谱中至少 5 条谱线的最小偏向角 θ_0。

2. 用钠灯测定光栅的光栅常量（钠黄光波长为 589.3 nm）

将光栅置于载物平台，并参考基础实验"光栅衍射"中所述步骤调整好光栅。使用钠灯为光源，测量钠黄光谱线第一级（$k = \pm 1$）的角坐标，即对于 $k = +1$ 记下 θ_1、θ_2，对于 $k = -1$ 记下 θ_1'、θ_2'；依据公式 $\theta = \dfrac{1}{4}\left[|\theta_1' - \theta_1| + |\theta_2' - \theta_2|\right]$ 计算钠黄光谱线的衍射角，利用光栅方程计算光栅常量。

3. 测定汞灯各条谱线的波长

以低压汞灯为光源，利用 2 中所述方法测量汞灯各条谱线的角坐标，并计算它们的衍射角和波长，要求重复测 3 次取平均值。

1. 自拟表格记录所有测量数据。

2. 利用棱镜色散中所测最小偏向角计算折射率，并作折射率与波长的关系曲线图。

3. 根据光栅光谱测量数值，计算汞灯各谱线波长，并与标准值比较，以百分误差表示。

分析与思考

光栅和棱镜都是色散元件，分别画出汞灯光源经过棱镜和光栅后形成的光谱图，并说明这两种光谱形成的原理以及它们的区别。

选读：柯西方程。

5.3.2 小型棱镜读（摄）谱仪测氢原子光谱

实验目的

1. 了解棱镜读（摄）谱仪的构造原理。

2. 初步掌握棱镜读（摄）谱仪的调整使用方法及读（摄）谱技术。

3. 掌握比较光谱法（线性内插）测定待测谱线波长的一般原理。

实验仪器

小型棱镜读（摄）谱仪，氢灯，氦氖灯，测微目镜，铁电极，电弧发生器。

实验原理

1. 氢原子光谱的规律

光谱是探索研究原子内部电子的分布及运动情况的一个重要手段。光谱谱线波长是由产生这种光谱的原子能级结构所决定的。每一种元素都有自己特定的光谱，称之为原子的标识光谱。1885 年瑞士物理学家巴尔末发现，氢原子发射的光谱，在可见光区域内遵循一定的规律，谱线的波长满足巴尔末公式：

$$\lambda_n = \lambda_0\left(\frac{n^2}{n^2-4}\right) \tag{5.3-9}$$

式中，λ_0 是恒量，$n = 3, 4, 5$，组成一个谱线系，称为巴尔末线系。用波数 $\left(\tilde{\nu} = \dfrac{1}{\lambda}\right)$ 表示的巴尔末公式为：

$$\tilde{\nu}_n = \frac{1}{\lambda_n} = R_{\mathrm{H}}\left(\frac{1}{2^2} - \frac{1}{n^2}\right) \quad n = 3, 4, 5 \tag{5.3-10}$$

式中，R_{H} 称为氢原子光谱的里德伯常量。

用读（摄）谱仪测出巴尔末线系各谱线的波长后，便可由（5.3-10）式算出里德伯常量 R_{H}，若与公认值 $R_{\mathrm{H}} = 1.096\,776 \times 10^7\,\mathrm{m}^{-1}$ 相比，在一定误差范围内，就能验证巴尔末公式和氢原子光谱的规律。

2. 棱镜读(摄)谱仪

小型棱镜读(摄)谱仪的构造可以分为准直系统、棱镜色散系统和照相系统三部分,具体结构如图 5.3-3 所示。S 为光源,L 为透镜,使 S 发出的发散光变成会聚光均匀照亮狭缝 S_1。L_1、L_2 为透镜,L_1 使发散光成为平行光入射到棱镜 P 上,由于棱镜的色散作用,入射光中不同的波长成分将被分开,以不同的出射角由棱镜射出,再经过透镜 L_2 的作用成像于照相底片 F 上的不同位置,形成光谱。P 是恒偏向棱镜(阿贝棱镜),由两块 30° 顶角的色散棱镜及一块 45° 顶角的全反射棱镜胶合而成,此种特殊结构的棱镜,使得当特定波长折射光满足最小偏向角条件时,折射光正好沿与入射方向垂直的方向射出。鼓轮用于旋转棱镜平台,以改变入射光对于棱镜的入射角。L_2 的轴向位置(图中的上下)可以调节。F 的倾斜度及在竖直方向的位置均可以调节,以使各色光均能在底片上清晰成像。如果不使用照相拍片,而是在输出端用测微目镜读数,则称为"读谱仪"。

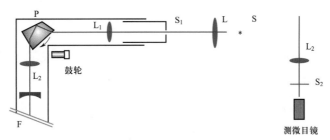

图 5.3-3 棱镜读(摄)谱仪结构

3. 光谱测量原理 – 线性内插法

从照相底片上无法直接读出各谱线的波长,为测量某谱线的波长,可以利用已知波长的谱线进行推算。一般的做法是在待测谱线的上方或下方并排拍摄一已知波长的光谱,称为比较光谱,然后测量它们各自在光谱照片中的相对位置,再利用线性内插法计算出待测谱线的波长。

一般来说,棱镜的色散是非均匀的,但在一个较小的波长范围内,可以认为色散是均匀的,即谱线在底片上的位置与波长之间呈线性关系。根据图 5.3-4 所示的比较光谱图,设 λ_1、λ_2 为已知的两条谱线波长,λ_x 为 λ_1、λ_2 所夹的待测谱线的波长,λ_1 与 λ_2 之间的距离为 d,λ_x 与 λ_1 之间的距离为 x,当 $\lambda_1 < \lambda_2$ 而又相差很小时,波长差与间距近似呈线性关系:

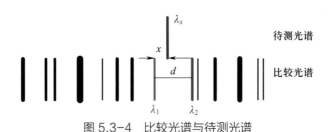

图 5.3-4 比较光谱与待测光谱

$$\frac{\lambda_2 - \lambda_1}{\lambda_x - \lambda_1} = \frac{d}{x}$$

(5.3-11)

则

$$\lambda_x = \lambda_1 + \frac{\lambda_2 - \lambda_1}{d} x \qquad\qquad (5.3{-}12)$$

即可算出待测谱线波长 λ_x。

这种测量光谱波长的方法称为"线性内插法"。该种方法对测量线状光谱甚为有效，是科研和生产部门分析物质成分、含量和原子、分子结构的常用方法之一。使用线性内插法时，必须选择两条最靠近待测谱线的已知谱线，一般要求 λ_1、λ_2 相差在几个 nm 以内，才能使测量误差较小。一般的实际光谱分析工作中，常用铁光谱作标准，因它在可见光与紫外光区有几百条波长经过精确测定的谱线，有光谱图可查；此外，也常利用 He-Ne 光谱作标准，因其光谱在 600 nm 和 650 nm 之间谱线较密。

实验内容

1. 读（摄）谱仪的调整及使用

读（摄）谱仪的调整主要包括平行光管的调整、中心谱线位置的调整、透镜 L_2 的位置及底片倾斜度的调整。将摄谱仪及附件按图 5.3-3 布置，调节好 S 与 L 的位置，使它们与平行光管共轴、等高，并均匀照亮整个狭缝 S_1，使通过摄谱仪的光通量达到最大值。平行光管的调整是调节狭缝 S_1 与透镜 L_1 的相对位置，使 S_1 在 L_1 的焦平面上，以产生平行光；中心谱线位置的调整是指调整棱镜 P 的位置，使特定波长折射光满足最小偏向角条件，该光线正好沿与入射方向垂直的方向射出，谱线位于底片中央；而 L_2 及底片倾斜度的调整是为了使所摄光谱具有最佳的清晰度。

2. 利用摄谱方式测量氢灯各谱线的波长

（1）拍摄铁谱和氢光谱的比较谱

实验将以铁电极的电弧光为已知谱，来测定氢灯光谱中各条谱线的波长 λ_x。安装铁电极，调整两电极中心大致位于透镜中心，上下电极间距离约 2~3 mm。接通电源，打开电弧发生器，应产生稳定的弧光，否则应对电极进行重新调整。调整聚光镜位置和电极位置，使光会聚于狭缝上。拍摄比较光谱时，常用如图 5.3-5 所示的哈特曼光阑，此光阑安装在摄谱仪平行光管的狭缝前面，它有三个方形小孔，第一孔的下面一条边与第二孔的上面一条边在同一直线上。左右移动光阑，可将其上的三条刻线中任意一条对准

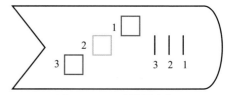

图 5.3-5　哈特曼光阑

狭缝外壳的边缘，这时，与该刻线相对应的孔与狭缝相合。通常用中间孔拍摄待测光谱，而用上、下两孔拍摄比较光谱，在此实验中，用光阑的第一孔拍摄铁电极放电光谱，第二孔拍摄氢灯光谱，每孔曝光时间可通过装在狭缝盖外面的曝光开关进行控制。这样在冲洗好的底片上可以得到一组上、下衔接，而又互不重叠的已知谱线与待测谱线。

在拍摄比较光谱时，注意狭缝和照相暗盒的位置不能作任何移动，只能移动哈特曼光阑。在更换光源时，不要移动会聚透镜，只要移动光源的位置，使其成像在狭缝上就可以了。要想拍好比较光谱，必须认真调整仪器。装底片前先用毛玻璃对每个光源的光谱进行观察，记住每个光源调整好的位置，

最好在同一张底片上拍数组比较光谱，以便选取其中一组较好地测量未知谱线的波长。

（2）测量氢灯各条谱线的波长

将拍好的比较光谱底片放在读数显微镜下，根据光谱线以及铁电极放电光谱相互之间的间隔、各条谱线的强弱和粗细，与实验室的标准铁光谱图对照，辨认出待测谱线所对应的两条最靠近铁谱线的波长。

测量时，用读数显微镜的十字叉丝依次对准底片上波长为 λ_1，λ_2，λ_x 的谱线（注意：读数显微镜的微调手轮始终只能向一个方向旋转），记下各谱线的位置，用线性内插法计算未知波长 λ_x。（由于摄谱仪的色散实际上并非线性，因此必须选择两条靠近的已知谱线，一般要求相差在几纳米以内，这样测得的结果误差较小。）此外，求出里德伯常量 R_H 的值，并与 R_H 的公认值进行比较。

3. 利用读谱方式测量氢灯各条谱线的波长

如果不用照相机拍摄，而是在输出端用测微目镜读数，则称为"读谱"，此时可采用氦氖灯光源光谱作为比较谱。

换上氦氖灯光源，将暗盒取下，换上测微目镜，调整光路，在目镜内观察到清晰的光谱线，目镜上的刻度能记录下两条谱线间的距离。换上氢灯，通过测微目镜找到氢光谱的清晰谱线，参照氦氖标准谱，记录下每条氢光谱两侧的氦氖光谱。用线性内插法计算氢光谱的波长，并求里德伯常量 R_H 的值，并与 R_H 的公认值进行比较。

视频：小型棱镜读谱仪构造及调节。

注意事项

1. 读（摄）谱仪中的狭缝是精密的机械装置，实验中不要用力任意调节。旋转棱镜调节鼓轮时，动作一定要缓慢。禁止用手触摸透镜等光学元件。

2. 氢光源使用的是高压电源，应特别小心。开灯前，先将调压变压器置于低电压处，然后通电源，慢慢地调节变压器升压到氢光源稳定发光。关灯时，先把变压器降到最低电压，再断开电源。

3. 拍摄铁谱及其他光谱应用电弧发生器，调整电弧或火花时，应戴防护眼镜，以免伤害眼睛，并注意安全，严防触电。

基本要求

1. 设计表格记录每条氦氖谱线的波长及相应的位置坐标，并作出氦氖灯光谱图。
2. 写出线性内插法计算波长的过程。
3. 计算氢原子光谱的里德伯常量。

分析与思考

1. 摄谱时，照相底片面为什么要有一定倾角？
2. 在用线性内插法测定波长时，需采取哪些措施来减少测量误差？

选读：恒偏向角棱镜。

5.3.3 光栅光谱仪测光谱

实验目的

1. 了解光栅光谱仪的结构和工作原理。
2. 掌握用光栅光谱仪测量光源光谱的技术。
3. 了解利用电子计算机进行数据采集处理的方法。

实验仪器

光栅光谱仪，计算机，钠灯，氢灯。

实验原理

1. 光栅光谱仪

光栅光谱仪由主机、扫描系统、接收单元、信号放大系统、A/D 采集单元和计算机组成，其基本配置如图 5.3-6 所示。其光学系统基本结构如图 5.3-7 所示。M2，M3 是两个凹面反射镜，具有会聚和准直的作用。由 S 点发出的光经过狭缝 S1、平面镜 M1、凹面反射镜 M2 入射到光栅 G 上。由 G 发出的衍射光经凹面镜 M3，平面镜 M4 会聚到狭缝 S2 处。S2 处放置 CCD 就可以接收到衍射光信号。移去反射镜 M4，又可以将衍射光直接会聚在 S3 处放置的光电倍增管上。这种系统结构简单、尺寸小、像差小、分辨率高，更换光栅方便。

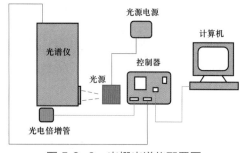

图 5.3-6 光栅光谱仪配置图

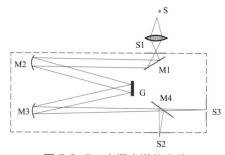

图 5.3-7 光栅光谱仪光路

CCD 接收的是不同位置处的光强，位置对应着衍射角 θ。当入射角固定，对于同一级次的衍射，θ 与波长有着唯一的对应关系。在光谱实验中需要确定位置与波长的关系，这项工作称为"标定"。一般需要用已知波长的特征谱线来标定 CCD。光电倍增管只能测量固定位置的衍射光强。由于不能移动光电倍增管来测量不同波长的谱线，只有转动光栅，从而使不同波长的衍射线扫过狭缝 S3，此时光栅的角度对应着衍射波长。根据光谱仪和光栅的结构参数用计算机软件计算光栅角度与衍射波长的关系。具体测量时也需要根据已知谱线波长进行修正。

电子计算机采集光谱的衍射波长信号（位置信号）和光强信号（能量信号），经过 A/D 转换和运算处理后在屏幕上显示出光谱图形。

最常用的光栅是平面反射光栅，由于单缝衍射与缝间干涉主极大重叠，衍射零级集中了绝大部分能量，但衍射零级的色散为零，没有实用价值，而含有丰富信息的高级衍射峰的强度却非常低。为提高衍射效率，从而提高测量信噪比，光栅光谱仪系统中所使用的光栅不是平面反射光栅，而是闪耀光栅，如图 5.3-8 所示。以磨光的金属板或镀上金属膜的玻璃板为坯子，用劈形钻石尖刀在其上面刻画出一系列锯齿状的槽面形成光栅，衍射强度仍然由单缝（槽面）衍射和缝间干涉共同决定，但这种光栅的单缝衍射零级将与缝间干涉零级错开，从而把光能转移并集中到所需的某级光谱上。

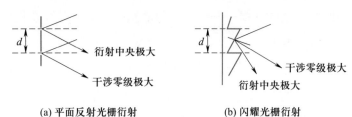

(a) 平面反射光栅衍射   (b) 闪耀光栅衍射

图 5.3-8　反射式光栅强度极大方向

2. 光电倍增管

光栅光谱仪的接收系统使用的是光电倍增管。它是利用光电子发射效应和二次电子发射效应制成的光电器件。其主要优点是灵敏度高、稳定性好、响应速度快和噪音低，但也存在结构复杂、工作电压高等缺点。光电倍增管是电流放大元件，具有很高的电流增益，因而最适合于微弱信号的检测。其基本结构和工作原理为当光子打到光电倍增管的光电阴极 K 上时，由于光电效应会产生一些光电子，这些光电子在光电倍增管中的电场作用下飞向阳极 A，在阴极 K 和阳极 A 之间还有 n 个电极（$D_1 \sim D_n$）叫作倍增极，极间也有一定的电压（几十到上百伏），在极间电压的作用下飞向阳极 A 的光电子被一级一级地加速，在加速的过程中它们以高速度轰击倍增极，使倍增极产生二次电子发射，这样就使得电子的数目大量增加，并逐级递增，最后到达阳极的电子就会很多，形成很大的阳极电流，由于倍增极的倍增因子基本是常量，所以当光信号变化时，阴极发射的电子的数目也随之变化，从而阳极电流也随着光信号发生变化。这样光电倍增管就可以反映光强随时间的变化。

实验内容

1. 光栅光谱仪的调节及使用

如图 5.3-6 所示认真检查光栅光谱仪的各个部分（单色仪主机、电控箱、接收单元、计算机）连线是否正确，保证准确无误；开启光源，调整好光路；打开光电倍增管电源，将工作电压调至 500 V。

仪器的参量设置和测量均由计算机来完成。运行程序，选择适当的寄存器（光谱测量的结果将存放在寄存器里），并进行实验参量设置，主要设置内容如下。

（1）扫描间隔：间隔越小测量分辨率越高，但是测量速度也越慢；

（2）工作范围：决定光谱测量的波长范围；

（3）采集次数：每点采集次数越多，随机误差越小。

设置完成后，即可开始测量。

注意：探测光强度可以由光谱仪进口和出口的狭缝进行调节。光强过大将使光电倍增管饱和；光强过小又影响测量准确度，为此可以先进行粗测，决定适当的狭缝宽度。

扫描完成后，可通过软件功能进行数据分析，如确定衍射峰的波长、测量数据存盘保留等。

2. 测量钠灯光谱进行波长偏移修正

光栅光谱仪由于运输过程中震动等各种原因，可能会使波长准确度产生偏差，因此在第一次使用前需用已知的光谱线来校准仪器的波长准确度，在平常使用中，也应定期检查仪器的波长准确度。采用已知波长的光源——钠灯，测量光谱，将衍射峰波长与已知标准波长进行比较，确定偏移修正量，并在软件中进行修正。

3. 测量钠灯、氢灯两种光源光谱

调节光源，对系统参数进行相应的设置，对出射、入射狭缝宽度进行相应的设置。单程扫描钠灯、氢灯两种光源，分别得到它们的能量——波长关系曲线。

基本要求

1. 记录光栅光谱仪的工作参量。
2. 用坐标纸画出两种光源的能量——波长关系曲线（要求适当放大）。

分析与思考

1. 说明钨灯和钠灯、汞灯光谱的区别。
2. 为什么狭缝具有最佳宽度？如何求出狭缝的最佳宽度？
3. 光栅光谱仪的理论分辨本领如何计算？实际分辨本领如何测量和计算？

选读：光纤光谱仪。

小结与扩展

1666 年牛顿发现太阳光通过三棱镜时，太阳光分解为七色光。1814 年夫琅禾费设计了包括狭缝、棱镜和视窗的光学系统，并发现了太阳光谱中的吸收谱线。1860 年克希霍夫和本生为研究金属光谱设计出较完善的现代光谱仪。由于棱镜光谱是非线性的，人们开始研究光栅光谱仪。棱镜光谱仪和光栅光谱仪的优缺点分别是：棱镜的工作光谱区受到材料的限制，光波长小于 120 nm，大于 50 μm 时不能用棱镜分光；光栅的角色散率与波长无关，棱镜的角色散率与波长有关；棱镜的尺寸越大分辨率越高，但制造越加困难，同样分辨率的光栅重量轻，制造容易；光栅存在光谱重叠问题而棱镜没有，光栅由于刻划误差造成存在鬼线，而棱镜没有。

参考资料：

1. 赵凯华，钟锡华 . 光学 . 北京：北京大学出版社，2005.
2. 谢行恕，康士秀，霍剑青 . 大学物理实验：第 2 册 . 北京：高等教育出版社，2005.
3. 杨述武，王定兴 . 普通物理实验 . 北京：高等教育出版社，2000.
4. 周殿清 . 大学物理实验 . 武汉：武汉大学出版社，2005.
5. 柴成钢，罗贤清，丁儒牛等 . 大学物理实验 . 北京：科学出版社，2004.

6. 西南七所高等院校 . 大学物理实验 : 光学部分 . 成都：西南师范大学出版社，1990.

5.4 超声波原理及应用

专题简介

超声波是频率在 2×10^4 Hz～10^{12} Hz 的声波。超声广泛存在于自然界和日常生活中，如老鼠、海豚的叫声中含有超声成分，蝙蝠利用超声导航和觅食，金属片撞击和小孔漏气也能发出超声。

人们研究超声始于 1830 年，萨伐尔曾用一个多齿轮，第一次人工产生了频率为 2.4×10^4 Hz 的超声；1912 年泰坦尼克客轮事件后，科学家提出利用超声预测冰山；1916 年第一次世界大战期间朗之万领导的研究小组开展了水下潜艇超声侦察的研究，为声呐技术奠定了基础；1927 年，威耳孙和卢米斯发表超声能量作用实验报告，奠定功率超声基础；1929 年俄国学者索科洛夫提出利用超声波良好穿透性来检测不透明体内部缺陷，此后美国科学家费尔斯通使超声波无损检测成为一种实用技术。

超声波测试把超声波作为一种信息载体，它已在海洋探查与开发、无损检测与评价、医学诊断等领域发挥着不可取代的独特作用。例如，在海洋应用中，超声波可以用来探测鱼群或冰山，可用于潜艇导航或传送信息、地形地貌测绘和地质勘探等。在检测中，利用超声波检验固体材料内部的缺陷、材料尺寸测量、物理参数测量等。在医学中，可以利用超声波进行人体内部器官的组织结构扫描（B超诊断）和血流速度的测量（彩超诊断）等。

专题安排

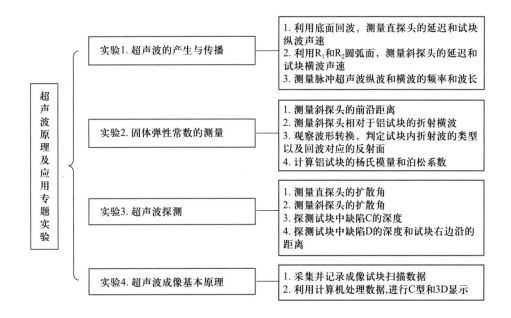

预习要点

本专题实验内容涉及"大学物理"课程中振动与波动的相关内容，重点为波反射、折射、干涉和衍射的特点，以及超声波与电磁波或光波的异同。

5.4.1 超声波的产生与传播

实验目的

1. 了解超声波产生和接收方法。
2. 认识超声脉冲波及其特点。
3. 理解超声波的反射、折射和波型转换。
4. 初步掌握超声波声速测量的方法。
5. 掌握超声波实验仪和示波器的调节使用方法。

实验仪器

JDUT-2 型超声波实验仪，GOS-620 型示波器（20 MHz），CSK-IB 试块、钢板尺、耦合剂（机油）等。

实验原理

1. 压电效应

某些固体物质，在压力（或拉力）的作用下产生变形，从而使物质本身极化，在物体相对的表面出现正、负束缚电荷，这一效应称为压电效应。

物质的压电效应与其内部的结构有关。如石英晶体的化学成分是 SiO_2，它可以看成由 +4 价的 Si 离子和 −2 价 O 离子组成。晶体内，两种离子形成有规律的六角形排列，如图 5.4-1 所示，其中三个正原子组成一个向右的正三角形，正电中心在三角形的中心处。类似，三个负原子对（六个负原子）组成一个向左的三角形，其负电中心也在这个三角形的重心处。晶体不受力时，两个三角形重心重合，六角形单元是电中性的。整个晶体由许多这样的六角形构成，也是电中性的。

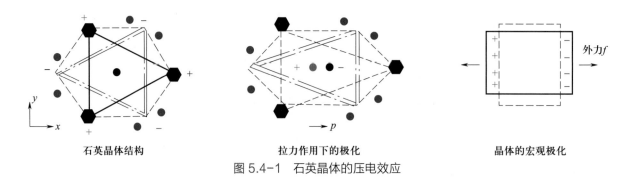

石英晶体结构　　　　　　拉力作用下的极化　　　　　　晶体的宏观极化

图 5.4-1　石英晶体的压电效应

当晶体沿 x 方向受一拉力，或沿 y 方向受一压力，上述六角形沿 x 方向拉长，使得正、负电中心不重合。尽管这时六角形单元仍然是电中性的，但是正负电中心不重合，产生电偶极矩 p。整个晶体中有许多这样的电偶极矩排列，使得晶体极化，左右表面出现束缚电荷。当外力去掉，晶体恢复原来的形状，极化也消失。（大学物理教材中有关于电极化理论的详细介绍）

由于同样的原因，当晶体沿 y 方向受拉力，或沿 x 方向受压力，正原子三角形和负原子三角形都被压扁，也造成正、负电中心不重合。但是这时电偶极矩的方向与 x 方向受拉力时相反，晶体的极化方向也相反。这就是压电效应产生的原因。

当外力沿 z 轴方向（垂直于图 5.4-1 中的纸面方向），由于不造成正负电中心的相对位移，所以不产生压电效应。由此可见，石英晶体的压电效应是有方向性的。

当一个不受外力的石英晶体受电场作用，其正负离子向相反的方向移动，于是产生了晶体的变形。这一效应是逆压电效应。

还有一类晶体，如钛酸钡（$BaTiO_3$），在室温下即使不受外力作用，正负电中心也不重合，具有自发极化现象。这类晶体也具有压电效应和逆压电效应，它们多是由人工制成的陶瓷材料，又叫压电陶瓷。本实验中超声波换能器采用的压电材料为压电陶瓷。

2. 脉冲超声波的产生及其特点

用作超声波换能器的压电陶瓷被加工成平面状，并在正反两面分别镀上银层作为电极，称为压电晶片。当给压电晶片两极施加一个电压短脉冲时，由于逆压电效应，晶片将发生弹性形变而产生弹性振荡，振荡频率与晶片的声速和厚度有关，适当选择晶片的厚度可以得到超声频率范围的弹性波，即超声波。在晶片的振动过程中，由于能量的减少，其振幅也逐渐减小，因此它发射出的是一个超声波波包，通常称为脉冲波，如图 5.4-2 所示。超声波在材料内部传播时，与被检对象相互作用发生散射，散射波被同一压电换能器接收，由于正压电效应，振荡的晶片在两极产生振荡的电压，电压被放大后可以用示波器显示。

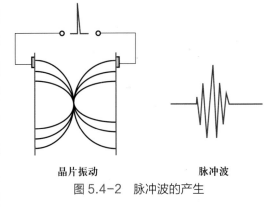

晶片振动   **脉冲波**

图 5.4-2　脉冲波的产生

如图 5.4-3（a）所示为超声波在试块中传播的示意图。如图 5.4-3（b）所示为示波器接收得到的超声波信号。图中，t_0 为电脉冲施加在压电晶片的时刻，t_1 是超声波传播到试块底面，又反射回来，被同一个探头接收的时刻。因此，超声波在试块中从表面传播到底面的时间为

$$t = (t_1 - t_0)/2 \tag{5.4-1}$$

如果试块材质均匀，超声波声速 C 一定，则超声波在试块中的传播距离为

$$S = Ct \tag{5.4-2}$$

3. 超声波波型及换能器种类

如果晶片内部质点的振动方向垂直于晶片平面，那么晶片向外发射的就是超声纵波。超声波在介

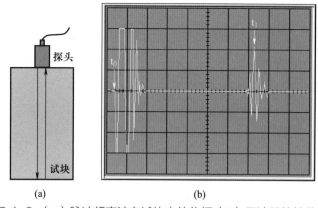

图 5.4-3 （a）脉冲超声波在试块中的传播（b）示波器的接收信号

质中传播可以有不同的波型，它取决于介质可以承受何种作用力以及如何对介质激发超声波。通常有如下三种：

纵波波型：当介质中质点振动方向与超声波的传播方向一致时，此超声波为纵波波型。任何固体介质当其体积发生交替变化时均能产生纵波。

横波波型：当介质中质点的振动方向与超声波的传播方向相垂直时，此种超声波为横波波型。由于固体介质除了能承受体积变形外，还能承受切变变形，因此，当其有剪切力交替作用于固体介质时均能产生横波。横波只能在固体介质中传播。

表面波波型：是沿着固体表面传播的具有纵波和横波的双重性质的波。表面波可以看成是由平行于表面的纵波和垂直于表面的横波合成，振动质点的轨迹为一椭圆，在距表面 1/4 波长深处振幅最强，随着深度的增加很快衰减，实际上离表面一个波长以上的地方，质点振动的振幅已经很微弱了。

在实际应用中，我们经常把超声波换能器称为超声波探头。实验中，常用的超声波探头有直探头和斜探头两种，其结构如图 5.4-4 所示。探头通过保护膜或斜楔向外发射超声波；吸收背衬的作用是吸收晶片向背面发射的声波，以减少杂波；匹配电感的作用是调整脉冲波的波包形状。

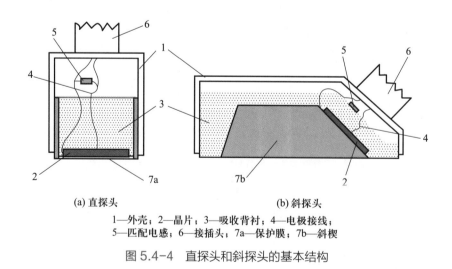

(a) 直探头　　　　　　　　(b) 斜探头

1—外壳；2—晶片；3—吸收背衬；4—电极接线；
5—匹配电感；6—接插头；7a—保护膜；7b—斜楔

图 5.4-4　直探头和斜探头的基本结构

一般情况下，采用直探头产生纵波，斜探头产生横波或表面波。对于斜探头，晶片受激发产生超声波后，声波首先在探头内部传播一段时间后，才到达试块的表面，这段时间我们称为探头的延迟。对于直探头，一般延迟较小，在测量精度要求不高的情况下，可以忽略不计。

4. 超声波的反射、折射与波型转换

在斜探头中，从晶片产生的超声波为纵波，它通过斜楔使超声波折射到试块内部，同时可以使纵波转换为横波。实际上，超声波在两种固体界面上发生折射和反射时，纵波可以折射和反射为横波，横波也可以折射和反射为纵波。超声波的这种现象称为波型转换，其图解如图 5.4-5 所示。超声波在界面上的反射、折射和波型转换满足如下折射定律：

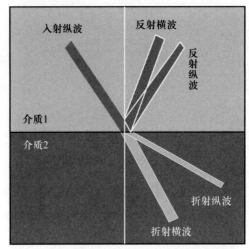

反射：　　$\dfrac{\sin\alpha}{C} = \dfrac{\sin\alpha_{L}}{C_{1L}} = \dfrac{\sin\alpha_{S}}{C_{1S}}$　　（5.4-3a）

折射：　　$\dfrac{\sin\alpha}{C} = \dfrac{\sin\beta_{L}}{C_{2L}} = \dfrac{\sin\beta_{S}}{C_{2S}}$　　（5.4-3b）

图 5.4-5　超声波的反射、折射和波型转换

其中，α_{L} 和 α_{S} 分别是纵波反射角和横波反射角；β_{L} 和 β_{S} 分别是纵波折射角和横波折射角；C_{1L} 和 C_{1S} 分别是介质 1 的纵波声速和横波声速；C_{2L} 和 C_{2S} 分别是介质 2 的纵波声速和横波声速。

在本实验中，还使用了一种可变角探头，如图 5.4-6 所示。其中探头芯可以旋转，通过改变探头的入射角 θ，得到不同折射角的斜探头。当 $\theta = 0$ 时成为直探头。可以利用该探头观察波型转换的过程。

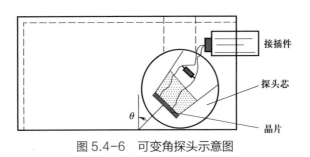

接插件

探头芯

晶片

θ

图 5.4-6　可变角探头示意图

在斜探头或可变角探头中，有机玻璃斜块或有机玻璃探头芯的声速 C 小于铝中横波声速 C_{S}，而横波声速 C_{S} 又小于纵波声速 C_{L}。因此，根据（5.4-3b）式，当 α 大于 $\alpha_{1} = \arcsin\left(\dfrac{C}{C_{L}}\right)$ 时，铝介质中只有折射横波；而当 α 大于 $\alpha_{2} = \arcsin\left(\dfrac{C}{C_{S}}\right)$ 时，铝介质中既无纵波折射，又无横波折射。我们把 α_{1} 称为有机玻璃入射到有机玻璃 - 铝界面上的第一临界角；α_{2} 称为第二临界角。

实验内容

1. 直探头延迟和试块纵波声速的测量

参照附录 A 连接 JDUT-2 型超声波实验仪和示波器。超声波实验仪接上直探头，并把探头放在

CSK-IB 试块的正面，仪器的射频输出与示波器第 1 通道相连，触发与示波器外触发相连，示波器采用外触发方式，适当设置超声波实验仪衰减器的数值和示波器的电压范围与时间范围，使示波器上看到的波形如图 5.4-7 所示。

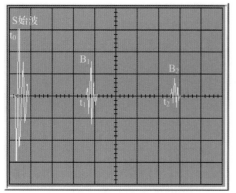

图 5.4-7　直探头延迟的测量

在图 5.4-7 中，S 称为始波，t_0 对应于发射超声波的初始时刻；B_1 称为试块的一次底面回波，t_1 对应于超声波传播到试块底面，并被发射回来后，被超声波探头接收到的时刻，因此 t_1 对应于超声波在试块内一次往复传播的时间；B_2 称为试块的二次底面回波，它对应于超声波在试块内一次往复传播到试块的上表面后，部分超声波被上表面反射，并被试块底面再次反射，即在试块内部往复传播两次后被接收到的超声波。依次类推，有三次、四次和多次底面反射回波。

从示波器上读出传播 t_1 和 t_2，则直探头的延迟为

$$t = 2t_1 - t_2 \tag{5.4-4}$$

试块纵波声速为

$$C_L = \frac{2L}{t_2 - t_1} \tag{5.4-5}$$

2. 斜探头延迟和试块横波声速的测量

超声波实验仪接上斜探头，把探头放在 CSK-IB 试块的上方靠近试块前面，对准圆弧面，使探头的斜射声束能够同时入射在 R_1 和 R_2 圆弧面上，斜探头放置位置如图 5.4-8 所示。适当设置超声波实验仪衰减器的数值和示波器的电压范围与时间范围，在示波器上可同时观测到两个弧面的回波 B_1 和 B_2，测量它们对应的时间 t_1 和 t_2。回波波形和图 5.4-7 类似，其中 B_1 对应于圆弧 R_1 的一次回波，B_2 对应于圆弧 R_2 的一次回波。由于 $R_2 = 2R_1$，因此斜探头的延迟为

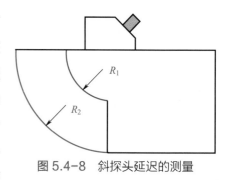

图 5.4-8　斜探头延迟的测量

$$t = 2t_1 - t_2 \tag{5.4-6}$$

试块横波声速为

$$C_S = \frac{2(R_2 - R_1)}{t_2 - t_1} \tag{5.4-7}$$

3. 声速的直接测量和相对测量方法

当利用单个反射体（界面或人工反射体）测量声速时，我们只需要测量该反射体的回波时间，就可以计算得到声速。对于单个的反射体，得到的反射波如图 5.4-9 所示。直接测量的时间包含了超声波在探头内部的传播时间 t_0，即探头的延迟。对于任何一种探头，其延迟只与探头本身有关，而与被测的材料无关。因此，首先需要测量探头的延迟，然后才能利用该探头直接测量反射体回波时间，这是

声速的直接测量方法。

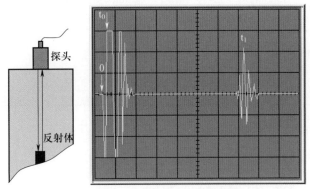

图 5.4-9 单反射体纵波声速测量

如果被测试块有两个确定的反射体，那么通过测量两个反射体回波对应的时间差，再计算出试块的声速。这种方法称为声速的相对测量方法。对于直探头，可以利用均匀厚度底面的多次反射回波中的任意两个回波进行测量。对于斜探头，则利用 CSK-IB 试块的两个圆弧面的回波进行测量。纵波和横波计算方法参见（5.4-5）式和（5.4-7）式。

4. 脉冲波频率和波长的测量

对直探头和斜探头，分别调节示波器的时间扫描旋钮和垂直调节旋钮，使试块的一次底面回波出现在示波屏的中央，水平和垂直幅度均为满屏的 80% 左右，测量两个振动波峰之间的时间间隔，得到一个脉冲周期的振动时间。实验时为了读数准确，要求测量四个周期的时间间隔 t，此时脉冲波的频率为 $f = 4/t$；用实验得到的纵横波声速，计算脉冲波在铝试块中的波长 $\lambda = C/f$。

基本要求

1. 利用底面回波，测量直探头的延迟和试块纵波声速

利用 CSK-IB 试块 45.0 mm 的厚度进行测量。测量 3 次，求平均值。

2. 利用 R_1 和 R_2 圆弧面，测量斜探头的延迟和试块横波声速

利用 CSK-IB 试块 R_1 和 R_2 圆弧面进行测量。测量 3 次，求平均值。

3. 测量脉冲超声波纵波和横波的频率和波长

直探头利用 CSK-IB 试块 45.0 mm 厚度的一次回波进行测量，测量脉冲波 4 个振动周期的时间 t，求其频率和波长。斜探头利用 CSK-IB 试块 R_1 或 R_2 圆弧面进行测量，测量脉冲波 4 个振动周期的时间 t，求其频率和波长。测量 3 次，求平均值。

分析与思考

1. 激发脉冲超声波的电脉冲一般是一个上升沿小于 20 ns 的很尖很窄的脉冲，而从超声脉冲波的波形看，其幅度是由小变大，然后又由大变小，而不是直接从大变小，并且振动可以持续 1～10 μs，

为什么?

2. 为什么利用斜探头入射到圆弧面上, 只看到横波而没有纵波?

5.4.2　固体弹性常量的测量

实验目的

1. 理解超声波声速与固体弹性常量的关系。
2. 掌握超声波声速测量的方法。
3. 了解声速测量在超声波应用中的重要性。

实验仪器

JDUT-2 型超声波实验仪, GOS-620 型示波器 (20 MHz), CSK-IB 试块, 钢板尺, 耦合剂 (机油) 等。

实验原理

1. 斜探头入射点测量

在确定斜探头声波的传播距离时, 通常要知道斜探头的入射点, 即声束与被测试块表面的相交点, 用探头前沿到该点的距离表示, 这被称为前沿距离。

参照图 5.4-10 把斜探头放在试块上, 并使探头靠近试块背面, 使探头的斜射声束入射在 R_2 圆弧面上, 左右移动探头, 使回波幅度最大 (声束通过弧面的圆心)。这时, 用钢板尺测量探头前沿到试块左端的距离 L, 则前沿距离为

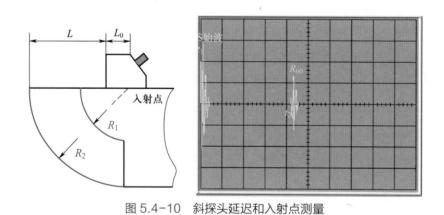

图 5.4-10　斜探头延迟和入射点测量

$$L_0 = R_2 - L \qquad (5.4-8)$$

2. 斜探头折射角的测量

利用 CSK-IB 试块上的横通孔 A 和 B 可以测量斜探头的折射角。如图 5.4-11 所示, 首先把斜探

头的横波声束正对（回波幅度最大时为正对位置）CSK-IB 试块上的横孔 A，用钢板尺测量正对时探头的前沿到试块右边沿的距离 x_A；然后向左移动探头，再让横波声束正对横孔 B，并测量距离 x_B。测量 A 和 B 的水平距离 L 和垂直距离 H，则探头的折射角为：

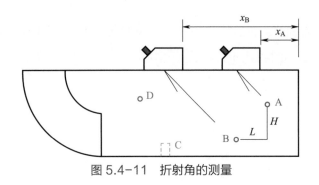

图 5.4-11　折射角的测量

$$\beta_S = \arctan\left(\frac{x_B - x_A - L}{H}\right) \tag{5.4-9}$$

3. 波型转换的观察与测量

把超声波实验仪接上可变角探头，如图 5.4-12 所示，把探头放在试块上，并使探头靠近试块正面，使探头的斜射声束只打在 R_2 圆弧面上。适当设置超声波实验仪衰减器的数值和示波器的电压范围与时间范围。改变探头的入射角，并在改变的过程中适当移动探头的位置，使每一个入射角对应的 R_2 圆弧面的反射回波最大，则在探头入射角由小变大的过程中，我们可以先后观察到纵波反射回波、横波反射回波和表面波反射回波。

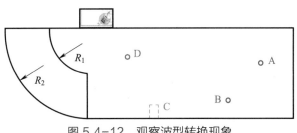

图 5.4-12　观察波型转换现象

再让探头靠近试块背面，通过调节入射角，使屏幕上能够同时观测到回波 B_1 和 B_2（如图 5.4-13 所示），且它们的幅度基本相等（B_2 是二次回波）；再让探头逐步靠近试块正面，则又会在 B_1 前面观测到一个回波 b_1，b_2 是二次回波，与 B_1 重合。参照附录 B 给出铝试块的纵波声速与横波声速，通过简单测量和计算，可以确定 b_1、B_1 和 B_2 对应的波型和反射面。

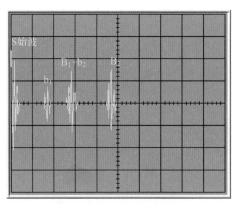

图 5.4-13　横波的测量

4. 计算铝试块的杨氏模量和泊松系数

在各向同性的固体材料中，根据应力和应变满足的胡克定律，可以求得超声波传播的

$$\nabla^2 \Phi = \frac{1}{c^2}\frac{\partial^2 \Phi}{\partial^2 t^2}$$ （5.4-10）

其中 Φ 为势函数，c 为超声波传播速度。

当介质中质点振动方向与超声波的传播方向一致时，称为纵波；当介质中质点的振动方向与超声波的传播方向相垂直时，称为横波。在气体介质中，声波只是纵波。在固体介质内部，超声波可以按纵波或横波两种波型传播。无论是材料中的纵波还是横波，其速度可表示为：

$$c = \frac{d}{t}$$ （5.4-11）

其中，d 为声波传播距离，t 为声波传播时间。

对于同一种材料，其纵波波速和横波波速的大小一般不一样，但是它们都由弹性介质的密度、杨氏模量和泊松比等弹性参量决定，即影响这些物理常量的因素都对声速有影响。相反，利用测量超声波速度的方法可以测量材料有关的弹性常量。

固体在外力作用下，其长度沿力的方向产生变形。变形时的应力与应变之比就定义为杨氏模量，一般用 E 表示。

固体在应力作用下，沿纵向有一正应变（伸长），沿横向就将有一个负应变（缩短），横向应变与纵向应变之比被定义为泊松比，记做 σ，它也是表示材料弹性性质的一个物理量。

在各向同性固体介质中，各种波形的超声波声速为

纵波声速： $$C_L = \sqrt{\frac{E(1-\sigma)}{\rho(1+\sigma)(1-2\sigma)}}$$ （5.4-12）

横波声速： $$C_S = \sqrt{\frac{E}{2\rho(1+\sigma)}}$$ （5.4-13）

其中 E 为杨氏模量，σ 为泊松系数，ρ 为材料密度。

相应地，通过测量介质的纵波声速和横波声速，利用以上公式可以计算介质的弹性常量。计算公式如下：

杨氏模量： $$E = \frac{\rho C_S^2(3T^2-4)}{T^2-1}$$ （5.4-14）

泊松系数： $$\sigma = \frac{T^2-2}{2(T^2-1)}$$ （5.4-15）

其中：$T = \dfrac{C_L}{C_S}$，C_L 为介质中纵波声速，C_S 为介质中横波声速，ρ 为介质的密度。

基本要求

1. 测量斜探头的前沿距离

利用 CSK-IB 试块 R_2 圆弧面进行测量。测量 3 次，求平均值。

2. 测量斜探头相对于铝试块的折射横波

（1）把探头分别对准 A、B 两孔，找到最大反射回波，测 x_A，x_B，测量三次；并测量 A、B 孔之间的横向距离 L 和纵向距离 H。

（2）求斜探头折射角 β_S。

（3）通过 $\dfrac{\sin\alpha}{C}=\dfrac{\sin\beta_S}{C_S}$，求入射纵波的入射角 α。

（4）由 $\alpha_1=\arcsin\left(\dfrac{C}{C_L}\right)$，$\alpha_2=\arcsin\left(\dfrac{C}{C_S}\right)$，求 α_1、α_2，并比较 α 与 α_1、α_2。

3. 观察波形转换，判定试块内折射波的类型以及回波对应的反射面

改变可变角探头的入射角，分别观察入射角度 $\beta=0$，$0<\beta<\alpha_1$，$\alpha_1<\beta<\alpha_2$，$\alpha_2<\beta$ 的情况，并绘出示意图。

4. 计算铝试块的杨氏模量和泊松系数。

分析与思考

1. 通过计算说明，当可变角探头逐步靠近试块正面时，为什么横波在 R_1 圆弧面的反射回波能够与 B_1 重合？

2. 利用 CSK-IB 试块怎样测量表面波探头的延迟？能否用测量斜探头入射点的方法测量表面波探头的入射点？为什么？

3. 利用 CSK-IB 试块的横孔 A 和横孔 B 试块怎样测量斜探头的延迟和入射点？

4. 利用铝试块测量得到斜探头的延迟和入射点与在钢试块测量同一探头的延迟和入射点，结果是否一样？为什么？

5.4.3 超声波探测

实验目的

1. 理解超声波探头的指向性。
2. 掌握超声波探测原理和定位方法。

实验仪器

JDUT-2 型超声波实验仪，GOS-620 型示波器（20 MHz），CSK-IB 试块，钢板尺，耦合剂（机油）等。

实验原理

超声探头发射能量的指向性与探头的几何尺寸和波长有直接的关系。一般来讲，波长越小，频率

越高，指向性越好；尺寸越大，指向性越好。可以用公式表示如下：

$$\theta = 2\arcsin\left(1.22\frac{\lambda}{D}\right) \qquad (5.4-16)$$

如图 5.4-14 所示是超声波探头的指向性与其尺寸和波长关系的示意图，r 为圆形压电晶片的半径，λ 为超声波波长。对具有一定指向性要求的超声波探头，采用较高的频率可以使探头的尺寸变小，因为频率高，波长即小，而晶片半径与波长是正比关系。

在实际应用中，通常我们用偏离中心轴线后振幅减小一半的位置表示声束的边界。如图 5.4-15 所示，在同一深度位置，中心轴线上的能量最大，当偏离中线到位置 A、A' 时，能量减小到最大值的一半。其中 θ 角定义为探头的扩散角。θ 越小，探头方向性越好，定位精度越高。

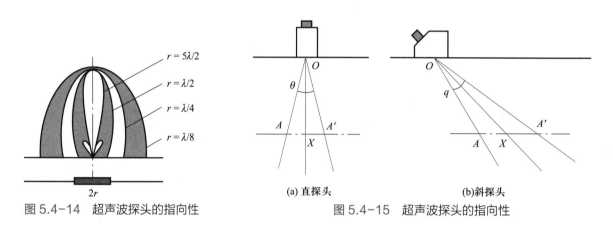

图 5.4-14　超声波探头的指向性

(a) 直探头　(b)斜探头

图 5.4-15　超声波探头的指向性

注意：在进行缺陷定位时，必须找到缺陷反射回波最大的位置，使得被测缺陷处于探头的中心轴线上，然后测量缺陷反射回波对应的时间，根据工件的声速可以计算出缺陷到探头入射点的垂直深度或水平距离。

实验内容

1. 声束扩散角的测量

如图 5.4-16 所示，利用直探头分别找到 B 通孔对应的回波，移动探头使回波幅度最大，并记录该点的位置 x_0 及对应回波的幅度；然后向左边移动探头使回波幅度减小到最大振幅的一半，并记录该点的位置 x_1；同样的方法记录下探头右移时回波幅度下降到最大振幅一半对应点的位置 x_2；则直探头扩散角为

$$\theta = 2\arctan\frac{|x_2 - x_1|}{2L} \qquad (5.4-17)$$

其中，L 指所测 B 通孔与表面间的距离。

对于斜探头，首先必须测量出探头的折射角 β，然后利用测量直探头同样的方法，按下式计算斜探头

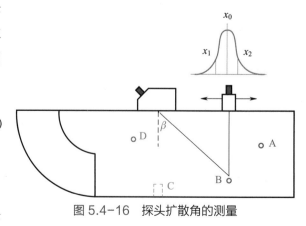

图 5.4-16　探头扩散角的测量

的扩散角近似为

$$\theta = 2\arctan\left[\frac{|x_2 - x_1|}{2L}\cos^2\beta\right] \qquad (5.4\text{-}18)$$

2. 直探头探测缺陷深度

在超声波探测中，可以利用直探头来探测较厚工件内部缺陷 C 的位置和当量大小。把探头按图 5.4-17 所示的位置放置，观察其波形。其中底波是工件底面的反射回波。

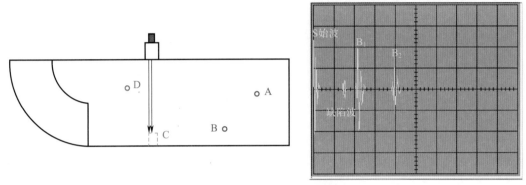

图 5.4-17　直探头探测缺陷深度

对底面回波和缺陷波对应时间（深度）的测量，可以采用绝对测量方法，也可以采用相对测量方法。利用绝对测量方法时，必须首先测量（或已知）探头的延迟和被测材料的声速，具体方法请参看实验直探头延迟和声速的绝对测量方法。利用相对测量方法时，必须有与被测材料同材质试块，并已知该试块的厚度，具体方法请参看实验直探头延迟和声速的相对测量方法。

绝对测量时深度为

$$H_C = C_L \cdot \frac{t_C - t_0}{2} \qquad (5.4\text{-}19)$$

其中 C_L 为纵波声速，t_C 为缺陷 C 回波时间，t_0 为直探头延迟。

3. 斜探头测量缺陷的深度和水平距离

利用斜探头进行探测时，如果测量得到超声波在材料中传播的距离为 M，则其深度 H 和水平距离 L 为

$$H = M \cdot \tan(\beta) \qquad (5.4\text{-}20a)$$

$$L = M \cdot \cot(\beta) \qquad (5.4\text{-}20b)$$

其中 β 是斜探头在被测材料中的折射角。

要实现对缺陷 D 进行定位，除了必须测量（或已知）探头的延迟、入射点外，还必须测量（或已知）探头在该材质中的折射角和声速。通常我们先利用与被测材料同材质的试块中两个不同深度的横孔对斜探头的延迟、入射点、折射角和声速进行测量。

如图 5.4-18 所示，A、B 为试块中的两个横孔，距试块边沿分别为 L_A、L_B，为了直观显示，将 B 孔水平位置平移至 A 孔正下方，故（5.4-20）式实际计算时须计及 AB 空间水平距离 L_{AB}。让斜探头先

后对正 A 和 B，找到最大回波，测量得到它们的回波时间 t_A、t_B，探头前沿到试块边沿的水平距离分别为 x_A、x_B，已知它们的深度为 H_A、H_B，则有

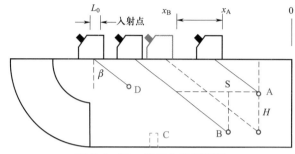

图 5.4-18　斜探头参量测量

$$S = x_B - x_A - L_{AB} \tag{5.4-21}$$

$$H = H_B - H_A \tag{5.4-22}$$

折射角：
$$\beta = \arctan\left(\frac{S}{H}\right) \tag{5.4-23}$$

声速：
$$c = \frac{2H}{(t_B - t_A)\cos\beta} \tag{5.4-24}$$

延迟：
$$t_0 = t_B - \frac{2H_B}{c \cdot \cos\beta} \tag{5.4-25}$$

前沿距离：
$$L_0 = H_B \cdot \tan\beta - (x_B - L_B) \tag{5.4-26}$$

接着把探头对准 D 孔，找到最大反射回波，测量 x_D，t_D，则有：

D 孔深度：
$$H_D = \frac{C(t_D - t_0)\cos\beta}{2} \tag{5.4-27}$$

D 孔离试块边沿的水平距离：
$$L_D = x_D + L_0 - H_D \tan\beta \tag{5.4-28}$$

基本要求

1. 测量直探头的扩散角

利用直探头对 CSK-IB 试块横孔 A 和 B 分别进行测量，测量三次，计算扩散角。

2. 测量斜探头的扩散角

利用斜探头对 CSK-IB 试块横孔 A 和 B 分别进行测量，测量三次，计算扩散角。

3. 探测 CSK-IB 试块中缺陷 C 的深度

利用直探头，采用绝对测量方法测量，测量三次，求平均值。

4. 探测 CSK-IB 试块中缺陷 D 的深度和距试块右边沿的距离

测量斜探头的延迟、入射点、折射角和声速，再探测缺陷 D 深度和离试块边沿的水平距离。

1. 在利用斜探头探测中，如果能够得到与被测材料同材质的试块，并且已知该试块中两个不同深度的横孔的深度，那么我们不必测量斜探头的延迟、入射点、折射角和声速就可以确定缺陷的深度。试说明该方法具体探测过程？

2. 试利用表面波测量 CSK-IB 试块中 R_2 圆弧的长度？

5.4.4 超声波成像基本原理

实验目的

1. 理解超声波成像基本原理。
2. 了解超声波成像的应用。

实验仪器

超声波实验仪，示波器，5 M Φ6 专用直探头，超声波成像专用试块。

实验原理

在采用脉冲反射法进行超声波探测中，探头在一个点上可以得到探头中心轴线上各反射体的深度位置（一维坐标），并可以采用波形方式进行显示（A 型显示）；若探头沿着一条直线扫描，则可以得到沿该直线的端面上各反射体的深度和水平位置（二维坐标），并可以在端面对应的位置上用灰度显示各反射波的强度（B 型显示）；若探头在水平 XY 平面上逐点扫描，则可以得到被扫查体内部各反射体的深度（三维坐标），通常对扫查结果进行分层显示（C 型显示）或旋转立体显示（3D 显示）。

B 型显示、C 型显示和 3D 显示都被称为超声波成像。医学中的 B 超即为典型的 B 型显示。本实验通过探头在试块顶部的 X-Y 扫描记录，得到来自试块内部缺陷的平面分布以及埋藏深度 Z 方向的信息，利用测量得到的三维数据进行计算机图像重建，得到试块内部缺陷的立体图像。

实验内容与步骤

1. 调整仪器灵敏度

放置试块，字在下，标尺在上，表面洒水，如图 5.4-19 所示。手持探头均匀用力使探头与试块有较好的耦合，将探头放在试块无缺陷处调整灵敏度，调节超声波实验仪衰减器在 50 dB 处左右；调整示波器使第一、二次底面回波 B_1、B_2 出现在 5 格、10 格处，分别代表 20 mm、40 mm 深度，调 Y 放大使 B_1 垂直高度为 2 格。

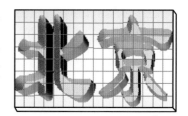

图 5.4-19　试块放置图

2. 数据采集

探头移动方式如图 5.4-20 所示。探头①位置的 XY 坐标是 0.5，0.5；探头②位置的 XY 坐标是 3.0，0.5；探头③位置的 XY 坐标是 0.5，3.0；探头④位置的 XY 坐标是 3.0，3.0。

记录回波在示波器的水平坐标，记录缺陷深度，以 mm 为单位。有时会同时出现不止一个回波，例如图 5.4-21 所示。前面的回波高于调整灵敏度时底波的高度（2 格）时记录前面回波的水平坐标，否则记录后面的水平坐标。

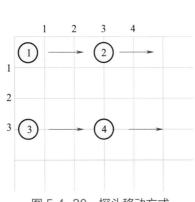

图 5.4-20　探头移动方式

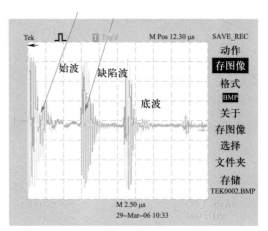

图 5.4-21　记录回波

3. 数据处理

使用 Excel 电子表格处理数据。

（1）改变 Excel 设置，使列表以数字标注。点击菜单"文件"→"选项"→"公式"，选中 R1C1 引用样式，最后"确定"；

（2）按行按列输入数据，共 19 行 39 列数据，不要输入行、列坐标，否则影响成像效果；选中全表，点击菜单中"插入"→选择"图表"→进入"图表类型"对话框（或"推荐的图表"），选中曲面图，选择彩色的任意一个即可，点击"完成"

视频：超声波专题实验－
纵波横波声速的测量。

视频：超声波专题实验－
波长和前沿距离的测量。

视频：超声波专题实验－
折射角的测量。

视频：超声波专题实验－
超声测量应用。

基本要求

1. 采集并记录成像试块扫描数据。

2. 利用计算机处理数据，并进行 C 型和 3D 显示。

1. 怎样才能提高成像的精度?
2. 利用斜探头可以进行成像扫描吗?

附录1: JDUT-2型超声波实验仪接线图。
附录2: Csk-IB铝试块材质参量和尺寸图。

5.5 迈克耳孙干涉仪

专题简介

迈克耳孙干涉仪是用分振幅法产生双光束以实现干涉的精密仪器。它的设计精巧,用途广泛,不少其他干涉仪是由此派生出来的。迈克耳孙因发明干涉仪和在光速测量方面的成就而获诺贝尔奖。迈克耳孙和他的合作者曾用这种干涉仪进行了三项著名的实验:

1. 迈克耳孙 – 莫雷实验,为爱因斯坦创立相对论提供了实验依据。
2. 镉红线的发现实现了长度单位的标准化。
3. 由干涉条纹可见度随光程变化的规律,推断光谱线的精细结构。

迈克耳孙干涉仪用途很广:观察干涉现象,研究许多物理参量(如温度、压强、电场、磁场等)对光传播的影响,测波长和测折射率等,其意义显而易见。

本专题研究①迈克耳孙干涉仪在钠光灯照射下钠双线波长差的测量;②在白光照射下的白光干涉,用以测量玻璃折射率;③由迈克耳孙干涉仪改装成的法布里 – 珀罗干涉仪,可测量钠双线波长差。

专题安排

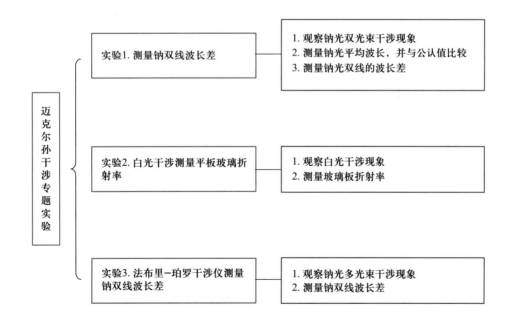

预习要点

本专题实验内容涉及"大学物理"课程中双光束干涉、多光束干涉等内容；实验中有关迈克耳孙干涉仪的结构描述以及所形成各种干涉条纹的内容，请参见"4.6.2 迈克耳孙干涉仪测量激光波长实验"。

5.5.1 测量钠光双线的波长差

实验目的

1. 巩固对迈克耳孙干涉仪的干涉原理、干涉仪的结构以及调节方法的掌握；
2. 学习利用迈克耳孙干涉仪测量钠双线波长差的原理和方法。

实验仪器

迈克耳孙干涉仪，钠光灯，毛玻璃。

实验原理

1. 迈克耳孙干涉仪

迈克耳孙干涉仪的光路如图 5.5-1 所示。G_1 是镀有半透半反膜的分光板，G_2 是光程补偿板，M_1、M_2 是全反镜，M_1 可沿导轨移动。光源发出的光线入射到 G_1 被分为反射光 1 和透射光 2，沿互相垂直的路径前进，再经 M_1、M_2 反射成光线 1′、2′ 到达 P 处，可观察到干涉条纹。M'_2 是 M_2 对 G_1 所成的虚像，由 M_2 反射的光线可以看成是由 M'_2 反射的。实际上，M_1、M'_2 之间形成一个空气薄膜，由于 M_1 可沿导轨移动，这个空气薄膜的厚度 d 是可以随意变化的。

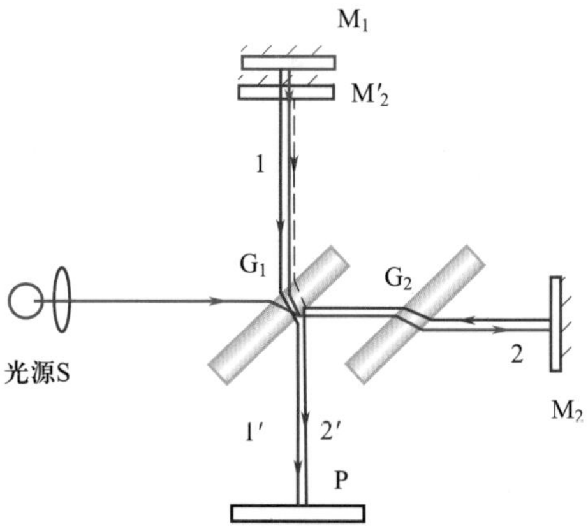

图 5.5-1 迈克耳孙干涉仪光路

M_1 镜可在导轨上移动，为了达到波长级（10^{-7} m）的测量精度，测量系统由两个 1/100 mm 的读数机构组成，大转轮用于粗调，侧面的小转轮用于微调。粗调手轮上刻有 100 个格子，转一圈，M_1 移动 1 mm；微调手轮上也刻有 100 个格子，微调手轮转动一圈，粗调手轮转过一个格子（M_1 移动 0.01 mm），所以微调手轮每个最小格子相当于 M_1 移动万分之一毫米，可估读到十万分之一毫米（10^{-8} m）。

2. 迈克耳孙干涉测量钠光双线波长差

钠光灯辐射的两条强谱线的波长分别为 $\lambda_1 = 589.6$ nm 和 $\lambda_2 = 589.0$ nm，波长差与中心波长相比甚小。用这种光源照明迈克耳孙干涉仪，所获得的圆形等倾干涉条纹实际上是两种波长分别形成的两套干涉条纹的叠加。当 d（M_1 与 M'_2 之间的间隔）为某一值时，会出现波长 λ_1 的 k_1 级明条纹恰好与波长 λ_2

的 k_2 级暗条纹位置重合,这时条纹最为模糊,条纹对比度最小,为零,有

$$2d = k_1\lambda_1 = \left(k_2 + \frac{1}{2}\right)\lambda_2 \tag{5.5-1}$$

当动镜 M_1 继续移动时,两个条纹又继续错开,条纹可见度逐渐增加,当 λ_1 与 λ_2 光的两个明条纹重合时,视场中条纹最清晰。然后继续沿同一方向移动 M_1,可以看到视场中的条纹又会变得越来越不清晰,当 λ_1 光的明条纹与 λ_2 光的暗条纹再次重叠时,视场中的条纹可见度再次最小,这时有

$$2d' = (k_1 + k)\lambda_1 = \left[k_2 + (k+1) + \frac{1}{2}\right]\lambda_2 \tag{5.5-2}$$

由(5.5-2)式减去(5.5-1)式,得

$$2(d' - d) = k\lambda_1 = (k+1)\lambda_2 \tag{5.5-3}$$

设 $d' - d = \Delta d$,这是视场中的条纹连续出现两次最为模糊时 M_1 所移动的距离。同时,因为 λ_1 与 λ_2 的值很接近,可以认为 $\sqrt{\lambda_1\lambda_2} \approx \frac{1}{2}(\lambda_1 + \lambda_2) = \overline{\lambda}$,则由(5.5-3)式可得

$$\Delta\lambda = \lambda_1 - \lambda_2 = \frac{\overline{\lambda}^2}{2\Delta d} \tag{5.5-4}$$

由上式可知,只要知道两波长的平均值 $\overline{\lambda}$ 和视场中条纹连续出现两次最模糊时 M_1 移动的距离 Δd,即可求出钠光的双线波长差 $\Delta\lambda$。

实验内容

1. 测定钠光平均波长

参照实验 4.6.2 "迈克耳孙干涉仪测量激光波长"内容,以钠光为光源,调出定域等倾圆条纹(可先利用激光进行辅助调节,待条纹出现,再换上钠光灯继续调节、观察及测量)。当视场中出现清晰的、可见度较好的干涉圆环时,慢慢转动微调手轮,观察到视场中心条纹"冒出"或"陷入"。当视场中心出现某一暗环(或明环)时开始测量,记下此时 M_1 的位置 d_1。继续转动微调手轮,数到条纹"冒出"或"陷入"100 个时,停止转动手轮,并记录此时 M_1 的位置 d_2,利用 $\Delta d = N\frac{\lambda}{2}$,即可计算出待测钠光的平均波长。

重复测量 6 次,取其平均值,与公认值(589.3 nm)比较。

注意:激光为点光源,所形成的是非定域条纹,可用毛玻璃屏观察条纹。但是钠灯为扩展光源,所形成的是定域条纹,应将毛玻璃屏拿下,用眼睛直接看向 M_1 镜观察钠灯所形成的干涉条纹。

2. 测定钠光双线的波长差

以钠光为光源调出定域等倾干涉条纹,移动 M_1 镜,注意观察干涉条纹由清晰→模糊→清晰→模糊的现象。移动 M_1 镜,使视场中心的条纹可见度最小,记录 M_1 镜的位置 d_1;沿原方向继续移动 M_1 镜,使视场中心的条纹可见度由最小到最大又变为最小,再次记录 M_1 镜位置 d_2,连续测出 6 个条纹可见度最小时 M_1 镜的位置,求出 Δd,利用(5.5-4)式即可测定钠光双线波长差。

1. 观察钠光双光束干涉现象。

2. 自拟表格记录所有测量数据，计算钠光平均波长，并与公认值比较。

3. 用最小二乘法计算钠光双线的波长差。

分析与思考

分析扩束激光和钠光产生的圆形干涉条纹的差别。

5.5.2　白光干涉测量平板玻璃折射率

实验目的

1. 了解白光干涉条纹特点；

2. 学习利用迈克耳孙干涉仪测量薄玻璃片折射率的方法。

实验仪器

迈克耳孙干涉仪，He-Ne 激光器，白炽灯，平板玻璃。

实验原理

1. 白光的等厚干涉条纹

白光光源包含各种波长的单色可见光波，每个波长对应一套干涉条纹，随着 d 值（M_1 与 M'_2 之间的间隔）的增加，干涉条纹相互叠加，条纹模糊不清。为了尽量避免条纹的重叠，唯一的办法只有尽量减小 d 值，使每个单色波产生的条纹不错开。故而只有在近乎 $d=0$ 的附近（M_1 和 M'_2 交线处）才能看到干涉条纹。对各种波长的光来说，在交线上的光程差都为 0，故中央条纹是亮条纹（有时为暗条纹）。而中央条纹两旁有十几条对称分布的彩色条纹，这就是白光的干涉条纹，如图 5.5-2 所示。

图 5.5-2　白光等厚干涉条纹（中央为暗条纹）

2. 白光干涉测量玻璃板折射率

当光通过折射率为 n、厚度为 l 的均匀透明介质时，其光程比通过同厚度的空气要大 $l(n-1)$。如图 5.5-3 所示，在迈克耳孙干涉仪中，当白光干涉条纹的中心出现在视场的中央后，如果在光路 1 中加入一块折射率为 n、厚度为 l 的均匀薄玻璃片，由于光束 1 的往返，光束 1′ 和 2′ 在相遇时所获得的附加光程差为

$$\Delta' = 2l(n-1) \qquad (5.5-5)$$

此时干涉条纹消失。若将 M_1 镜向 G_1 板方向移动一段距离
$\Delta d = \Delta'/2$，则 1'、2' 两光束在相遇时的光程差又恢复为零，这
样，干涉条纹的中心将重新出现在视场中央。这时

$$\Delta d = \frac{\Delta'}{2} = l(n-1) \qquad (5.5-6)$$

根据（5.5-6）式，测出 M_1 镜前移的距离 Δd，如已知玻
璃片的厚度 l，则可求出其折射率 n。反之，若已知玻璃片的
折射率 n，亦可求其厚度 l。

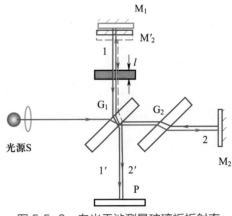

图 5.5-3　白光干涉测量玻璃板折射率

实验内容

1. 观察白光干涉条纹

由于白光干涉条纹仅在 $d=0$（干涉仪两臂光程相等）的位置出现，而在其他地方均没有条纹出现，
因此调节白光干涉条纹时必须使用激光光源作为辅助。

先将 M_1 镜移动到较远位置（目视可明显看出 M_1 镜所在调节臂长于 M_2 镜所在固定臂），用激光光
源调出等倾干涉圆形条纹。移动 M_1 镜，使其向观察者方向运动，即让 d 尽量减小，干涉环由细密变
粗疏。当调到屏上只剩下 2～4 个圆环时，此时 d 值已接近 0。再稍稍旋转 M_2 镜台下的水平拉簧螺丝，
使 M_1 与 M_2' 成一很小的夹角，此时将看见弯曲的干涉条纹。转动粗调手轮，弯曲的干涉条纹将逐渐变
直，在条纹未完全变直时，换上白炽灯光源，继续沿原来的方向转动微调手轮，细心调节，白光干涉
条纹即可观察到，记录观察到的条纹形状和颜色分布。调节过程如图 5.5-4 所示。

注意：

1. 白炽灯为扩展光源，观察条纹时无需毛玻璃屏，直接用眼睛看向 M_1 镜；

2. 换上白炽灯后，必须耐心细致地缓慢调节微调手轮，并时刻注意观察视场中是否有彩色条纹出现。如果移动
过快，条纹极易一晃而过，难于察觉；

3. 为避免白炽灯灯丝晃眼，可在其前放置毛玻璃屏。

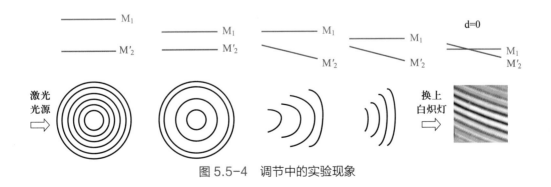

图 5.5-4　调节中的实验现象

2. 测量玻璃板折射率

当白光干涉彩色条纹出现，并使条纹中心位于视场中心时，可以认为 $d=0$，即迈克耳孙干涉仪两臂的光程相等，记下此时的鼓轮读数 d_1。在 M_1 镜前放置一厚度为 l 的玻璃板，该臂光程增加，彩色条纹消失，移动手轮，使 M_1 镜继续向 G_1 方向（观察者方向）移动，直到干涉条纹再次出现，说明两臂光程再次相等（实际上是 M_1 镜移动的光程把玻璃板所增加的光程补偿了），记下这时的鼓轮读数 d_2。d_1 与 d_2 之差就是 M_1 镜移动的距离 Δd，这一距离与薄玻璃片带来的附加光程差 $l(n-1)$ 相等，由（5.5-6）式可得

$$n = 1 + \frac{\Delta d}{l} \qquad (5.5-7)$$

利用游标卡尺测量出玻璃板厚度 l，即可由（5.5-7）式计算出玻璃板的折射率。

注意：测量过程中微动手轮只能向一个方向转动，不能反转。

基本要求

1. 记录 1 次进行测量的 d_1、d_2 以及 Δd 值，测量玻璃板厚度 6 次。
2. 计算玻璃板折射率。

分析与思考

1. 白光等厚等倾干涉的同一级条纹中，各色光的排列顺序是怎样的？为什么？
2. 说明如果没有补偿板，就不能观测到白光干涉条纹的原因。

5.5.3 法布里－珀罗干涉仪测钠双线波长差

实验目的

1. 了解法布里－珀罗（F-P）干涉仪的结构，掌握调节与使用法布里－珀罗干涉仪的方法。
2. 学习用法布里－珀罗干涉仪测定钠双线波长差的原理及方法。

实验仪器

法布里－珀罗干涉仪，钠光灯，测量望远镜。

实验原理

1. 法布里－珀罗（F-P）干涉仪

法布里－珀罗干涉仪由两块间距为 d，相互平行的平板玻璃 P_1 和 P_2 组成，如图 5.5-5（a）所示。

为了获得明亮细锐的干涉条纹，两块平板玻璃 P_1、P_2 相对的两个内表面很平并镀有高反射率的铝膜或银膜 M_1 和 M_2，镀膜面的平面度要求很高。为消除 P_1、P_2 两玻璃板未镀膜的外表面产生的反射光的干扰，通常将两玻璃板的外表面做成很小角度（约几分）的楔形。实验中使用的仪器是由迈克耳孙干涉仪改装而成的，基座与测量系统通用，将迈克耳孙干涉仪的双光束干涉系统换装上法布里－珀罗多光束干涉系统，就构成法布里－珀罗干涉仪，如图 5.5-5（b）所示。P_2 板固定，P_1 板可在精密导轨上前后移动，以改变两玻璃板的间距 d，间距的改变量可从读数装置上读出。P_1 和 P_2 均有三个螺丝，用来调节方位。P_2 板还有两个微调拉簧螺丝，以精细微调 P_2 的方位。精密调节装置可将两个相对膜面 M_1 和 M_2 调节成相互严格平行，使膜面间形成平行平面形的空气层。

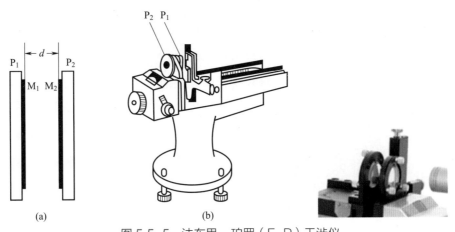

图 5.5-5　法布里－珀罗（F–P）干涉仪

2. 法布里－珀罗多光束干涉

法布里－珀罗干涉仪属于分振幅多光束等倾干涉装置。设有从扩展光源 S 上任一点发出的光束以小角度入射到玻璃板 P_1 上，经折射后在两镀膜平面间进行多次来回反射和透射，分别形成一系列透射光束以及一系列反射光束，如图 5.5-6 所示。一系列从玻璃板 P_2 透射出来的相互平行的具有一定光程差的多束相干光经透镜会聚，在透镜焦平面上将发生多光束干涉，形成一系列很窄的等倾亮条纹。

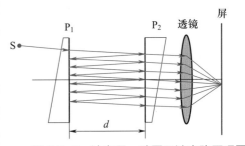

图 5.5-6　法布里－珀罗干涉光路原理图

令 d 为两膜面的间距，θ 为光束在镀膜内表面上的倾角，n 为空气折射率，近似取 $n \approx 1$。则相邻二透射光束的光程差为

$$\Delta L = 2nd\cos\theta = 2d\cos\theta \tag{5.5-8}$$

根据多光束干涉原理，有

$$\Delta L = 2d\cos\theta = \begin{cases} k\lambda & \text{（光强极大）} \\ \left(k+\dfrac{1}{2}\right)\lambda & \text{（光强极小）} \end{cases} \tag{5.5-9}$$

k 为整数，是干涉级次。

法布里－珀罗干涉仪产生的多光束干涉条纹与迈克耳孙干涉仪产生的双光束干涉条纹有明显的不同，如图 5.5-7 所示。后者产生的亮条纹较粗，而法布里－珀罗干涉所产生的干涉亮条纹又细又亮，分辨率极高，因此它常被用来研究光谱线的超精细结构。

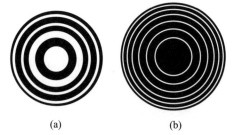

图 5.5-7　双光束干涉（a）与多光束干涉（b）

3. 法布里－珀罗（F-P）干涉仪测量钠双线波长差

法布里－珀罗干涉仪所产生的是等倾干涉条纹：在暗背景上"镶着"一圈圈很细的、明亮的同心圆环，每一个亮环各对应一定的倾角 θ。对含有双谱线结构的光源，将形成两套多光束干涉条纹。若双谱线的波长分别为 λ_1 和 λ_2，当 $\lambda_1 < \lambda_2$ 时，对同一级次的 k 值，必有 $\theta_1 > \theta_2$，因此，两套多光束干涉条纹会相互错开，出现双线的圆条纹分布，即视场中有两组同心圆环，如图 5.5-8（a）所示。光程差逐渐增大，双线的间隔也随之改变，当两组圆环在视场中等距相间时，可以认为在视场中央一波长的光干涉极大而另一波长的光干涉极小。当光程差继续增大到一定值时，λ_1 的 k_1 级条纹会与 λ_2 的 k_2 级条纹相互重叠，在视场中央两套干涉条纹重合，出现单线的圆条纹分布，即视场中只有一组同心圆环。继续增大光程差，两套条纹又会错开。因而，随着光程差的变化，可观察到周期性的条纹错开与重叠的现象。所以，用法布里－珀罗干涉仪可观察到钠光的双谱线结构，如图 5.5-8（b）所示。

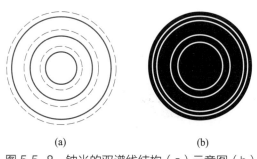

图 5.5-8　钠光的双谱线结构（a）示意图（b）实际图

由（5.5-9）式可知，圆心处的 $\theta = 0$，$\Delta L = 2d$，干涉级次 k 最大。实际应用法布里－珀罗干涉仪时，能在视场中形成干涉条纹的入射光线的 θ 角都很小，即 $\cos\theta \approx 1$，则（5.5-9）式可简化为

$$\Delta L = 2d = \begin{cases} k\lambda & \text{（光强极大）} \\ \left(k+\dfrac{1}{2}\right)\lambda & \text{（光强极小）} \end{cases} \tag{5.5-10}$$

当两组干涉圆环等距相间时，设此时两玻璃板的间隔为 d，这时在视场中央 λ_1 和 λ_2 的光强分别为干涉极小和干涉极大，则根据（5.5-10）式应有

$$\Delta L = 2d = \left(k_1 + \frac{1}{2}\right)\lambda_1 = k_2\lambda_2 \tag{5.5-11}$$

如果将两玻璃板的间隔增大至 $d + \Delta d$，正好出现下一次两组干涉圆环等距相间，则有

$$2(d + \Delta d) = \left(k_1 + 1 + \frac{1}{2}\right)\lambda_1 = (k_2 + k + 1)\lambda_2 \tag{5.5-12}$$

由（5.5-11）式、（5.5-12）式得

$$\lambda_2 - \lambda_1 = \frac{\lambda_1\lambda_2}{2\Delta d} \tag{5.5-13}$$

即

$$\Delta\lambda = \lambda_2 - \lambda_1 = \frac{\overline{\lambda}^2}{2\Delta d} \qquad\qquad (5.5\text{-}14)$$

式中 $\overline{\lambda}$ 为两波长 λ_1 和 λ_2 的平均值，Δd 为干涉条纹出现相邻两次均匀相间所对应的 d 的改变量。

实验内容

1. 法布里－珀罗（F-P）干涉仪的调节与干涉现象观察

转动手轮使 P_1 与 P_2 之间有 2 mm 左右的间隔（注意不能使 P_1、P_2 相碰），再分别调节 P_1、P_2 背面的螺钉使之松紧程度大致相同。点亮钠灯，调节光窗位置，使之处于 P_1 板的正前方。在钠灯光窗的毛玻璃上刻有十字金属丝（或者画有一个十字线），则在 P_2 的透射光中可看到十字线的多个像，调节螺钉，使各个十字线的像完全重合。此时，视场中应有条纹出现，可利用 P_2 板处的两个微调拉簧螺丝将圆条纹中心调至视场中央。左右移动眼睛，仅圆条纹中心随眼睛移动，而环径大小不变，这表示 P_1 和 P_2 内表面平行，换用望远镜观察，并与迈克耳孙干涉仪产生的双光束等倾干涉圆条纹比较。

2. 测量钠双线的波长差

旋转微调手轮，使 d 增大，观察两套条纹错开与重叠的现象，并记录 6 次条纹错开或者重叠时所移动的距离，利用（5.5-14）式计算钠双线波长差。为避免回程误差，必须沿一个方向旋转手轮，测量中途不得逆转。

基本要求

1. 观察钠光多光束干涉现象。
2. 计算钠双线波长差。

分析与思考

1. 分振幅双光束干涉条纹与多光束干涉条纹的强度分布有什么不同？原因是什么？
2. 开始调节法布里－珀罗干涉仪时，圆纹中心往往偏在一边甚至不在视场内；或者圆纹中心虽在视场中央，但移动眼睛时，圆纹中心不仅移动，环径也随之改变，这些现象如何解释？如何纠正？

小结与扩展

迈克耳孙（A.A. Michelson，1852—1931）是一位出色的实验物理学家，他所完成的实验都以设计精巧、精确度高而闻名，爱因斯坦曾赞誉他为"科学中的艺术家"。由于他的杰出成就，他荣获了 1907 年度的诺贝尔物理学奖。

他发明的迈克耳孙干涉仪对光学和近代物理学是一个巨大的贡献，用来测定微小长度、折射率和光波波长等，也是现代光学仪器如傅里叶光谱仪等仪器的重要组成部分，在研究光谱线方面起着重要的作用。

1887 年，他与英国化学家莫雷做了著名的"迈克耳孙—莫雷实验"，这一实验结果否定了以太的存在，动摇了经典物理学大厦，奠定了相对论的实验基础。

1892 年迈克耳孙利用特制的干涉仪，以法国的米原器为标准，在温度 15 ℃、压力 760 mmHg 的条件下，测定了镉红线波长是 643.846 96 nm，1 m 等于 1 553 164 倍镉红线波长。这是人类首次获得了一种永远不变且毁坏不了的长度基准。

迈克耳孙发现了氢光谱的精细结构以及水银和铊光谱的超精细结构，这一发现在现代原子理论中起了重大作用。迈克耳孙还运用自己发明的"可见度曲线法"对谱线形状与压力的关系、谱线展宽与分子自身运动的关系作了详细研究，其成果对现代分子物理学、原子光谱和激光光谱学等新兴学科都产生了重大影响。1898 年，他发明了一种阶梯光栅来研究塞曼效应，其分辨本领远远高于普通的衍射光栅。

参考资料：

1. 赵凯华，钟锡华，光学 . 北京：北京大学出版社，2005

2. 谢行恕、康士秀、霍剑青 . 大学物理实验第 2 册 . 北京：高等教育出版社，2005

3. 杨述武，王定兴 . 普通物理实验 . 北京：高等教育出版社，2000

4. 西南七所高等院校 . 大学物理实验 – 光学部分 . 重庆：西南师范大学出版社，1990

5.6 光纤技术

专题简介

光纤是光导纤维（OF：Optical Fiber）的简称，是由石英玻璃或塑料制成的很细的纤维状物质，是一种导引光波的新型传输介质。人们利用光纤作为光的传输介质的研究工作经历了一段艰辛的道路，直到 1966 年，英籍华人高锟博士发表了一篇具有历史意义的论文，从理论上阐述了光纤实现低损耗传输信息的可能性，对于光纤的研究才迅速展开。1970 年美国康宁公司首次研制成功损耗为 20 db/km 的石英光纤，为光纤通信提供了理想的传输介质，此后，光纤系统伴随着光纤通信技术的发展而进入了实用阶段。

目前，光纤在通信、传感、激光治疗、激光加工等许多方面都获得广泛应用，但其最主要的应用领域是光纤通信和光纤传感。光纤通信指利用激光作为信息的载波信号并通过光纤来传递信息的通信系统，是人类通信史上一次重大突破。相对于无线电通信，光纤通信具有传输带宽、通信容量大、中继距离远、抗干扰能力强、无串音、轻便、材料资源丰富、成本低等优点。光纤传感器是利用外界物理因素改变光纤中光的强度、相位、偏振态或波长，从而对外界物理因素进行探测、计量和数据传输的传感器。相对传统的传感器，光纤传感器具有灵敏度高、抗干扰能力强、电绝缘性能好、便于与计算机连接，便于组成遥测网络、体积小、耗电少等优点。

本专题实验的目的在于了解光纤的结构和一般性质，学习光纤的耦合、传输及传感特性及其在通信和传感领域中的应用。

专题安排

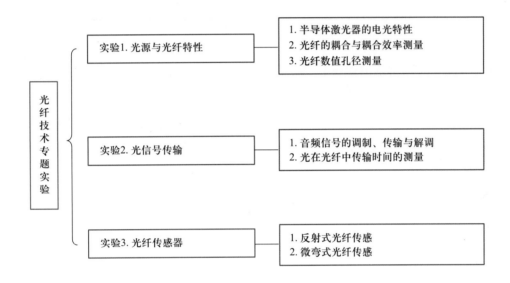

预习要点

本专题实验内容较新，请查阅半导体激光器的工作原理和光纤光学相关书籍，特别关注光纤基础知识，以及光纤通信、光纤传感基本原理，做好实验前预习。

5.6.1 光源与光纤特性

实验目的

1. 了解半导体激光器的工作原理、掌握其电光特性和阈值电流的测量方法。
2. 以半导体激光器为光源，掌握光纤耦合的调整方法。
3. 通过对输出光的观察和测量，掌握数值孔径（光纤特性参量）的测量方法。

实验仪器

光纤实验仪，光纤实验导轨，半导体激光器（LD），光纤，二维及三维调整架，光纤夹，光纤座及磁吸，光探头，功率指示计，光纤刀，光纤钳，观察屏，示波器，一维位移架和12挡光阑测头（如图5.6-1所示）。

图 5.6-1　实验装置

实验原理

1. 半导体激光器的电光特性

半导体激光器是用半导体材料作为工作物质的激光器，也称激光二极管（LD）。它通过受激辐射发光，具有体积小、效率高等特点。

半导体激光器是一种阈值器件，当正向注入电流较低时，增益小于 0，此时半导体激光器只能发射荧光；随着电流的增大，注入的非平衡载流子增多，使增益大于 0，但尚未克服损耗，在腔内无法建立起一定模式的振荡，这种情况被称为超辐射；当注入电流增大到某一数值时，增益克服损耗，半导体激光器输出激光，此时的注入电流值定义为阈值电流 I_{th}，阈值电流是半导体激光器非常重要的特性参量。

P-I（输出功率 – 注入电流）特性是半导体激光器的最重要的特性，如图 5.6-2 所示。注入电流较低时，输出功率随注入电流缓慢上升。当注入电流达到并超出阈值电流后，输出功率陡峭上升。曲线斜率急剧变化处所对应电流即为阈值电流。实际中，把陡峭部分外延，延长线和电流轴的交点即可视为阈值电流 I_{th}。

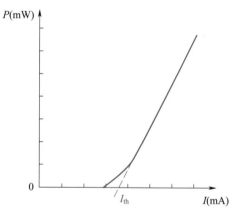

图 5.6-2　半导体激光器 P-I 特性曲线

2. 光纤结构与传光原理

光纤是一种利用全反射原理，使光线和图像能够沿着弯曲路径从一端传送到另一端的光学元件。典型的光纤结构如图 5.6-3 所示，每根光纤的直径约为几微米到几十个微米，传光的波导结构分内外两层，内层是高折射率 n_1 材料的玻璃纤芯，外层是低折射率 n_2 材料的玻璃或塑料等，称作包层。纤芯和包层之间形成良好的光学界面。当光线以入射角 i_0 从折射率为 n_0 的介质投射到光纤端面上，经折射进入光纤后，将以角 i 入射到纤芯和包层材料之间的界面上，只要 i_0 选择适当，即

$$i_0 = \arcsin\left(\frac{1}{n_0}\sqrt{n_1^2 - n_2^2}\right) \tag{5.6-1}$$

此时角 i 将大于临界角 i_c，这样，入射的光线将不再进入包层，而在界面上发生全反射，全反射的光线将以同样的角度射到对面的界面上，并发生第二次全反射，依此类推，光线便能够在光纤内发生若干

次全反射后，从一端传送到另一端，且以与入射角相同的角度 i_0 射出光纤，这就是光纤的传光原理。不满足全反射条件的光线，由于在界面上只能部分反射，必然有一些能量会辐射到包层中去，致使光能量不能有效传播。通常将能在光纤中传播的光称为传输模（导模），不能传播的光称为辐射模。此外包层外还有涂敷层及护套，可以增强光纤的韧性和机械强度，使其不受外来损坏，与纤芯、包层一起构成了对称圆柱体结构的光纤。

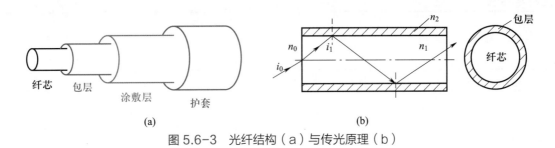

图 5.6-3　光纤结构（a）与传光原理（b）

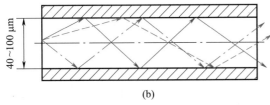

图 5.6-4　单模光纤（a）与阶跃折射率型
多模光纤（b）

按传输特性的不同，光纤可分为单模光纤和多模光纤。如图 5.6-4 所示。单模光纤的纤芯直径很细，为 5～15 μm，只能传一种模式的光；多模光纤的纤芯直径较粗，为 40～100 μm，可传多种模式的光。本实验选用的是单模光纤。

3. 光纤的特性参量

光纤的基本光学特性参量有数值孔径、相对折射率差、耦合效率和分辨率等，其中耦合效率、数值孔径是其主要参量。

（1）耦合效率

入射光耦合入光纤，并在光纤中传播的过程中，由于光纤端面的反射损失、包层与纤芯界面的全反射损失以及纤芯的吸收和散射损失，将使得光通过光纤后强度要发生一定的衰减。耦合效率是表示光纤透光性能的重要参量，定义为

$$T(\lambda) = \frac{I(\lambda)}{I_0(\lambda)} \tag{5.6-2}$$

式中 I_0、I 分别表示输入光纤和从光纤输出的光强，光纤的耦合效率也称为光纤的透射率，是光波波长的函数，$T(\lambda)$ 与 λ 的关系曲线称为光谱透射曲线。

（2）数值孔径

光波在光纤中是利用全反射原理进行传播的，当光纤端面光线入射角大于某一值时，该束光线就不能在光纤中传播。数值孔径是描述光纤传输光线的参量，定义为

$$NA = n_0 \sin i_0 = \sqrt{n_1^2 - n_2^2} \tag{5.6-3}$$

NA 为数值孔径，n_0、i_0、n_1、n_2 请参见图 5.6-3 中光纤结构参量。i_0 的数值越大，数值孔径就越大，则

进入光纤中传递的光通量就越多，因此 i_0 也称为系统可收集的最大光线锥的半角。由于对于对称圆柱结构光纤，出射光的角度与入射光角度相同，因此，i_0 也可以被称作光纤输出光发散角的半角。从（5.6-3）式可以看出，光纤中纤芯的折射率越大，包层的折射率越小，则数值孔径就越大，i_0 也越大。所以数值孔径是用来表征光纤的聚光能力和与光源耦合的难易程度的参量。

实验内容与步骤

1. 半导体激光器电光特性

将光纤实验仪功能挡置于"直流"挡，打开实验仪电源，将电流旋钮旋至最大。调整激光器或功率计，使激光进入功率指示计探头，并使显示值达到最大，记录此时的激光光强值，该值可作为耦合效率计算的输入光强 I_0。旋转电流旋钮，逐步减小激光器的驱动电流，并记录下电流值和相应的光功率值。用坐标纸作出功率–电流曲线，即为半导体激光器的电光特性曲线，曲线斜率急剧变化处所对应的电流即可视为阈值电流。

注意：为防止半导体激光器因过载而损坏，实验仪中设计有保护电路，当电流过大时，光功率会保持恒定，这是保护电路在起作用，而非半导体激光器的电光特性。

2. 光纤的耦合与耦合效率的测量

激光能否有效地耦合进光纤并使耦合效率提高，取决于光纤端面的处理与耦合调整。

（1）光纤端面的处理与夹持

用光纤钳剥去光纤两端的护套，在 5 mm 处用光纤刀刻划一下（用力不要过大，以不使光纤断裂为限），在刻划处轻轻弯曲光纤，使之断裂。处理过的光纤端面不应再被接触，以免损坏和污染。将光纤的一端小心地放入光纤夹中，伸出长度约为 10 mm，用簧片压住，放入三维架中，用锁紧螺钉锁紧；将光纤的另一端放入光纤座上的刻槽中，伸出长度约为 10 mm，用磁铁吸压住。

注意：断面尤其容易损坏，一旦实验中发现光斑发散，或者耦合过小，无法调高时，要及时重切光纤，以保证实验顺利进行。

（2）光纤的耦合与耦合效率测量

将实验仪功能挡置于"直流"挡，调整激光器的工作电流至最大。用白纸或白屏在激光器前后移动，光斑最小处即为焦点位置。通过移动三维光纤调整架使光纤端面尽量逼近焦点，然后固定。通过仔细调节三维光纤架上的旋钮和激光器调整架上的水平、垂直旋钮，使激光照亮光纤端面并耦合进光纤。轻轻转动各耦合旋钮，在白屏上观察光斑形状变化。若耦合较好，应为高斯光斑（光强均匀的圆形光斑）；轻轻触动光纤或弯曲光纤，观察光斑形状的变化。

白屏取下，换上激光功率计探头监测输出光强的变化，反复调整各旋钮，直到光输出功率达到最大为止。一般情况下，应该能够调节到 50 μW 以上，如此才能保证后面的实验顺利进行。记下最大输出功率值 I，此值与输入端激光功率之比（即实验内容 1 中所测的 I_0）即为耦合效率。

3. 光纤数值孔径测量

注意：此实验内容的关键为光纤端面仔细切平（包括入光端面和出光端面）；仔细找准激光发出的光束焦点，并把光纤的入光端面放在光束焦点上。

根据数值孔径的定义 $NA = n_0 \sin i_0$，n_0 为空气折射率，只要测量出光纤输出光的发散角的半角 i_0，即可以计算出数值孔径，在此利用功率法进行测量。

按实验内容 2 所述耦合好光纤，将输出光束的光强调整到近似的高斯分布（基模），并且稳定。将数值孔径测量附件的探头光阑置于 φ6.0 挡，并使之紧贴光纤输出端面，以保证输出光全部进入探头，记下此时功率值。向后移动探头，并在不同的位置测量功率。若测到的最大功率为输出光全部进入探头测到最大功率的 90%，此时的 6 mm 孔径即为光斑直径，如图 5.6-5 所示。测量出光纤端面到探头光阑间的距离 H，由 6 mm 直径和 H 即可求出 $\sin i_0$，从而计算出光纤的数值孔径。

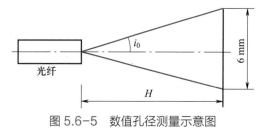

图 5.6-5　数值孔径测量示意图

基本要求

1. 绘制半导体激光器电光特性曲线，求出阈值电流。
2. 计算光纤耦合效率。
3. 计算光纤的数值孔径。

分析与思考

1. 光纤数值孔径的含义是什么？
2. 其他可以测量数值孔径的方法有哪些？

5.6.2　光信号传输

实验目的

1. 通过音频信号的调制、传输和解调现象的观察，了解光纤通信的基本原理。
2. 了解光纤中的光传输时间的测量，掌握光纤中光速测定、光纤材料的平均折射率的估算方法。

实验仪器

同实验 1。

1. 模拟（音频）信号的调制、传输和解调

脉冲频率调制是目前模拟信号传输质量较高的一种方式。理论分析结果表明经调制后模拟信号的能量主要在载频附近，因此传输宽度比较窄，有利于接收机带宽设计和灵敏度提高。被调制的信号经光纤传输后，在远端经解调（滤波）后恢复。

2. 光在光纤中传输时间的测量

利用光在光纤中传输的时间延时测量传输时间。

实验内容

1. 模拟（音频）信号的调制、传输和解调

按实验 1 所述耦合好光纤，用二维可调光探头（小孔探头）取代原来的功率指示探头，用信号线将实验仪发射面板中的"输出波形"与示波器的 CH1 通道相连，将实验仪接收面板中的输出波形（解调前）与示波器 CH2 通道相连。将实验仪的功能挡置于"音频调制"挡，调整示波器"时间周期"旋钮，使示波器 CH1 通道显示为稳定的矩形波。从"音频输入"端加入音频模拟信号，如利用 mp3，这时可观察到示波器上的矩形波的前后沿闪动。打开实验仪后面的喇叭开关，应听到音频信号源中的声音信号。可分别观察实验仪发射板"调制"前后的波形和接收板"解调"前后的波形，观察了解音频模拟信号的调制、传输、解调过程。

> 注意：音频信号的强弱与耦合的效率成正比，即耦合效率越高，音频信号就越好，反之，噪音信号越强。

2. 光在光纤中传输时间的测量

将实验仪的功能挡置于"脉冲频率"，示波器触发拨到 CH1 通道，显示键置于双踪示波器同时显示。调节示波器上 CH1 通道的电压旋钮以及时间周期旋钮，在示波器上看到一定频率的矩形波。调整 CH2 通道的电压旋钮，观察 CH2 通道上的波形，并同时调整二维可调光探头的位置和光纤输出端面之间的距离，使 CH2 的波形尽量成为矩形波（若从光纤中输出的光强较弱，或者光纤与探头位置没有调整好，矩形波会失真变形为类似正弦波）。调节示波器上"时间周期"旋钮，使示波器 CH1 通道上只显示一个周期的波形，记录下此时 CH2 波形上升沿的位置（若矩形波略微变形为正弦波，可以波形幅度的 90% 处为准）。取下三维光纤调整架，直接将二维可调光探头置于激光头前，使部分激光进入探头

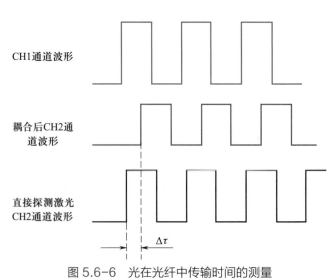

图 5.6-6　光在光纤中传输时间的测量

（注意：不要使探头饱和，否则波形严重失真），观察示波器上 **CH2** 通道的波形，记录下此刻上升沿的位置。将两次记录的上升沿位置相比较，其时间差即为光在光纤中的传输时间。测量过程如图 5.6-6 所示。用光纤长度除以传输时间，即为光在光纤中的传输速度，并可由此求出光纤纤芯的折射率。

基本要求

1. 记录模拟（音频）信号调制、解调的波形情况。
2. 测量光在光纤中传输的时间。

分析与思考

若已知光在光纤中传输的时间，如何估算光纤材料的平均折射率?

5.6.3 光纤传感

实验目的

1. 了解一对光纤（一个发光，一个接收光）的反射接收特性曲线。
2. 学习掌握最简单、最基本的光纤位移传感器的原理和使用方法。
3. 了解光纤弯曲损耗的机理及特性，学习利用弯曲损耗测量位移及压力的方法。

实验仪器

光纤传感实验仪主机，反射接收光纤，发射与接收光纤组件，二维调节架（如图 5.6-7 所示）。

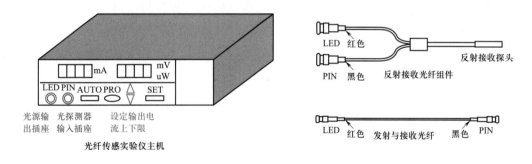

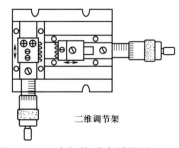

图 5.6-7 光纤传感实验仪器

1. 反射式光纤传感器

强度型反射式光纤传感器的基本原理是对所传输的光能量进行调制。如图 5.6-8 所示，反射式调制是采用一块具有高反射率的反射平面，从发送光纤端面射出的光束经反射平面反射后，部分进入接收光纤。当改变发送光纤和接收光纤相对于反射平面的间距时，即对所传输的光能进行了调制。因此，在一

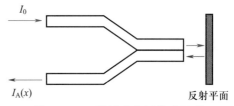

图 5.6-8　反射式光纤传感原理

定的位移范围内，接收光纤得到的反射光能量是光纤端面到反射面距离的近似线性函数，即位移信息可以由反射光的强度反映出来，其大小和灵敏度与光纤本身的参量、输送和接收两路光纤之间的距离以及光耦合方式有关。

接收光纤终端所探测到的平均光强可近似表示成

$$I_A(x) = \frac{RSI_0}{\pi\omega^2(2x)}\exp\left[-\frac{r^2}{\omega^2(2x)}\right] \tag{5.6-4}$$

式中 I_0 为由光源耦合发送入光纤中的光强；S 为纤芯端面积；$\omega(x) = \sigma a_0\left[1 + \xi\left(\dfrac{x}{a_0}\right)^{\frac{3}{2}}\right]$，$\sigma$ 为一表征光

纤折射率分布的相关参量，对于阶跃折射率型光纤，$\sigma = 1$；a_0 为光纤芯半径，ξ 为综合调制参数，r 为两光纤间距，R 为反射率。

对于本实验，采用多模光纤，$\sigma = 1$；光纤芯半径 $a_0 = 0.1$ mm，两光纤间距 $r \approx 0.34$ mm，综合调制参数 $\xi = 0.026$。其归一化理论曲线如图 5.6-9 所示。

可以看出光纤位移传感器可工作在两个区域，即上升沿（前沿）和下降沿（后沿），前沿工作区的灵敏度高但动态范围小，而后沿工作区的灵敏度低但动态范围较大，可视需要而定。

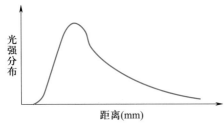

图 5.6-9　反射式光纤调制特性理论曲线

2. 微弯式光纤传感器

微弯式光纤传感器是根据微弯变形引起纤芯或包层中传输的光载波强度变化的原理制成的全光纤型传感器。微弯式传感技术可分为亮场型和暗场型两种。前者是通过对纤芯中光强度的变化来实现信号性能的转换；而后者则检测包层中的光信号。本实验就是利用光纤微弯变形引起纤芯中传输的光波强度的变化来实现位移或压力的检测。

微弯型光纤传感器的原理结构如图 5.6-10 所示，由变形器（梳状结构）和敏感光纤构成。其中变形器通常由一对机械周期为 Λ 的齿形板组成，敏感光纤则从齿形中间穿过，在齿形板的作用下产生周期性的弯曲。当变形器（梳妆结构）受力 F 时，光纤的微弯程度随之变化，从而导致输出光功率的改变，通过测量输出光功率变化来间接测量外部扰动的大小，从而实现微弯传感器功能。这里把光纤看成是正弦微弯，$f(z)$ 为微弯函数，$f(z) = A\sin\dfrac{2\pi}{\Lambda}Z\,(0 \leqslant Z \leqslant L)$，$L$ 是光纤产生微弯的区域。

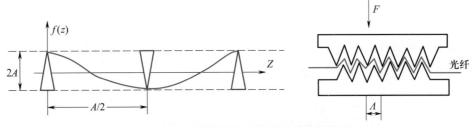

图 5.6-10　微弯式光纤传感器原理结构图

在多模光纤中，光纤的弯曲将导致传输模之间的能量耦合，分别有低次模向高次模的耦合、高次模向低次模的耦合、传输模向损耗模的耦合、损耗模向传输模的耦合。微弯曲几乎不影响低次模与高次模之间的耦合，传输模向损耗模的耦合将导致光强的削弱。由于损耗模的损耗速度非常快，损耗模向传输模的耦合可以忽略不计。当多模光纤发生微弯曲的时候，随着弯曲的曲率和长度的增大，光纤中传输的高次模将向损耗模耦合，由此将导致光纤的微弯曲损耗。光纤传输理论证明存在一个最佳的周期 A_c，在该周期下传输模之间完全耦合，此时微弯曲所导致的损耗最大。此最佳的周期为

$$A_c = \frac{\sqrt{2}\pi a n_1}{NA} \tag{5.6-5}$$

式中 a 为纤芯半径；n_1 为纤芯折射率；NA 为光纤的数值孔径。因此多模光纤对微弯曲的敏感性直接取决于光纤本身的几何结构和弯曲周期。在实际使用中，对于给定的光纤，我们总能找到一个最佳的周期，使得此时的弯曲损耗最大，表现为传感器具有最佳的灵敏度。

实验内容

1. 反射式光纤位移传感器调制特性曲线的测量

将反射式光纤探头卡在纵向微动调节架上，对准反射器并使光纤探头尽可能接近反射镜。接通电源，将 LED 驱动电流调到指定电流。调整纵向微动调节架，将探测光纤推进到与反射镜表面即将接触的位置，记录下螺旋测微器的读数和 PIN 探测信号经放大后的输出电压值。沿纵向向远离反射镜的方向旋转微动调节架，每次调节 0.1 mm 并记录螺旋测微器读数和电压值，直至 5 mm。作出反射式光纤位移传感器的调制特性曲线。

2. 微弯位移测量及微弯损耗特性的研究

将微弯变形器嵌入三维微位移调节器上，被测光纤（采用的是 50 μm 多模光纤，两端分别封装 LED 光源和 PIN 光电探测器件，用 Q9 头与光纤传感实验仪相连）放置在微弯变形器中。利用微动调节旋钮（即螺旋测微器，最小刻度 10^{-5} m），首先使微弯器与光纤接触，记录此时 PIN 探测信号经放大后的输出电压值。调节变形器的齿形板间距离，每次调节 0.1 mm 并记录螺旋测微器读数和电压值。利用所得数据作出电压与距离关系曲线，该曲线可作为微位移测量的标定曲线，用于微位移检测。此外，利用这条曲线亦可方便地对光纤微弯损耗的特性进行研究。

注意：不要过力压迫光纤以免光纤被压断。

1. 画出反射式光纤位移传感器的调制特性曲线。
2. 画出微弯式光纤位移传感器的调制特性曲线。

分析与思考

1. 设计一实验，测量一个可以转换成位移的其他物理量，如长度的改变、双金属片随温度的变化、模片随压力的变化实验。

2. 用光纤传感实验仪如何测量杨氏模量？

提示：实验装置可利用光纤传感实验仪附带的微弯板，根据需要自行设计实验装置来实现压力的检测。要实现压力的检测，只需要将微弯板安装在所设计的实验装置上，然后进行标定，经标定后的装置即可用于测量压力。

小结与扩展

光纤在 20 世纪 50 年代首先应用于图像传输，主要在医学上用于观察人体内部。当时用的光纤传输损耗很大，即使最透明的优质光学玻璃，损耗也达到 1 000 dB/km。此后人们不断改进光纤制造工艺，降低光纤损耗，从而使长距离多路通信传输成为可能。光纤通信的特点是频带宽、成本低、抗电磁干扰、抗腐蚀、防燃、防爆、信息容量大、并行无串扰等。

随着光纤研究的深入，人们发现某些光纤易受温度、压力、电场、和磁场等环境因素的影响，导致光强、相位、频率、偏振态和波长的变化。光纤无需其他中介就能把待测量和光纤内的传导光联系起来，能够很容易地制成以光纤为传感介质的传感器。从而诞生了一门全新的光纤传感技术。即将稳定光源发出的光送入光纤并传输到测量现场，在测量现场对被测量的光的特性（如光的振幅、偏振态、相位、频率等）进行调制，然后由同一根光纤或另一根光纤返回到光探测器，根据光特性的变化测出被测信号，或者把光信号转化为电信号后进行测量。光纤传感器以其高灵敏度、抗电磁干扰、可绕曲、结构简单、体积小、易于微机连接、便于遥测等优点，获得广泛应用，应用于军事、商业、医学、工业控制等诸多领域。

参考资料：

1. 苑立波主编，光纤实验技术．哈尔滨：哈尔滨工程大学出版社，2005。
2. 谢行恕、康士秀、霍剑青．大学物理实验第 2 册．北京：高等教育出版社，2005。
3. 杨述武、王定兴．普通物理实验．北京：高等教育出版社，2000。

1. 专题简介

随着科学技术的飞速发展，电子产品和电子器件越来越趋于柔性化、多功能和小型化。我们的生活中最常用的手机和笔记本电脑里的芯片，又称为薄膜集成电路，就是根据需要在半导体表面沉积导电薄膜和绝缘薄膜，通过刻蚀形成集成电路。另一类我们生活常见的薄膜是光学薄膜，比如镜子和眼镜表面镀的不同折射率的薄膜。厚度小于 1 μm 的材料称为薄膜材料，随着薄膜制备技术的成熟和进步，各种材料薄膜化成为一种普遍的趋势。目前常用的有：超导薄膜、半导体薄膜、介质薄膜、压电薄膜、铁电薄膜、磁光薄膜、热电薄膜等。薄膜的电阻率是薄膜材料的一个重要参量。薄膜电阻的阻值影响电子器件的性质，例如，在发光二极管的制造中，二极管 PN 结上作为电极的金属薄膜的阻值影响发光二极管的发光效率。因此，薄膜电阻的测量在薄膜物理和半导体工业中有重要的应用。

二氧化钒（VO_2）热滞（热敏）薄膜是一种具有热滞相变特性的材料，随着温度的升高，在 68 ℃附近会发生单斜结构和金红石结构的晶型转变，与此同时由半导体转变为金属态，此转变在纳秒级时间范围内发生，随之伴随着电阻率、磁化率、光的透过率和反射率的可逆突变。这些卓越的特性有着诱人的发展前景，可以用来制作光电开关材料、智能窗、热敏电阻材料、光电信息存储器、激光致盲武器防护装置、节能涂层、偏光镜以及可变反射镜等器件。

碲化铋（Bi_2Te_3）热电薄膜是一种热电材料，又称为温差电材料，是一类具有热效应和电效应相互转换性质的新型功能材料，它是利用固体内部载流子的运动来实现热能和电能的直接相互转换，在热电发电和制冷、恒温控制与温度测量等领域具有极为重要的应用前景。用热电材料制成的热电器件具有很多独特的优点，如结构紧凑、工作无噪音、无污染、安全等，在一些尖端科技领域已获得了成功的应用。如绿色冰箱、红外传感器制冷、电脑芯片制冷，太阳能热电转换电池、人造卫星电源等方面都有重要的应用。

本专题从认识热滞薄膜的电阻温度特性入手，进一步了解热电材料的相关物理特性，掌握真空的获得及温度的测控。

2. 专题安排

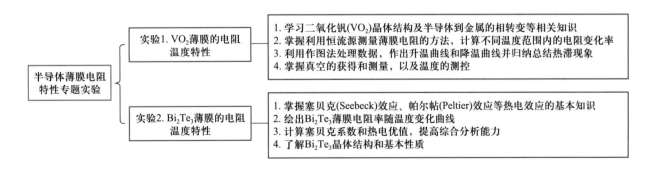

3. 预习要点

本专题实验内容涉及热滞薄膜和热电薄膜的电学性质，实验过程中涉及数字电压表、真空腔、温控仪等仪器的使用。

5.7.1　VO₂薄膜的电阻温度特性

实验目的

1. 学习二氧化钒（VO₂）晶体结构及半导体到金属的相转变等相关知识。
2. 掌握利用恒流源测量薄膜电阻的方法，计算不同温度范围内的电阻率。
3. 利用作图法处理数据，绘出升温曲线和降温曲线，并归纳总结热滞现象。
4. 掌握真空的获得和测量，以及温度的测控。

实验仪器

VTR10真空变温薄膜电阻测试仪、机械泵，电学组合箱（XMT612温控仪、恒流电源及毫伏表）、利用磁控溅射技术制备的VO₂薄膜样品，手持数字万用表。

实验原理

1. 二氧化钒（VO₂）的晶体结构

钒元素价态丰富，因此二氧化钒具有多种晶格结构，主要有：单斜结构（Monoclinic structure）的M相与B相的VO_2，金红石结构（Rutile structure）的R相VO_2，四方结构（Tetragonal structure）的A相VO_2以及亚稳态结构的VO_2。在一定条件下，这些不同晶格结构的VO_2能够相互转化，如图5.7-1所示。

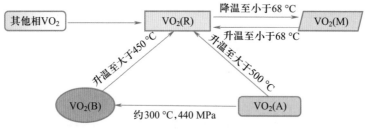

图 5.7-1　不同晶格结构的VO_2相互转化的示意图

晶体结构的不同决定了二氧化钒性质的不同。在所有晶格结构中，R相VO_2结构最为稳定，其稳定的范围是68 ℃到1540 ℃，具有金属性质。随着温度降低到68 ℃以下，R相VO_2会转化为半导体性质的M相VO_2，晶体结构也由金红石结构变为单斜结构，晶格结构变化如图5.7-2所示。高温下金属相四方结构的$VO_2(R)$属于$P_{42/mnm}$空间群，其晶格稳定，结构如图5.7-2（a）所示：V^{4+}恰

好位于 O^{2-} 所构成的正八面体的中心，占据单位晶胞的 8 个顶点，晶格常数 $a = 4.55$ Å，$b = 4.55$ Å，$c = 2.89$ Å，$\beta = 90^{\circ}$，所有金属原子共有钒原子中的 d 电子，因而表现出金属性。常温下单斜相 VO_2（M）属于 $P_{21/C}$ 空间群，其晶体结构如图 5.7-2（b）所示：V^{4+} 沿晶胞顶点方向发生偏移，导致晶体由四方变成单斜，对称性下降。$VO_2(M)$ 在室温下晶格常数 $a = 5.75$ Å，$b = 4.53$ Å，$c = 5.38$ Å，$\beta = 122.6^{\circ}$，呈现半导体性质。

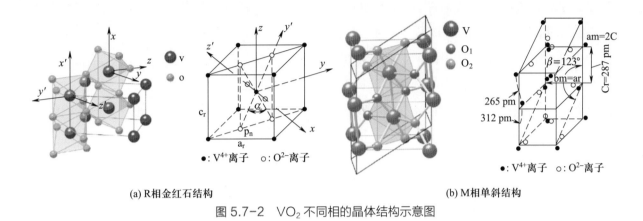

(a) R相金红石结构　　　　　　　　　　　　　(b) M相单斜结构

图 5.7-2　VO_2 不同相的晶体结构示意图

2. VO_2 薄膜的相转变温度

在常温下 VO_2 薄膜处于半导体态，其电阻随温度升高而减小；当温度继续升高，薄膜电阻突然下降，随后薄膜电阻随温度升高而增大，如图 5.7-3（a）所示。从图中还可观察到温度上升时和温度下降时的电阻－温度特性曲线并不完全重合，把这种具有类似铁磁材料磁滞特征的现象，称为热滞回线，即温度的变化落后于电阻的变化。

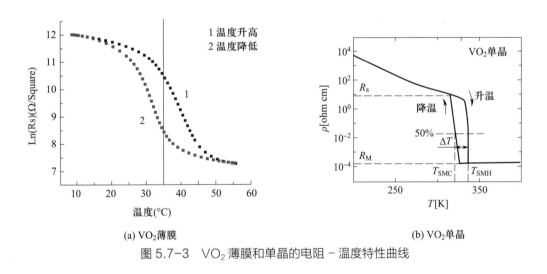

(a) VO_2 薄膜　　　　　　　　　　　　　　　(b) VO_2 单晶

图 5.7-3　VO_2 薄膜和单晶的电阻－温度特性曲线

图 5.7-3（b）是 VO_2 单晶典型的电阻－温度曲线。将半导体态电阻偏离线性的电阻 R_s 与金属态偏离线性的电阻 R_M 之差的 50% 阻值对应的温度称为转变温度，温度升高曲线对应的转变温度记作 T_{SMH}，温度降低时对应的转变温度记作 T_{SMC}，两者温度之差称为转变宽度（ΔT）。VO_2 单晶和薄膜的电阻－温度曲线和形状有所不同，但是基本概念都适用。

3. 薄膜电阻的直线型四探针测量法

薄膜材料的电阻测量与体（块）材不同，广泛采用四探针测量法来测量薄膜材料的电阻率，也称为四端测量技术。四探针法分为直线四探针法和方形四探针法，按发明人又分为 Perloff 法、Rymaszewski 法、范德堡法、改进的范德堡法等。本专题我们采用常规直线四探针法，其原理图如图 5.7-4 所示，其中最外侧两个探针通恒流，中间两个探针取电压，当样品面积远远大于四探针中相邻两探针间距时，

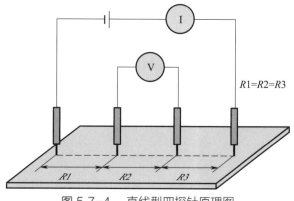

图 5.7-4 直线型四探针原理图

中间两个探针之间材料 $R2$ 的电阻率分两种情况考虑：1）如果对厚度为三倍探针针距以上的体材样品，电阻率为

$$\rho = 2\pi L \cdot \frac{U}{I} \qquad (5.7-1)$$

其中 L 为针间距；2）如果对厚度远小于针间距的薄膜样品，则利用公式

$$\rho = \frac{\pi}{\ln 2} \cdot \frac{U}{I} \cdot d \qquad (5.7-2)$$

计算，d 为薄膜样品厚度。在半导体专业测量中常考虑边缘和厚度效应，以上两个公式两边需要乘上修正因子。在大学生物理实验中，我们忽略两种效应对电阻率的影响。

实验内容与步骤

1. 真空的获得和测量

1）真空获得过程：检查真空腔底部的空气阀（图 5.7-5 中 5）是否关闭，放置好玻璃罩，打开机械泵的开关，逆时针旋转截止阀（图 5.7-5 中 8），观察气压表（负压表图 5.7-5 中 7，）的指针变化，记录指针变化（记录 3 个位置）过程中的气压表数值。

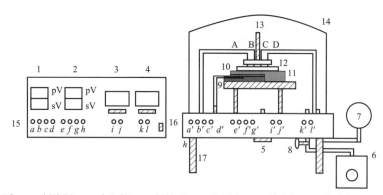

1，2—温控仪；3—电压表；4—恒流源；5—空气阀；6—机械泵；7—气压表；8—截止阀；9—加热器；10—热电偶；11—样品台；
12—四探针；13—微调旋钮；14—玻璃罩；15—电学组合箱接线柱（abcdefghijkl）；16—真空腔接线柱（a'b'c'd'e'f'g'h'i'j'k'l'）；
17—真空腔法兰及支架

图 5.7-5 VO₂ 薄膜电阻测试实验仪器示意图

2）真空保持：当气压表显示为 0.01 MPa 以下，顺时针旋转截止阀至完全关闭，关上机械泵电源，保持真空几分钟（实际真空可保持 3 个小时以上）。

3）充气过程：打开空气阀（图 5.7-5 中 5），观察气压表的指针变化，并记录指针变化（记录 3 个位置）过程中的气压表数值。当气压表显示 0.1 MPa，取下玻璃罩，逆时针旋转截止阀，让截止阀两侧气路都充气到一个大气压，防止机械泵中润滑油倒流入真空腔。

2. 温度的测控（大气环境）

1）温度校准：打开电学组合箱的总电源，预热 5～10 分钟。根据室内温度，校准实时温度：按温控仪的 "set" 键，输入 0089，按菜单顺序进行调节，激活 PSb，进行温度零点修正。

2）P、I、D 参量调整：任选一套加热装置（例如，加热装置 1，含加热器 9 和热电偶 10），按温控仪的 "set" 键，输入 0036，按菜单顺序记录下 P、I、D 的数值（参见附录 B 中的 PID 算法）。打开加热装置 1 的电源，从室温升高 20 ℃，记录升温的时间 t_1。

3）关闭加热装置 1 的电源，增大或减小 P、I、D 的数值，当加热器温度降低到室温后，重新开启加热器 1 电源，记录升高 20 ℃所需的时间 t_2。

4）比较 t_1 和 t_2，理解如何利用 P、I、D 参数控制温度。

3. VO$_2$ 薄膜电阻的测量

1）利用万用表粗测 VO$_2$（200 nm）样品的电阻值后，确定恒流源的量程和数字电压表的量程。

2）取下加热装置 1（因为调整 PID 后，温度已不是室温），换上加热装置 2，将样品放在加热器的样品槽内，调节微调旋钮（图 5.7-5 中 13），使四个探针（图 5.7-5 中 12）与薄膜适当接触，注意松紧适度。

3）依次连接电学组合箱和真空腔上接线柱（a-a'，b-b'，c-c'，d-d'，e-e'，f-f'，g-g'，h-h'，i-i'，j-j'，k-k'，l-l'），如图 5.7-5 所示。

4）接通恒流源，测得电压，计算室温下，0.1 MPa 下样品的电阻值，并记录。

5）检查真空腔的空气阀是否关闭，放上玻璃罩，打开机械泵，抽真空到压力表显示 0.01 MPa 以下，顺时针旋转气体截止阀，关闭机械泵电源。

6）打开加热棒电源，设定温度至 120 ℃，在 40～120 ℃范围内均匀取点 8～10 个点，记录电流与电压值。将电流换向，测量反向电压。取正反向电压的平均值，计算升温时样品的电阻值。

7）关闭加热棒电源，自然降温，在 120～40 ℃，均匀取 8～10 个点，记录电流与电压值。将电流换向，测量反向电压。取正反向电压的平均值，计算降温时样品的电阻值。

8）测试完成后，关闭电学组合箱电源。打开空气阀，逆时针缓慢旋转截止阀，当压力表指针达到 0.1 MPa 以上时，可以拿开玻璃罩。

9）提升四探针微调支架，使探针离开样品表面，收好样品。

注意：

1. 四探针与薄膜接触后再打开恒流源，避免打火花。

2. 探针与薄膜表面接触松紧要适度，太松，接触不良；太紧，又容易将针弄断。

3. 注意加热棒的温度不要超过 160 ℃。

4. 降温过程中，为了加速降温，可以适度打开空气阀再关上，充入一些空气进入真空腔。

5. 每次实验结束，取放样品时不要触碰加热装置（样品台、加热棒和热偶），避免烫伤。

基本要求

1. 熟练掌握机械泵、截止阀和空气阀的使用方法，反复练习将真空腔压强从 0.1 MPa 降低到 0.01 MPa 以下，再充气到 0.1 MPa。

2. 选择一套加热装置，练习手动调节 P、I、D 参量进行温度的控制。

3. 换另一套加热装置，进行薄膜电阻的测量。要求：

1）大气环境中，学习选择合适的恒流源和数字电压表的量程，测量其电阻值，并记录。

2）在真空环境中测试升温（40～120 ℃，均匀取 8～10 个点）和降温（40～120 ℃，均匀取 8～10 个点）时样品的电阻值，并记录。

4. 取薄膜厚度为 200 nm，利用公式在一个坐标系内绘出升温和降温时电阻率—温度曲线，确定升温（T_{SMH}）和降温时相转变温度（T_{SMC}），计算转变温度宽度，并估算 R_s-R_M 对应的电阻率变化的数量级。

分析与思考

1. 简单描述 VO_2 薄膜热滞曲线与 VO_2 单晶热滞曲线的区别。

2. 如果降温过程太慢，可以采取哪些措施加快温度下降？

3. 误差产生原因有哪些？

视频：薄膜电阻
温度特性研究。

5.7.2 Bi_2Te_3 薄膜的电阻温度特性

实验目的

1. 掌握塞贝克效应、帕尔帖效应等热电效应的基本知识。

2. 绘出 Bi_2Te_3 薄膜电阻率随温度变化曲线。

3. 计算塞贝克系数和热电优值，提高综合分析能力。

4. 了解 Bi_2Te_3 薄膜的晶体结构和基本性质。

实验仪器

VTR10 真空变温薄膜电阻测试仪，机械泵，电学组合箱（XMT612 温控仪、恒流电源及毫伏表），利用磁控溅射技术制备的 Bi_2Te_3 薄膜样品，手持数字万用表。

热电效应（温差电效应）主要包含三个效应：塞贝克效应（Seebeck Effect），帕尔帖（Peltier Effect）和汤姆孙（Thomson Effect）效应。

1. 塞贝克效应

1821 年爱沙尼亚的科学家塞贝克发现，将两个不同导体连接在一起构成一个闭合回路，如果导体两端温度不同，在回路中就产生一个温差电势，这就是塞贝克效应。不同的金属导体（或半导体）具有不同的自由电子密度，当两种不同的金属导体相互接触时，在接触面上的电子就会扩散以消除电子密度的差异。而电子的扩散速率与接触区的温度成正比，所以只要维持两金属间的温差，就能使电子持续扩散，在两块金属的另外两个端点形成稳定的电压。由此通常每开尔文温差产生的电压只有几微伏。

如图 5.7-6 所示，由塞贝克效应产生的电压可表示成：

$$\Delta U = S(T_1 - T_2) \tag{5.7-3}$$

其中，S 称为塞贝克系数，单位为 V/K，常用单位是 μV/K。塞贝克效应常应用于热电偶，用来直接测量温差，或者将金属的一端设定到已知温度来测定另一端的温度。随着对能源和绿色器件的关注，寻找高热电优值（ZT）的材料成为研究热点。热

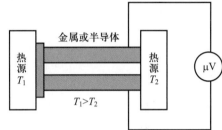

图 5.7-6　塞贝克效应示意图

电优值是 1909 到 1911 年间，德国的科学家阿特克希（Altenkirch）提出的概念

$$ZT = \frac{S^2 T}{\rho \kappa} \tag{5.7-4}$$

其中，S 称为塞贝克系数，T 是温度，ρ 是电阻率，κ 是热导率。较好的热电材料，塞贝克系数大，有明显的塞贝克效应；有较小的电阻值，避免产生焦耳热；有较小的热导率，热量不易传递，从而保持较大的温度梯度。由于每种材料都有最佳的工作温度，因此 ZT 值可以表征材料热电转换的能力。目前，热电优值约为 1，远未达到实际应用的要求。

2. 帕尔帖效应

1834 年法国的科学家帕尔帖发现了塞贝克效应的逆效应。当两种不同的导体连接后通以电流，在接头处就会产生吸热和放热的现象，这种效应称为帕尔帖效应，产生的热量称为帕尔帖热量。帕尔帖效应的数学表达式为

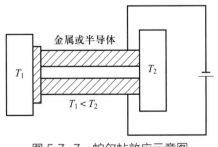

图 5.7-7　帕尔帖效应示意图

$$\frac{\mathrm{d}Q}{\mathrm{d}t} = I\pi_{ab} \tag{5.7-5}$$

其中 π_{ab} 为帕尔帖系数，单位为 W/A，也可用 V 表示。π_{ab} 为正值时，表示吸热；π_{ab} 为负值时，表示放热。$\frac{\mathrm{d}Q}{\mathrm{d}t}$ 为单位时间吸收（放出）的热量，I 为电流。

3. 汤姆孙效应

1855 年，英国科学家汤姆孙用热力学方法分析了塞贝克效应和帕尔帖效应，发现当存在温度梯度的均匀导体中通有电流时，导体除产生不可逆的焦耳热之外，还要吸收或放出一定的热量（称为汤姆孙热）。或者反过来，当一根金属棒的两端温度不同时，金属棒两端会形成电势差。这一现象后来称为汤姆孙效应。

$$\frac{\mathrm{d}Q}{\mathrm{d}t} = I\sigma_{aT}\frac{\mathrm{d}T}{\mathrm{d}x} \qquad (5.7\text{-}6)$$

其中 σ_{aT} 为汤姆孙系数，单位为 V/K。当电流由高温流向低温时，σ_{aT} 为正值，有放热现象；反之，σ_{aT} 为负，有吸热现象。

4. 薄膜的塞贝克系数测量

薄膜材料沉积在基底材料上时，如果基底材料的电阻与薄膜相当时，基底电阻不能忽略，存在如下关系：

$$\frac{1}{R_{\mathrm{all}}} = \frac{1}{R_{\mathrm{sub}}} + \frac{1}{R_{\mathrm{film}}} \qquad (5.7\text{-}7)$$

塞贝克系数测试时，测试的温差电压是由薄膜材料温差电压和基底的温差电压并联的总电压，它们之间的关系满足公式

$$\frac{U_{\mathrm{all}}}{R_{\mathrm{all}}} = \frac{U_{\mathrm{sub}}}{R_{\mathrm{sub}}} + \frac{U_{\mathrm{film}}}{R_{\mathrm{film}}} \qquad (5.7\text{-}8)$$

由（5.7-7）式和（5.7-8）式得到

$$U_{\mathrm{film}} = \left(1 + \frac{R_{\mathrm{film}}}{R_{\mathrm{sub}}}\right)U_{\mathrm{all}} - \frac{R_{\mathrm{film}}}{R_{\mathrm{sub}}}U_{\mathrm{sub}} \qquad (5.7\text{-}9)$$

若 $\dfrac{R_{\mathrm{film}}}{R_{\mathrm{sub}}}$ 极小的时候，可以忽略基底电阻的影响。

在实际测量过程中薄膜塞贝克系数为 $\qquad S_{\mathrm{film}} = \dfrac{U_{\mathrm{film}}}{T_{\mathrm{h}} - T_{\mathrm{c}}} \qquad (5.7\text{-}10)$

设薄膜高温端的温度为 T_{h}，低温端的温度为 T_{c}，保持薄膜两端存在一定的温差 ΔT，就可以测出温度：

$$T_0 = \frac{T_{\mathrm{h}} - T_{\mathrm{c}}}{2} \qquad (5.7\text{-}11)$$

所对应的薄膜两端由塞贝克效应产生的电势差 U_{film}，通过（5.7-10）式即可计算出薄膜塞贝克系数。

5. Bi_2Te_3 晶体结构和基本性质

Bi_2Te_3 是研究最早最成熟的热电材料，目前大多数电制冷元件都是采用这类材料制成，其塞贝克系数大而热导率低，其室温热电优值约为 1。

Bi_2Te_3 是 V－VI 族半导体化合物，实际测量 Bi_2Te_3 材料的禁带宽度为 0.133 eV，它的化学稳定性好。Bi_2Te_3 晶胞为自然分层的三方晶系的晶体结构，属于 D3d 空间群，每个六角晶胞是由 3 组六角层构成，每个六角层包括 5 层原子 TeI-Bi-Te2-Bi-TeI，如图 5.7-8 所示。TeI-Bi 层的化学键是共价键

和离子键，Te2-Bi 层的化学键是共价键，Tel-Tel 层之间是以最弱的范德瓦耳斯力相结合，晶格常数为 $a = b = 4.395\ \text{Å}$ 和 $c = 30.440\ \text{Å}$。

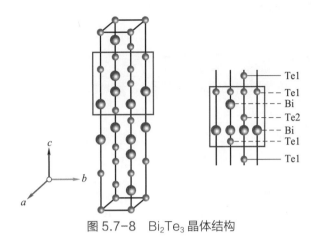

图 5.7-8　Bi_2Te_3 晶体结构

实验内容与步骤

1. 测试 Bi_2Te_3 薄膜的电阻率

（1）使用一套加热装置，依次连接电学组合箱和真空腔上的接线柱（a-a', b-b', c-c', d-d', e-e', f-f', g-g', h-h', i-i', j-j', k-k', l-l'），如图 5.7-9 所示。

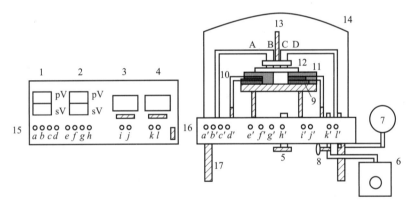

1，2—温控仪；3—电压表；4—恒流源；5—空气阀；6—机械泵；7—气压表；8—截止阀；9—加热器；10—热偶；11—样品台；
12—四探针；13—微调旋钮；14—玻璃罩；15—电学组合箱接线柱（$abcdefghijkl$）；16—真空腔接线柱（$a'b'c'd'e'f'g'h'i'j'k'l'$）；
17—真空腔法兰及支架

图 5.7-9　Bi_2Te_3 薄膜电阻测试实验仪示意图

（2）将待测热电样品放到样品台上，接通恒流源，测得电压，计算室温下，大气环境中样品的电阻值。

（3）检查真空腔的空气阀是否关闭，放置好玻璃罩，打开机械泵，抽真空到压力表显示 0.01 MPa 以下。

（4）打开温控电源，设定温度为 120 ℃，40～120 ℃范围内，均匀取 8～10 个点，记录电流与电压值。再将电流换向，测量反向电压。再取正反向电压的平均值，计算样品的电阻值。

（5）测试完成后，关闭电学组合箱电源。打开空气阀，逆时针缓慢旋转截止阀，当压力表指针达到 0.1 MPa 以上时，可以拿开玻璃罩。

（6）采用酒精或者风扇，使加热装置冷却至室温。

2. 测试 Bi_2Te_3 薄膜的温差电势

（1）放置两套加热装置，并保留一定间隔，依次连接电学组合箱和真空腔上的接线柱（a–a', b–b', c–c', d–d', e–e', f–f', g–g', h–h', i–k', j–l'），如图 5.7-9 所示；

（2）用镊子放置好样品，调节微调支架，使四探针与样品接触良好；

（3）调节两个温控仪，在 40～120 ℃的温度范围内，分别改变加热器 1 的温度（高温端）和加热器 2 的温度（低温端），使平均温度在一定范围内变化，从温控仪的电压表中直接读出温差电动势；

（4）测试完成后，关闭电学组合箱电源。打开空气阀，逆时针缓慢旋转截止阀，当压力表指针达到 0.1 MPa 以上时，可以拿开玻璃罩。

（5）提升四探针微调支架，使探针离开样品表面，收好样品。

注意：

1. 不要用手触摸样品。

2. 注意加热器的温度不要超过 160 ℃。

3. 使用 VTR10 实验仪时，仔细检查接线，保护探针，不要造成仪器损坏。

4. 取放样品时不要触碰加热装置，避免烫伤。

基本要求

1. 熟练掌握真空的获得和测量，以及温度的测控。

2. 取 Bi_2Te_3 薄膜厚度为 200 nm，计算电阻率，绘出热电材料的电阻率 – 温度特性曲线。

3. 计算塞贝克系数，并绘制塞贝克系数 – 温度曲线。

4. 根据给定的 Bi_2Te_3 薄膜热导率（$\kappa = 2.4[W/(m \cdot K)]$）和电阻率，计算室温时的热电优值。

分析与思考

1. 实验中影响热电优值的因素有哪些？

2. 根据实验结果，你能得出什么结论？

附录 A、B： XMT612 智能 PID 温度的控制仪。

5.8 液晶特性

1. 专题简介

液晶于 1888 年由奥地利植物学家莱尼茨尔（F.Reinitzer）发现，液晶是一种既具有液体的流动性又具有类似于晶体的各向异性的特殊物质（材料），是介于液体与晶体之间的一种物质状态。在我们的日常生活中，适当浓度的肥皂水溶液就是一种液晶。目前人们发现合成的液晶材料已近十万种之多，有使用价值的也有四五千种。

一般的液体内部分子排列是无序的，而液晶既具有液体的流动性，其分子又按一定规律有序排列，使它呈现晶体的各向异性。当光通过液晶时，会产生偏振面旋转，双折射等效应。液晶分子是含有极性基团的极性分子，在电场作用下，偶极子会按电场方向取向，导致分子原有的排列方式发生变化，从而液晶的光学性质也随之发生改变，这种因外电场引起的液晶光学性质的改变称为液晶的电光效应。

液晶的电光效应在 1961 年由美国 RCA 公司的海梅尔（F. Heimeier）发现，并制成了显示器件。从 70 年代开始，某日本公司将液晶与集成电路技术结合，制成了一系列的液晶显示器件，并至今在这一领域保持领先地位。液晶显示器件由于具有驱动电压低（一般为几伏），功耗极小，体积小，寿命长，环保无辐射等优点，在当今各种显示器件的竞争中独具特色。随着液晶在平板显示器等领域的应用和不断发展，以及市场的巨大需求，人们对它的研究也进入了一个空前发展的状态。

本专题通过一些基本的观察和研究，对液晶材料的光学性质及物理结构有一个基本了解，并利用现有的物理知识进行初步的分析和解释。

2. 专题安排

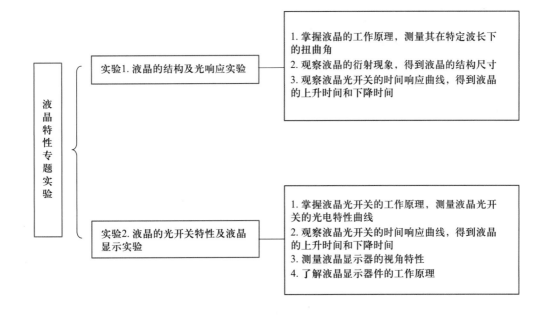

3. 预习要点

本专题实验内容涉及液晶的结构、光电性质、液晶显示等内容；实验过程中将应用到光功率计、光电二极管探头、数字示波器等仪器的使用。

5.8.1　液晶的结构及光响应

实验目的

1. 掌握液晶的工作原理，测量其在特定波长下的扭曲角。
2. 观察液晶的衍射现象，得到液晶的结构尺寸。
3. 观察液晶光开关的时间响应曲线，得到液晶的上升时间和下降时间。

实验仪器

半导体激光器，液晶盒，起偏器，检偏器，光功率指示计，光电二极管探头，示波器。

实验原理

大多数液晶材料都是由有机化合物构成的。这些有机化合物分子多为细长的棒状结构，长度为数 nm，粗细约为 0.1 nm 量级，并按一定规律排列。根据排列的方式不同，液晶一般被分为三大类。

1. 近晶相液晶，结构大致如图 5.8-1（a）所示。这种液晶的结构特点是：分子分层排列，每一层内的分子长轴相互平行，且垂直或倾斜于层面。

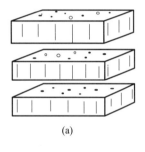 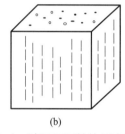 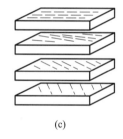

(a)　　　　　　　　　　(b)　　　　　　　　　　(c)

图 5.8-1　液晶不同结构示意图

2. 向列相液晶，结构如图 5.8-1（b）所示。这种液晶的结构特点是：分子的位置比较杂乱，不再分层排列。但各分子的长轴方向仍大致相同，光学性质上有点像单轴晶体。

3. 胆甾相液晶，结构大致如图 5.8-1（c）所示。这种液晶的结构特点是：分子也是分屏排列，每一层内的分子长轴方向基本相同。并平行于分层面，但相邻的两个层中分子长轴的方向逐渐转过一个角度，总体来看分子长轴方向呈现一种螺旋结构。

以上的液晶特点大多是在自然条件下的状态特征，当我们对这些液晶施加外界影响时，它们的状态将会发生改变，从而表现出不同的物理光学特性。下面以最常用的向列相液晶为例，分析了解其在外界人为作用下的一些特性和特点。

使用液晶的时候往往会将液晶材料夹在两个玻璃基片之间，并对四周进行密封。基片的内表面要进行适当的处理，以便影响液晶分子的排列。一般有如下的三个处理步骤：1.涂覆取向膜，在基片表面形成一种膜。2.摩擦取向，用棉花或绒布按一个方向摩擦取向膜。3.涂覆接触剂。经过这三个步骤后，就可以控制紧靠基片的液晶分子，使其平行于基片并按摩擦方向排列。如果上下两个基片的取向成一定角度，则两个基片间的液晶分子就会形成许多层。如图 5.8-2（a）所示的情况（两个基片的取向成 90°）。即每一层内的分子取向基本一致，且平行于层面。相邻层分子的取向逐渐转动一个角度。从而形成一种被称为扭曲向列的排列方式。这种排列方式和天然胆甾相液晶的主要区别是：扭曲向列的扭曲角是人为可控的，且"螺距"与两个基片的间距和扭曲角有关。而天然胆甾相液晶的螺距一般不足 1 μm，不能人为控制。

扭曲向列排列的液晶对入射光会有一个重要的作用，它会使入射的线偏振光的偏振方向顺着分子的扭曲方向旋转，类似于物质的旋光效应。在一般条件下旋转的角度（扭曲角）等于两基片之间的取向夹角。

由于液晶分子的结构特性，其极化率和电导率等都具有各向异性的特点，当大量液晶分子有规律地排列时，其总体的电学和光学特性，如介电常量、折射率也将呈现出各向异性的特点。如果我们对液晶物质施加电场，就可能改变分子排列的规律。从而使液晶材料的光学特性发生改变，这就是液晶的电光效应。

为了对液晶施加电场，在两个玻璃基片的内侧镀上一层透明电极，将这个由基片电极、取向膜、液晶和密封结构组成的结构叫作液晶盒，在液晶盒的两个电极之间加上一个适当的电压。根据液晶分子的结构特点，假定液晶分子没有固定的电极。但可被外电场极化形成一种感生电极矩。这个感生电极矩也会有一个自己的方向，当这个方向与外电场的方向不同时，外电场就会使液晶分子发生转动，直到各种互相作用力达到平衡。液晶分子在外电场作用下的变化，也将引起液晶盒中液晶分子的总体排列规律发生变化。当外电场足够强时，两电极之间的液晶分子将会变成如图 5.8-2（b）所示中的排列形式。这时，液晶分子对偏振光的旋光作用将会减弱或消失。通过检偏器，可以清晰地观察到偏振态的变化。大多数液晶器件都是这样工作的。

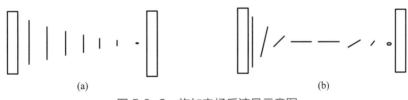

(a)   (b)

图 5.8-2　施加电场后液晶示意图

以上的分析只是对液晶盒在"开关"两种极端状态下的情况作了一些初步的分析。而这两个状态之间还存在着中间状态，这里有着极其丰富多彩的光学现象。

液晶对变化的外界电场的响应速度是液晶产品的一个十分重要的参量。一般来说液晶的响应速度是比较低的，通常用上升沿时间和下降沿时间来衡量液晶对外界驱动信号的响应速度情况。如图 5.8-3 所示，定义上升时间：透过率由 10% 升到 90% 所需时间；下降时间：透过率由 90% 降到 10% 所需时间。

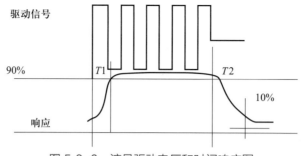

图 5.8-3　液晶驱动电压和时间响应图

实验内容与步骤

1. 液晶扭曲角的测量

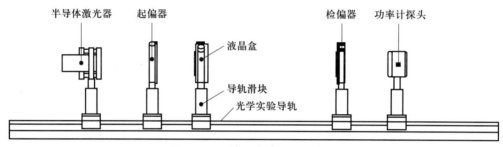

图 5.8-4　液晶实验仪器示意图

1）按照激光器、起偏器、液晶盒、检偏器、功率计探头的顺序，在导轨上摆好光路，连接各设备之间的导线（如图 5.8-4 所示）。打开激光器，仔细调整各个光学元件的高度和激光器的方向，尽量使激光从光学元件的中心穿过，进入功率计探头。旋转起偏器，使通过起偏器的激光最强。

2）打开液晶驱动电源，将功能按键置于连续状态，驱动电压调整到 12 V。旋转检偏器和液晶盒，找到系统输出功率最小的位置，记下此时检偏器的位置（角度）。

3）关闭液晶驱动电源，此时系统通光情况将发生变化，再次调整检偏器位置，找到系统通光功率最小的位置，记下此时检偏器的位置（角度）。两者角度差，就是该液晶盒在该波长下的扭曲角。

2. 上升沿时间 T_1 与下降沿时间 T_2 的测量

1）重复实验内容 1 的第 1、2 步，找到系统输出功率较小的位置。

2）用光电探头换下功率计探头，连接好 12 V 电源线。将示波器的 CH1 通道与液晶驱动信号相连，CH2 通道与光电二极管探头相连（地线与 12 V 的地相连，Q9 线挂钩挂在探头线路板的挂环上）。

3）将功能按键置于间歇状态，调整间歇频率旋钮，观察系统输出光的变化情况以及示波器上波形的情况，体会液晶电源的工作原理。测量上升沿时间和下降沿时间。

3. 测量衍射角，得到液晶的结构尺寸

1）取下图 5.8-4 中的检偏器和功率计探头。将功能按键置于连续，驱动电压置于 6 V 左右，用白屏观察液晶盒后光斑的变化情况，调节驱动电压观察到类似光栅衍射的现象。仔细调整驱动电压和液晶盒角度，使衍射效果最佳。

2）用尺子测量衍射图样 0 级条纹到 1 级条纹的距离和液晶盒到观察屏的距离得到衍射角 θ，再利用光栅公式 $d\sin\theta = k\lambda$，求出这个液晶"光栅"的光栅常量 d。

4. 观察衍射斑的偏振状态

1）在此实验内容 3 的基础上，紧靠液晶盒放置检偏器，用白屏观察检偏器后衍射斑。

2）旋转检偏器，观察各衍射斑的变化情况，指出其变化规律。

注意事项

1. 将光具座上所有光学元件进行等高共轴调整，保证激光进入光功率计或二极管光电探头。

2. 调整光路时，注意保护眼睛，避免激光直接射入眼睛。

3. 轻柔缓慢旋转偏振片和液晶盒，避免大幅度快速调整。

4. 在测量光响应特性过程中，除调节间歇频率外，还要注意调节示波器的垂直衰减旋钮和时间扫描旋钮，使液晶驱动电压和时间响应动态图达到最好效果。

基本要求

1. 驱动电压为 12 V 和 0 V 时，测量系统输出功率最小的位置，分别记下检偏器的角度，求出扭曲角。测量三次，计算液晶盒的扭曲角的平均值。

2. 测量液晶的上升时间和下降时间各三次，求平均值。

3. 用尺子测量液晶盒到观察屏的距离得到衍射角 θ（重复测量 6 次），利用 $d\sin\theta = k\lambda$ 求出液晶"光栅"的光栅常量 d，并计算不确定度。（已知激光波长 λ：635 nm，k 为衍射级次）

分析与思考

1. 什么是液晶的光电效应？

2. 液晶的响应时间对液晶显示有什么影响？

3. 为什么液晶可以当作"光栅"？可以观察到光栅衍射斑？

附录：液晶的结构及光响应实验仪操作说明。

5.8.2 液晶的光开关特性及液晶显示

实验目的

1. 掌握液晶光开关的工作原理，测量液晶光开关的电光特性曲线；

2. 观察液晶光开关的时间响应曲线，得到液晶的上升时间和下降时间；

3. 测量液晶显示器的视角特性；

4. 了解液晶显示器件的工作原理。

液晶电光效应综合实验仪、存储示波器

1. 液晶光开关的工作原理

液晶的种类很多，仅以常用的扭曲向列（TN）型液晶为例，说明其工作原理。TN 型光开关的结构如图 5.8-5 所示。在两块玻璃板之间夹有正性向列相液晶，液晶分子的形状如同火柴一样，为棍状。棍的长度为十几 Å，直径为 4～6 Å，液晶层厚度一般为 5～8 μm。玻璃板的内表面涂有透明电极，电极的表面预先作了定向处理（可用软绒布朝一个方向摩擦，也可在电极表面涂取向剂），这样液晶分子在透明电极表面就会躺倒在摩擦所形成的微沟槽里；电极表面的液晶分子按一定方向排列，且上下电极上的定向方向相互垂直。上下电极之间的那些液晶分子因范德瓦耳斯力的作用，趋向于平行排列。然而由于上下电极上液晶的定向方向相互垂直，所以从俯视方向看，液晶分子的排列从上电极的沿 −45° 方向排列逐步地、均匀地扭曲到下电极的沿 +45° 方向排列，整个扭曲了 90°。如图 5.8-5 左图所示。

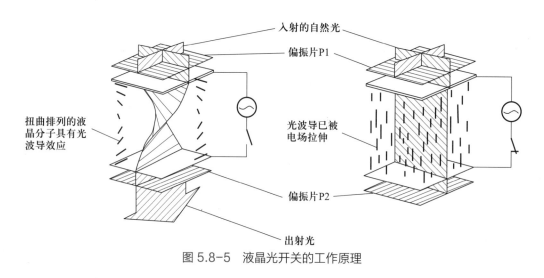

图 5.8-5　液晶光开关的工作原理

理论和实验都证明，上述均匀扭曲排列起来的结构具有光波导的性质，即偏振光从上电极表面透过扭曲排列起来的液晶传播到下电极表面时，偏振方向会旋转 90°。

将两个偏振片贴在玻璃的两面，P1 的透光轴与上电极的定向方向相同，P2 的透光轴与下电极的定向方向相同，于是 P1 和 P2 的透光轴相互正交。在未加驱动电压的情况下，自然光经过偏振片 P1 后只剩下平行于透光轴的线偏振光，该线偏振光到达输出面时，其偏振面旋转了 90°。这时光的偏振面与 P2 的透光轴平行，因而有光通过。

在施加足够电压情况下（一般为 1～2 V），在静电场的作用下，除了基片附近的液晶分子被基片"锚定"以外，其他液晶分子趋于平行于电场方向排列。于是原来的扭曲结构被破坏，成了均匀结构，如图 5.8-5 右图所示。从 P1 透射出来的偏振光的偏振方向在液晶中传播时不再旋转,保持原来的偏振方向到达下电极。这时光的偏振方向与 P2 正交,因而光被关断。

由于上述光开关在没有电场的情况下让光透过,加上电场的时候光被关断,因此叫作常通型光开关,又叫作常白模式。若 P1 和 P2 的透光轴相互平行,则构成常黑模式。

2. 液晶光开关的电光特性

图 5.8-6 为光线垂直液晶面入射时的液晶相对透射率与外加电压的关系(不加电场时的透射率为100%)。可见,对于常白模式的液晶,其透射率随外加电压的升高而逐渐降低,在一定电压下达到最低点,此后略有变化。可以根据此电光特性曲线图得出液晶的阈值电压和关断电压。阈值电压:透过率为 90% 时的驱动电压;关断电压:透过率为 10% 时的驱动电压。

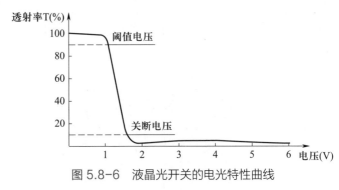

图 5.8-6 液晶光开关的电光特性曲线

液晶的电光特性曲线越陡,即阈值电压与关断电压的差值越小,由液晶开关单元构成的显示器件允许的驱动路数就越多。TN 型液晶最多允许 16 路驱动,故常用于数码显示。在电脑,电视等需要高分辨率的显示器件中,常采用 STN(超扭曲向列)型液晶,以改善电光特性曲线的陡度,增加驱动路数。

3. 液晶光开关的时间响应特性

加上(或去掉)驱动电压能使液晶的开关状态发生改变,是因为液晶的分子排序发生了改变,这种重新排序需要一定时间,反映在时间响应曲线上,用上升时间 τ_r 和下降时间 τ_d 描述。给液晶开关加上一个如图 5.8-7 上图所示的周期性变化的电压,就可以得到液晶的时间响应曲线、上升时间和下降时间,如图 5.8-9 下图所示。上升时间:透过率由 10% 升到 90% 所需时间;下降时间:透过率由 90% 降到 10% 所需时间。

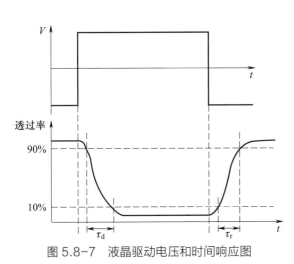

图 5.8-7 液晶驱动电压和时间响应图

液晶的响应时间越短,显示动态图像的效果越好,这是液晶显示器的重要指标。早期的液晶显示器在这方面逊色于其他显示器,现在通过结构方面的技术改进,已达到很好的效果。

4. 液晶光开关的视角特性

液晶光开关的视角特性表示对比度与视角的关系。对比度定义为光开关打开和关断时透射光强度之比,对比度大于 5 时,可以获得满意的图像,对比度小于 2,图像就模糊不清了。液晶的对比度与垂直和水平视角都有关,而且具有非对称性。

5. 液晶光开关构成图像显示矩阵的方法

液晶显示器通过对外界光线的开关控制来完成信息显示任务，为非主动发光型显示，其最大的优点在于能耗极低。正因为如此，液晶显示器在便携式装置的显示方面，例如电子表、万用表、手机、传呼机等具有不可代替地位。下面我们来看看如何利用液晶光开关来实现图形和图像显示任务。

矩阵显示方式是把图 5.8-8（a）所示的横条形状的透明电极做在一块玻璃片上，叫做行驱动电极，简称行电极（常用 Xi 表示），而把竖条形状的电极制在另一块玻璃片上，叫作列驱动电极，简称列电极（常用 Si 表示）。把这两块玻璃片面对面组合起来，把液晶灌注在这两片玻璃之间构成液晶盒。为了画面简洁，通常将横条形状和竖条形状的电极抽象为横线和竖线，分别代表扫描电极和信号电极，如图 5.8-8（b）所示。

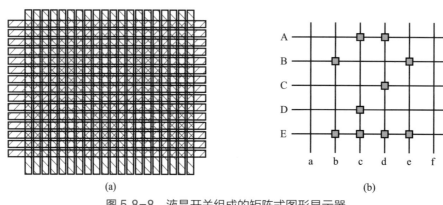

(a)   (b)

图 5.8-8　液晶开关组成的矩阵式图形显示器

矩阵型显示器的显示原理如下：欲显示图 5.8-8（b）的那些有方块的像素，首先在第 A 行加上高电平，其余行加上低电平，同时在列电极的对应电极 c、d 上加上低电平，于是 A 行的那些带有方块的像素就被显示出来了。然后第 B 行加上高电平，其余行加上低电平，同时在列电极的对应电极 b、e 上加上低电平，因而 B 行的那些带有方块的像素被显示出来了。然后是第 C 行、第 D 行……，以此类推，最后显示出一整场的图像。这种工作方式称为扫描方式。

这种分时间扫描每一行的方式是平板显示器的共同的寻址方式，依这种方式，可以让每一个液晶光开关按照其上的电压的幅值让外界光关断或通过，从而显示出任意文字、图形和图像。

实验内容与步骤

将液晶板金手指 1（如图 5.8-9 所示）插入转盘上的插槽，液晶凸起面必须正对光源发射方向。打开电源开关，点亮光源，使光源预热 10 分钟左右。在正式进行实验前检查仪器的初始状态，发射器光线应垂直入射到接收器；在静态 0 V 供电电压条件下，透过率校准为"100%"。

1. 液晶电光特性测量

模式转换开关置于静态模式，透过率显示校准为 100%，改变电压从 0 V 到 6 V，记录相应的透射率。

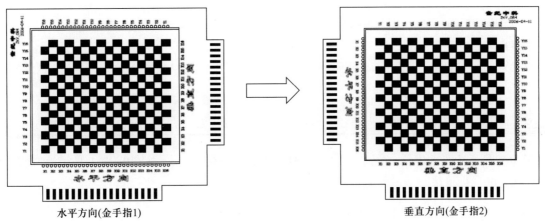

水平方向(金手指1)　　　　　　　　　　　垂直方向(金手指2)

图 5.8-9　液晶板方向（视角为正视液晶屏凸起面）

2. 液晶时间响应特性曲线的测量

模式转换开关置于静态模式，透过率显示调到 100，然后将液晶供电电压调到 2.00 V，在液晶静态闪烁状态下，用存储示波器观察此光开关时间响应特性曲线，可以根据此曲线得到液晶的上升时间 τ_r 和下降时间 τ_d。

3. 液晶视角特性的测量

① 水平方向视角特性的测量

模式转换开关置于静态模式。首先将透过率显示调到 100%，然后再进行实验。

确定当前液晶板为金手指 1 插入的插槽。电压为 0 V 时，调节液晶屏与入射激光的角度从 −75°到 +75°，测量出每一角度下光强透过率最大值 T_{MAX}。然后将供电电压设置为 2 V，再次调节液晶屏角度，测量光强透过率最小值 T_{MIN}。

② 垂直方向视角特性的测量

关断总电源后，取下液晶显示屏，将液晶板旋转 90°，将金手指 2（垂直方向）插入转盘插槽。重新通电，按照与①相同的方法和步骤。

4. 液晶显示器显示原理

将模式转换开关置于动态（图像显示）模式。液晶供电电压调到 5 V。此时矩阵开关板上的每个按键位置对应一个液晶光开关像素。初始时各像素都处于开通状态，按 1 次矩阵开光板上的某一按键，可改变相应液晶相素的通断状态，所以可以利用点阵输入关断（或点亮）对应的像素，使暗像素（或点亮像素）组合成一个字符或文字。以此让学生体会液晶显示器件组成图像和文字的工作原理。矩阵开关板右上角的按键为清屏键，用以清除已输入在显示屏上的图形。

注意：

1. 在进行液晶视角特性实验中，更换液晶板方向时，务必断开总电源后，再进行插取，否则将会损坏液晶板；

2. 液晶板凸起面必须要朝向光源发射方向，否则实验记录的数据为错误数据；

3. 在调节透过率 100% 时，如果透过率显示不稳定，则可能是光源预热时间不够，或光路没有对准，需要仔细检查，调节好光路。

4. 在校准透过率 100% 前，必须将液晶供电电压显示调到 0.00 V，否则无法校准透过率为 100%。

5. 垂直方向视角特性不测量。

6. 实验完成后，关闭电源开关（液晶板不要取下）。

基本要求

1. 从 0 V 到 6 V 改变电压，记录相应的透射率（数据变化明显处间隔 0.1 V，平缓处间隔 0.5 V），绘制电光特性曲线，得出阈值电压和关断电压。

2. 测量液晶的上升时间 τ_r 和下降时间 τ_d 各三次，求平均值。

3. 电压为 0 V 时，调节液晶屏与入射激光的角度从 $-75°$ 到 $+75°$，间隔 $5°$，测量透过率 T_0；电压为 2 V 时，再次调节液晶屏角度，测量透过率 T_2，绘制水平方向对比度随入射光的入射角而变化的曲线，并计算其对比度 T_0/T_2。

4. 使用暗像素（或点亮像素）组合成一个字符或文字，理解液晶显示器显示原理。

分析与思考

1. 为什么当电压比较高时，还有光透过？

2. 液晶显示器件的对比度随视角变化为什么呈现出不对称性？

3. 如何确定本实验所使用的液晶样品是常黑型的还是常白型的？

附录：液晶电光效应
综合实验仪操作说明。

第6章 设计性实验

6.1 实验设计基础知识

前面我们已经学做了许多实验，其中也包括一些经典的物理实验。它们通过清晰的物理思想、精巧的构思和简单的装置揭示了深刻的物理内涵。这些实验不仅推动了物理学的发展，而且许多实验原理至今仍然在更广泛的领域及更先进的实验中发挥着重要作用。

在做实验的过程中，我们已经领略了前人的实验设计思想，掌握了一定的实验技能，积累了一定实践经验。在此基础上有必要也有可能进行设计性实验的训练。

设计实验是一个复杂的工作，包括建立物理模型、选择适当的实验方法和实验仪器、确定实验参量、拟定实验程序等。在实验过程中还需要根据设计情况不断调整、改进方案以达到预期效果。教学中的设计性实验既不同于基本教学实验；也不同于以解决生产和科研中的具体问题为目的的研究实验。它是介于二者之间的一种过渡，是以基本知识、基本方法、基本技能的灵活运用和提高学生学习主动性、激发创新精神为目的的一种教学实验。

教学中的设计性实验就是含有设计性内容的实验。一般由教师或教材提出任务和要求，也可由学生自己提出感兴趣的题目，学生自己查阅参考资料，自己对实验的某些环节进行设计，制定相应的方案，准备实验并完成实验。

教学中，又将设计性实验大致分为三种类型。

测量型实验：对特定的物理量如密度、重力加速度、电动势、内阻、折射率、波长等进行测量。

研究型实验：对物质或元器件的若干物理量进行测量、研究它们之间的相互关系。

制作型实验：设计并制作或搭建实验装置，以实现对给定物理量测量的功能。

物理实验内容涉及广泛，每个实验目的不同，要求也不同，很难用一个统一的程序来设计实验。但是物理实验设计还是有一定共性的。为此，我们先来看看教学中设计性实验的一般程序。

上面框图中的返回箭头表示在后一程序进行的过程中可能出现一些问题，有必要返回前一程序中去。或者根据实测数据的处理结果去修改、完善前面的设计方案。

下面对各步骤作简略的介绍。

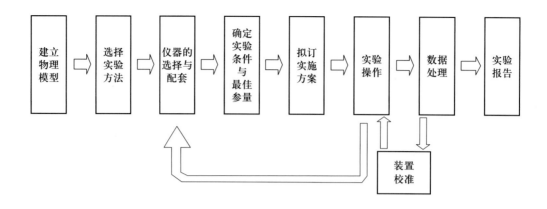

6.1.1　物理模型的建立

物理模型的建立过程就是根据实验要求和实验对象的物理性质，研究与实验对象相关的物理过程的原理及该过程中各物理量之间的关系，推证数学模型（数学表达式）。比如要测某一地区的重力加速度，我们可以根据自由下落物体的运动速度与重力加速度的关系 $g = 2\dfrac{h}{t^2}$ 建立一个自由落体运动的物理模型；或者根据单摆小角度摆动条件下，周期 T 与 g 的关系 $T = 2\pi\sqrt{\dfrac{L}{g}}$ 建立一个单摆的物理模型。又如欲测量某处的磁感应强度 B，我们可以根据恒定电流下霍尔电动势与磁感应强度 B 成正比的物理原理建立起用霍尔元件测螺线管内部的磁感应强度的物理模型；也可以利用磁感应强度变化时在探测线圈内产生的感应电动势 $\varepsilon = -N\dfrac{\mathrm{d}B}{\mathrm{d}t}$ 的原理建立积分法测量磁感应强度的物理模型。

物理原理一般是建立在特定条件下的。实验中经常要求被测量或被测对象满足一些极端条件，如要求某些量为无穷大、某些量为无限小，物理学中的质点、刚体、均匀、连续、平衡、光滑、无摩擦、无空气阻力等模型只有在理想化条件下才成立，而这些条件在实验中又是无法严格实现的。所以必须深刻理解原理所要求的条件，考虑这些条件与实验中所能实现的条件的近似程度，在误差允许的范围内，使实验条件尽量接近理想条件。比如单摆测重力加速度实验，系小球的细线的质量比小球质量小很多，而小球的直径又比细线的长度小很多，则此装置就可视为是一个不计质量的细线系住一个质点。

使其在重力作用下做小角度摆动，其周期 T 就满足公式 $T = 2\pi\sqrt{\dfrac{L}{g}}$。上述条件若得不到满足就不能视之为单摆。另外在热学实验中，若系统与外界没有热交换，就是绝热过程，这也是一个理想化条件。我们只能采取一些措施使系统与外界的热交换减小到可以忽略的程度，而真正的"绝热"是不可能实现的。总而言之，理想化永远达不到，但是只要我们仔细分析、合理地利用一些近似的条件，就会建立起一个能够满足测试要求的物理模型。

6.1.2　物理模型的比较与选择

对于一个特定的物理量，可能有若干物理过程与之相对应。对一个实验任务，也可以建立起多种物理模型。这就要我们对所能建立起的物理模型进行比较，从中选择一个最佳的物理模型。

在选择物理模型时，要从物理原理的完善性、计算公式的准确性、实验方法的可行性、实验操作的便利性、实验装置的经济性、仪器精度的局限性、误差允许范围等多方面去详细考虑，尽量使所建立的物理模型既原理正确，又简易可行；既能使测量精度高、误差小，又能充分利用现有的条件。

应该指出的是，实验方法的选择不应该是被动的比较与选择，而应积极地创造条件去满足物理模型的需要。各种方法都有自己的优缺点，一定要综合分析，决定取舍。

比如我们建立了两个不同的测量重力加速度 g 的物理模型。采用自由落体模型，只能测一个下落过程的时间与位移。当下落行程 h 为 2 m 时，所需时间只有 0.6 s 多，这就对计时准确度提出了一定的要求。而用单摆模型，则可测 n 个周期的累计摆动时间。对于摆长 $l = 1$ m 的单摆，周期 T 约为 2 s，若累计测 50 个周期，则累计时间间隔达 100 s 左右，时间测量的难度大大降低。单从测量时间方便的角度考虑，选单摆法比自由落体法要好。从另一方面考虑，单摆是个理想的模型，实验中采用的摆只是近似的单摆。由此而引起的误差是由实验原理本身带来的系统误差，改进测量技术很难解决这个系统误差的问题。所以在需要较高准确度的情况下还是要用自由落体模型，基于自由落体模型的 FG-5 商用重力仪测量准确度可以达到 2×10^{-8} m/s^2。当然为了提高时间和位置测量的准确度，测量装置就会比较复杂，需要付出昂贵的代价。

6.1.3 实验方法的选择

物理模型确定以后，就要选择适当的实验方法。在本书前面章节中我们已经介绍了一些通用的实验方法和物理实验中专用的实验方法。

一个实验中可能要测量多个物理量，每个物理量又都可能有多种测量方法。比如，在自由落体运动中测时间 t 可以有光电计时、火花打点计时和频闪照相等多种具体的方法；在测量温度时，可以使用水银温度计、热电偶、热敏电阻等多种器具；测量电压，可以用万用表、数字电压表、电位差计、示波器等；测量长度，可以用直接测量法、电学方法（位移传感器、长度传感器）、光学方法（干涉法、比长仪法）等。我们必须根据被测对象的性质和特点，分析比较各种方法的适用条件，可能达到的实验精度，以及各种方法实施的可能性，优缺点，最后作出选择。

选择方法时应首先考虑实验误差要小于预定的设计要求。但是过分追求低误差也是没有必要的，因为随着结果准确度的提高，实验难度和实验成本也将增加。测量方法的选择离不开对测量仪器的选择，这又要从仪器精度、操作的方便及经济性各方面去考虑。

一般情况下，为减少随机误差应该尽可能地采取等精度的多次测量；对于等间隔、线性变化的连续实验数据的处理可采用"最小二乘法"等。系统误差不仅与测量仪器有关，也与测量方案有关。比如单摆摆长（图 6.1-1），应该是悬挂点 B 到摆球球心 D 的距离。可以有多种测量方法实现这一测量。如：（1）用尺子直接测量 BD 点的距离即摆长 L；（2）测量 AB、AE、AC，摆长 $L = \dfrac{1}{2}(AE + AC) - AB$。由

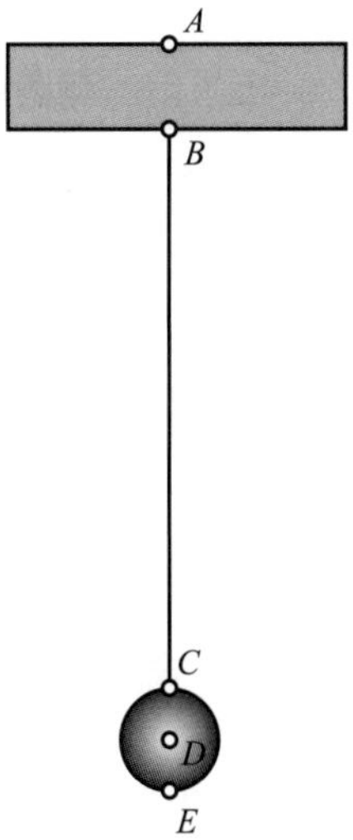

图 6.1-1　单摆

于直接测准 B，D 两点距离比较困难，尤其是 D 点测不准，所以还是第 2 种方法的误差小。

6.1.4　测量仪器的选择与配套

物理模型和实验方法确定以后，就要选择配套的测量仪器。选择的方法是通过待测的间接测量量与各直接测量量的函数关系导出误差（或不确定度）传递公式，并按照"不确定度均分"原则将对间接测量量的误差要求分配给直接测量量，再由此选择准确度适合的仪器。例如上述单摆实验中，对测量重力加速度 g 的要求是相对不确定度 $E(g) \leqslant 0.5\%$，由函数关系式 $g = \dfrac{4\pi^2 L}{T^2}$ 可导出不确定度传递公式为

$$E(g)^2 = E(L)^2 + [2E(T)]^2 \qquad\qquad (6.1-1)$$

要求 $E(g) \leqslant 0.5\%$，即要求 $E(g)^2 \leqslant 0.25 \times 10^{-4}$。按照"不确定度均分"原则，长度测量的不确定度和时间测量的不确定度对合成不确定度的影响要大致均等。所以应有 $E(L)^2 \leqslant 0.125 \times 10^{-4}$，$[2E(T)]^2 \leqslant 0.125 \times 10^{-4}$，即 $E(L)$ 约为 0.35%，$E(T)$ 约为 0.17%。由此可以提出对测长仪器和计时仪器准确度的大致要求。考虑到测量方便，可选摆长 L 约为 1 m，则周期约为 2 s，估算出测长仪器的允许最大不确定度为 3.5 mm，选择 1 mm 刻度的米尺测量完全可以达到要求。类似可以估算出计时仪器的允许最大不确定度为 0.3 s。可选用停表计时。尽管停表分度值为 0.1 s 或更小，但是由操作者技术引起的误差可能高达 0.3 s 以上。所以还应采取累计计时法，测出 n 个周期的时间，再换算成一个周期的时间，以更好地达到设计要求。

当然"不确定度均分"只是一个原则上的分配方法，对于具体情况还可具体处理。比如由于条件限制，某一物理量测量的不确定度稍大，继续降低不确定度又比较困难。这时可以允许该量的不确定度大一些，而将其他物理量的测量不确定度降得更低，以保证合成不确定度达到设计要求。

另外，由有效数字运算法则可知，所选测量仪器的准确度和量程应该能保证各测量有效数字位数大致相同，否则高准确度测量不会起作用，造成浪费。

6.1.5　测量条件与实验参量的确定

在实验方法及仪器选定的情况下，选择有利的测量条件，可以最大限度地减少测量误差。

例如：用滑线式电桥测电阻时（如图 6.1-2 所示），在滑线的什么位置测量，能使得待测电阻的相对误差最小？

已知电桥平衡条件为

$$R_x = R_s \frac{L_1}{L_2}$$

取对数后微分，得到

$$\frac{\mathrm{d}R_x}{R_x} = \frac{\mathrm{d}R_s}{R_s} + \frac{\mathrm{d}L_1}{L_1} - \frac{\mathrm{d}L_2}{L_2}$$

$$E(R_x) = \frac{L}{(L - L_2)L_2} u(L_2)$$

可见同样的不确定度 $u(L_2)$，当 $L_2 = \frac{L}{2}$，$L_1 = L_2 = \frac{L}{2}$ 时 $E(R_x)$ 最小，所以这就是滑线式电桥的最有利的测量条件。

一般电表读数的最准确读值是选取电表刻度盘的 $\frac{2}{3}$ 附近的区域，如图 6.1-3 所示。

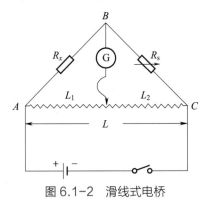

图 6.1-2　滑线式电桥

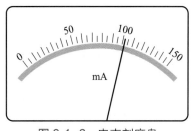

图 6.1-3　电表刻度盘

另外，环境条件如温度、湿度、气压、射线、电磁场、震动等，对仪器的正常工作都会有一定影响，也会引起误差的变化，所以选定合适的测量环境也是不可忽视的。

6.1.6　实验方案的拟定

制定具体的实验实施方案是一项非常重要的工作，好的实施方案，可以使实验有条有理地完成。而没有一个好的实施方案，即使拥有了理想的物理模型和精密的实验仪器，也得不到准确的实验结果。

实验实施方案的拟订应包括以下几个方面：

（1）按照所选定的物理模型及实验方法，画出实验装置图或电路、光路图，注明图中各元器件和设备的名称、型号、数值，从总体上对实验有一个安排。

（2）拟定详细的实验步骤：包括装置的安装、仪器的调整、光路的调节、实验操作的先后次序，数据记录的方法等。对于一些预先可估计到的事情要在实验方案的适当位置标记清楚，比如一些不可逆过程，一次性动作要加以注明，做好准备，以免造成实验停顿或数据漏测。对一些力学实验中的过载，电学实验中的超量程等容易出现的意外事故，也要清楚地注明，并预先考虑一旦实验中出现事故应如何处置。在条件允许的实验中，可安排粗测一次，以掌握实验的实际情况及练习操作。经过粗测还可以找到非线性变化曲线的弯曲部分，并在此处多安排几个测试点。总之，实验步骤是操作者在实验中的动作程序，是实验者顺利完成实验的指导，因此要事先进行周密计划和拟定，以保证实验的顺利进行。

（3）列数据表格：数据表格是实验者在做实验中将所测试的数据记录在案的一项重要工作，要分析实验中需测量哪些量，每个量测几次等，列出一个明确的数据表格，并且注明计量单位。且不可随处乱记数据，以免造成混乱和数据丢失。数据表格设计得好，不但方便记录，而且还会起到提醒实验者的作用。

（4）列出所用器具详细清单，包括仪器名称、规格、使用条件等。以备组配实验装置时查对。同时做好记录环境条件如日期、天气、气温、气压、温度以及仪器设备的参量的准备。列出结尾工作的备忘录，如恢复仪器至初始状态，切断电源、水源、整理仪器、清洁卫生等工作。

6.1.7 实验设计报告

以上内容完成后应写出设计报告，内容包括实验目的、物理模型的建立和各种方案的比较分析、所确定的方案及采用此方案的理由、样品的选择、实验仪器的选择（包括名称、规格、准确度等级、件数等）、实验参量的确定、具体的实验步骤和所参考文献资料的列表等。对制作型实验还应该包括装置的校准方法。

6.1.8 实验操作

实验设计报告通过审查后就可以进行正式实验了。

设计性实验也可以分多次完成。如第一次完成粗测，根据测量数据及实验中发现的问题修改、完善实验方案，再按照修改后的方案进行第二次实验。

6.1.9 数据处理及撰写报告

做完实验只是完成了实验工作的一部分，只有认真进行数据处理并写出完整的实验报告，才算完成整个实验工作，关于数据处理可以参阅本书第二章内容。

实验报告是实验的书面总结，是记录自己工作的整个过程及成果的依据，也是提供给读者评价自己实验结果的依据，所以应真实、认真地用自己的语言表达清楚所做内容、依据的物理思想及反映的物理规律、实验数据处理结果及分析、自己对实验的见解与收获。与以前所作常规实验相比，设计性实验的实验报告应进一步接近科学论文的形式及水准。一般应包括以下五部分。

（1）引言：简明扼要地说明实验的目的、内容、要求、概貌及实验结果的价值。

（2）实验方法描述：介绍实验基本原理、简明扼要地进行公式推导、基本方法、实验装置、测试条件等。

（3）数据及处理：列出数据表格，进行计算及误差处理，给出最后结果。也可以包括实验规律的分析及组装仪器的校准等情况。

（4）结论：实验的小结。

（5）参考资料：列出实验过程中主要参考资料的名称、作者、出版物名称、出版者及出版时间。

6.1.10 实验设计举例

实验任务：测定金属材料的杨氏模量 E。

实验要求：测量结果的相对不确定度不超过 5%。

实验设计过程：

1. 物理模型的建立及比较：

（1）在外力作用下，固体将发生形变，单位面积上所受的力 $\dfrac{F}{A}$ 称为协强，相对形变 $\left(\dfrac{\Delta L}{L}\right)$ 称为应变，根据胡克定律，在弹性限度内有

$$E = \frac{F \cdot L}{A \cdot \Delta L} \tag{6.1-2}$$

E 即为杨氏模量，与材料有关，与材料的几何形状无关。

（2）长为 l，质量为 m，直径为 d 的圆棒状样品用两条细线悬吊起来，一条线激振，一条线检振。当样品做对称型基频（频率为 f_0）共振时

$$E = 1.606\,7\frac{l^3 m}{d^4} f_0^2 \tag{6.1-3}$$

（3）声波在连续介质内传播，其声速 $c = \sqrt{\dfrac{E}{\rho}}$，则有

$$E = c^2 \rho \tag{6.1-4}$$

第一种模型可详见 3.4.4 节；第二种模型可详见 4.2.2 节；第三种模型更精确的公式可以参见 5.4 节超声波原理及其应用的专题实验。分析以上三种模型，其中后两种均牵扯到有关振动与声的专业范围，如果实验者本身在振动或声学专业方面有特长，则选此类方案有利于发挥特长，设计一个出色的实验，否则容易被一些不熟悉的专业方面问题所困扰。现假设选用第一种物理模型进行实验。

2. 实验方法和测量方法的选择

按第一种模型，又有多种具体的实验方法。我们通过测量金属丝的伸长测杨氏模量 E。即将一金属丝上端固定，使其自由下垂，由悬挂砝码的重力对金属丝施加拉力，使其伸长。设线状金属丝原长为 L，直径为 D，砝码施加的重力为 F，光杠杆前、后两脚间的垂直距离为 d_2，标尺到光杠杆镜面的距离为 d_1，加 m 千克砝码前后两次标尺读数之差为 ΔS，推出测量公式为

$$E = \frac{8mgLd_1}{\pi D^2 d_2 \Delta S}$$

3. 测量仪器的选择与配套

相对不确定度公式为

$$\frac{u(E)}{E} = \sqrt{\left(E(m)\right)^2 + \left(E(d_1)\right)^2 + \left(E(d_2)\right)^2 + \left(E(L)\right)^2 + \left(2E(D)\right)^2 + \left(E(\Delta S)\right)^2} \cdot$$

设计任务要求杨氏模量 E 的相对不确定度不超过 5%，按均分原则，除 $E(D)$ 约为 1% 外，其他直接测量量的不确定度约为 2% 较为合理。下面依此进行估算并选择测量仪器。

由于钢丝弹性应变很小，为增加伸长量 ΔL 应选用较长的钢丝并施加较大的拉力。但是考虑到钢丝弹性极限的限制，钢丝的最大拉应力应小于 200 MPa。为了实验加载方便，将钢丝选细一些，取 D 约 0.8×10^{-3} m。经计算，此时的最大拉力为 100 N，可以悬挂 10 个 1 kg 的砝码来加载。

钢丝杨氏模量的估计值为 2×10^{11} Pa。最大拉力选 50 N。由（6.1-2）式计算，应变 $\frac{\Delta L}{L}$ 约为 0.5%，采用 1 m 的钢丝，伸长量为 0.5 mm，可选光杠杆放大法测量该伸长量（参考 3.4.4 节）。取 d_1 约为 2 m，d_2 约为 0.08 m，放大倍数为 50，则 ΔS 约为 25×10^{-3} m。

L、d_1、d_2 的量值相对大些，可选用毫米精度的米尺测量，由于杨氏模量测定仪结构的限制，L、d_1 的测量结果达不到此准确度，往大估计，即使不确定度为 ±5 mm，仍能满足 $E(L) < 2\%$ 的要求。D 的量值较小且在公式中为平方因子，故选用精度较高的螺旋测微器测量。考虑到钢丝直径的不均匀度，D 必须在不同位置，不同方位多次测量，综合考虑 A 类分量和 B 类分量，估计不确定度为 0.01 mm。

由上述估算量值及所选仪器，各间接测量量的最大不确定度如表 6.1-1 所示：

表 6.1-1　静态法杨氏模量测量实验中各间接测量量的最大不确定度

物理量 N	量值	u/N	E/N	物理量 N	量值	u/N	E/N
m/kg	1.000	±0.005	0.5%	$D/\times 10^{-3}$ m	0.80	±0.01	1.2%
L/m	1.000	±0.005	0.5.%	$d_2/\times 10^{-3}$ m	80.0	±0.5	0.6%
d_1/m	2.00	±0.005	0.25%	$\Delta S/\times 10^{-3}$ m	25	±0.5	2%

表中 $E(D) > 1\%$，略超过了由均分原则分配的误差，但是继续提高精度比较困难。将表中各不确定度分量代入 E 的不确定度公式验证，估计合成不确定度小于 3.5%，满足设计要求。

4. 实验实施方案的拟定

因本实验是大家较为熟悉的基础实验，此处实验装置图，实验步骤及数据表格等内容从略。

6.2　设计性实验题目

6.2.1　玻璃折射率的测定

实验任务

测定玻璃的折射率，要求测量精度 $E \leqslant 1\%$。

实验要求

1. 通过查找资料和阅读文献，收集测定各种折射率的方法，并进行对比研究。

2. 提出 6 种以上测量玻璃折射率的设计方案，每种测量方案包括测量原理、光路安排、实验仪器选择、实验参数估算、实验步骤、注意事项、参考资料等。

3. 根据实验室现有条件和实验情况，选择三种可行的测量设计方案进行实验，在实验过程中对该方案逐步修改完善。

4. 实验中为达到要求的测量精度，须选择和估算实验参量，并进行重复测量，设计表格记录实验数据。

5. 实验操作步骤完成后，检查实验结果，至少对其中一种方案进行数据处理和误差分析，完成最终的实验报告。

实验提示

1. 可供选择的测量方法有读数显微镜法、最小偏向角法、掠入法、干涉法等，也可采用专用测量仪器——阿贝折射仪，但是需按规定尺寸预先做好被测样品。

2. 干涉法可使用迈克耳孙干涉仪，但被测样品的厚度应较薄（$t \leqslant 0.5 \text{ mm}$）。

6.2.2 测量不规则物体的密度

实验任务

1. 用流体静力称衡法测量石蜡的密度 ρ。已知 $\rho_{石蜡} < \rho_{水}$。
2. 测内径约 3 mm 的一团空心塑管的长度。

实验要求

对于任务 1 的要求：（1）简述测量原理，推导测量公式。

（2）要求测量结果的不确定度小于 1%。

（3）测出结果并计算不确定度。

对于任务 2 的要求：（1）不得展开或截断这团空心塑管，另提供塑管样品测量直径。

（2）简述测量原理，推导测量公式。

（3）要求测量结果的不确定度小于 1%，据此确定实验方案、选择实验仪器。

（4）测出结果并计算不确定度。

实验提示

对于任务 1 的提示：（1）可在石蜡下面挂一重物。

（2）确定测量方案时要注意尽量减少测量量。

对于任务 2 的提示：（1）用流体静力称衡法测量空心塑管的密度。

（2）请思考如何处理空心塑管全部浸入水中时排开水的体积。

（3）请思考如何测量软管的直径。

6.2.3 电容和电感的测量

1. 测定给定电容器的电容或给定薄膜的电容率。
2. 测定给定电感器的电感。

1. 收集测量电容和电感的各种方法，简述原理，给出公式。
2. 选用三种方法，制定实验方案，进行测量。
3. 选做：设计一种方法测量薄膜的电容率，进行测量。
4. 选做：绕制一个磁心电感，测量其电感值。

测量电容或电感的方法有电桥法、冲击法等，也可以利用电容或电感在电路中的暂态性质或振荡性质进行测量。

6.2.4 冲击法测量软磁材料静态磁特性

采用冲击法测定软磁铁氧体圆环的静态磁滞回线和饱和磁感应强度 B_s、剩余磁感应强度 B_r、矫顽力 H_c。

1. 查阅相关参考文献，理解测量原理和冲击电流计工作原理，自行设计测量电路（实验室可以提供 0.01 H 的标准电感器）。
2. 测量磁环内径、外径、厚度，按照励磁线圈最大电流不大于 0.35 A，线圈磁场强度不小于 100 A/m 的限定，根据公式设计励磁线圈匝数并绕制线圈。
3. 测量冲击检流计的冲击常量。
4. 估计样品最大磁感应强度小于 0.4 T，设计探测线圈匝数并绕制线圈。
5. 制定测量步骤，测量饱和磁滞回线及剩余磁感应强度、矫顽力大小，评定不确定度。磁滞回线上至少应包括 14 个测量点。
6. 绘制饱和磁滞回线。

1. 静态磁特性是在恒定磁场下的特性。

2. 关于介质磁性质和冲击测磁法可以参见 4.4 有关实验。

思考问题

1. 磁滞现象的形成机制是什么?

2. 如何保证测量得到的磁滞回线是饱和回线?

6.2.5　超声波测量液体的浓度

实验任务

溶液中声波的传播速度与溶剂的浓度有密切关系,试设计一种超声波声速的测量方法,定量研究声速与浓度的关系(变化曲线),最后能够测量出未知溶液的浓度,精度不低于 5%。

实验要求

1. 参阅相关资料,了解超声波换能器种类,特别是压电式超声波换能器工作原理。

2. 比较脉冲反射法测量声速和连续波法测量声速的特点。

3. 设计连续波测量液体声速的实验方案。

4. 制作氯化钠溶液浓度与声速的变化曲线。

实验提示

1. 超声波发射接收装置有 A 型和 B 型两种(如图 6.2-1 所示),实验可任选一种。装置主要包含

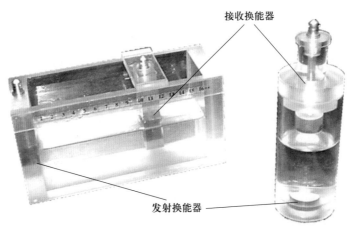

接收换能器

发射换能器

(a) 长方形水槽　　　　(b) 圆柱形水槽

图 6.2-1　超声波发射接收装置

一个超声波发射换能器、一个超声波接收换能器和盛液体的容器。其中，发射换能器固定、接收换能器可以移动。

2. 超声波换能器工作频率为 100 kHz～2 MHz。

3. 常温下，饱和氯化钠溶液的声速相对水的声速变化为 7%～9%。

6.2.6　重力加速度的测定

实验任务

测定重力加速度。

实验要求

1. 收集各种测量重力加速度的方法进行分析比较。

2. 选定两种简单可行的测量方法，给出设计方案，进行实际测量，使至少一种的测量精度 $E \leqslant \pm 1\%$，并与本地区重力加速度公认值一致。

实验提示

1. 可能采用的方法有落球法、气垫导轨法等。

2. 由各种方法中的重力加速度计算公式导出误差传递公式，进行误差分配和分析研究，选择满足测量要求的测量方法、仪器和最佳实验参量。

3. 落球法中应注意研究光电门的放置，解决好初速度测量问题；气垫导轨法则应注意气轨的调平，保证初始位置为 0°，并尽可能消除摩擦阻力的影响。

6.2.7　用非接触法测距

实验任务

用非接触法测量实验室提供的被测物体到接收器之间的距离，测量范围为 0.2～2 m。

实验要求

1. 收集各种非接触测距的方法，并进行分析比较。

2. 选定其中一种简单可行的物理测量方法，给出设计方案，进行实际测量，并计算测量的不确定度。

1. 可能采用的方法有光学方法、声学方法等。

2. 可以在被测物体上安装附件。

3. 有关信号的采集部分可查阅相关书籍和参阅实验室给出的条件。

6.2.8 霍尔传感器的应用

实验任务

用霍尔传感器测量电机的转速。

实验要求

1. 测量精度达到 3 位有效数字。

2. 设计实验装置、给出测量电路和测量结果，分析结果的不确定度。

实验提示

1. 查阅资料，了解霍尔效应的基本原理以及霍尔元件的特性，了解霍尔传感器的应用。

2. 在非磁性材料的电机圆盘上粘一块磁钢，将霍尔传感器放置在电机的边缘，当电机转动一周时，霍尔传感器就输出一个脉冲，接入频率计，由此可以得到电机的转速。

6.2.9 液位的测量

实验任务

模拟输液瓶的液位测量及输液报警（模拟输液瓶的制作方法：去掉瓶底的饮料瓶；输液器从医疗仪器商店购置，液体为自来水或盐水）。

实验要求

1. 给出液位测量的原理，并设计实验装置、给出测量结果，并分析结果的不确定度。

2. 液位下降到某一位置能自动"报警"。

实验提示

1. 查阅资料，了解相关方法使用的传感器原理及应用。

2. 本实验可以采用力学、声学、光学等方法。

3. 有关信号的采集部分可查阅相关书籍和参阅实验室给出的条件。

6.2.10 光敏器件的研究

实验任务

本实验将对半导体光敏二极管和硅光电池进行以下测试：

1. 测量光敏二极管的饱和光电流。

2. 测量光敏二极管的光谱特性，即入射光波长与响应度 R_λ 的关系。

3. 测量硅光电池的开路电压和短路电流与照度的关系曲线。

4. 测量硅光电池的负载特性，在一定照度下，改变负载电阻，测量硅光电池的电流和电压，找到最佳匹配（获得最大功率时的）电阻。

实验要求

1. 查阅半导体光敏二极管和硅光电池的相关资料，掌握它们的各项技术参量的物理意义和表示方法，了解光敏器件的特点和使用范围、光敏二极管和硅光电池的常用电路和使用注意事项。

2. 给出合理的光路设计，保证合适的光强进入光敏器件探测面。

3. 使用运算放大器，设计光敏器件的应用电路。

实验提示

1. 半导体光敏器件分光伏型和光导型，它们的应用电路是不同的。

2. 放大器采用运算放大电路，备有实验箱：配备了 12 V 电源、数字电压表和双运放（LF412）等部件。学生自己设计电路，查找相关资料。

3. 实验箱中的双运放（LF412）已接通正负电源，第二级已连接为 10 倍同相电压放大器。

4. 实验室提供光栅单色仪一台，光源采用钨灯，预习时注意掌握单色仪的工作原理，了解钨灯的光谱特性。

注意事项

1. 禁止将未扩束的激光照射到光敏器件的探测面上。

2. 安装光导型光敏二极管时注意极性，必须反向偏置：正极接低电位或负极接高电位，否则会使光敏器件损坏。

3. 连接电路时必须关闭电源，以防电源短路。

4. 调整、安放单色仪时要小心轻调，不得用力，防止摔碰。

6.2.11　碰撞时瞬态力的研究

实验任务

利用压力传感器设计测定弹性力大小的实验装置，给出碰撞时瞬态力的变化规律，深入研究弹性碰撞过程。

实验要求

1. 给出几种不同小球碰撞压力传感器时，冲力大小随时间的变化情况。
2. 验证动量定理。

实验提示

1. 查阅压力传感器的相关知识，选择合适的压力传感器，进行弹性碰撞实验的研究。
2. 有关信号的采集部分可查阅相关书籍和参阅实验室给出的条件。
3. 实验室可以提供压力传感器及放大器。
4. 可用数字存储示波器观测压力传感器的输出信号。

6.2.12　乐器（吉他）弦振动的研究

实验任务

用压电传感器将乐器弦的振动信号转换成电信号，用示波器进行波形和频率研究，并用测频率的方法（物理法）调音。

实验要求

1. 用测量频率的方法将吉他的三,四,五弦调至 C 调的 5，2，6̇。
2. 每个弦下放置 5 个音格，用测频率法调整音格位置，使相邻音格相差半个音高，使琴可以弹奏 6̣～i̇之间各音。
3. 做频谱分析。

实验提示

1. 测定非线性电阻可采用伏安法、电桥法、电势差计法、非平衡电桥法等。

2. 吉他 1～6 弦音高分别为 C 调的 3̇，7，5，2，6̣，3，C 调 6（小字 a）的标准频率为 440 Hz。

3. 在中音段两相差八度音的频率比为 2（在高音段人耳感觉的两个八度音的频率比要大于 2）。八度音之间分 12 个半音，相邻两个半音的频率比相等，这就是十二平均律。

6.2.13 全息光栅的制作

实验任务

设计并制作全息光栅，并测出其光栅常量，要求所制作的光栅不少于每毫米 100 条。

实验要求

1. 设计三种以上制作全息光栅的方法，并进行比较。
2. 设计制作全息光栅的完整步骤（包括拍摄和冲洗中的参量及注意事项），拍摄出全息光栅。
3. 给出所制作的全息光栅的光栅常量值，进行不确定度计算、误差分析并做实验小结。

实验提示

1. 了解光栅和全息的基本知识。
2. 所提出的制作方法中应包含马赫 – 曾德尔干涉法。
3. 熟悉实验室环境、光学元件和实验步骤，试摆光路，进行调节，并达到可以拍摄光栅的水平。

思考问题

1. 什么是光栅常量和光栅方程?
2. 怎样根据所要求的光栅常量设计光路?

6.2.14 万用表的设计与组装

实验任务

分析研究万用表电路，设计并组装一个简单的万用表。

实验要求

1. 分析常用万用表电路，说明各挡的功能和设计原理。
2. 设计组装并校验具有下列四挡功能的万用表（如图 6.2-2，图 6.2-3 所示）。
（1）直流电流挡：量程 1.00 mA。
（2）以自制的 1.00 mA 电流表为基础的直流电压挡：量程 2.50 V。
（3）以自制的 1.00 mA 电流表为基础的交流电压挡：量程 10.00 V。
（4）以自制的 1.00 mA 电流表为基础的电阻挡（×100）：电源使用一节 1.5 V 电池。

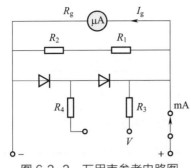

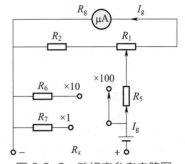

图 6.2-2　万用表参考电路图　　　　图 6.2-3　欧姆表参考电路图

3. 给出将 ×100 电阻挡改造为 ×10 电阻挡的电路。

实验提示

1. 每个挡位实验分设计、制作、校验三个阶段。

设计：给出设计原理、理论参量确定；

制作：利用实验箱进行组装；

校验：对组装的电表进行满量程电路参量修正（记录修正过的电路参量）以及分刻度校验（记录校验数据用于绘制校验曲线），校验所用标准电表由实验室提供。

2. 实验装置给定了一个微安表头，测定其量程 I_0 和内阻 R_g。

3. 直流电压表、交流电压表、电阻表均以自制的 1.00 mA 电流表为基础设计制作。

4. 利用实验仪器给定的变压器、二极管、电容、电位器，自制一个简单的可调电压直流电源用于校准直流电流表和直流电压表时使用，整流采用全桥整流，滤波用大容量电容，具体整流滤波原理学生自己查阅相关资料。

5. 设计组装交流电压表时，要考虑到表头是直流的，要测量交流信号，就要对信号进行整流，整流有全桥和半桥整流，要结合实际确定整流方法。交流电压应给出有效值，但经过整流后的交流信号反映在直流电表上是平均值，因此要建立平均值和有效值的关系，以将表头指针的指示转换为有效值。具体内容须查阅相关资料。

6. 电阻挡设计制作 ×100 挡位的（即测量值为测量示数 ×100），要注意电阻挡须有调零电阻，这一电阻一般设计在电流表头内部，因此在设计组装直流电流表时就要考虑到设计制作电阻挡的需要，将调零电阻预先放置在电流表头内部。电阻表要用外加电池，考虑到电池的电压会逐渐降低，因此设计电路参量时，电池的电压采用 1.3 V 为宜。电阻表由电阻箱进行校验。

7. 校验电阻表时，外接电阻 $R_x = 0$ 时，电表指示应满偏，当表头指针指在表盘刻度中间时，理论上此时电阻表指示的电阻应为电阻表内阻的一半，即所谓中值电阻。在 ×100 挡电阻表的基础之上改装成 ×10 挡电阻表时，只需按照将中值电阻变为 ×100 挡时的 1/10 即可。

视频：万用表实验箱介绍。

6.2.15　弦驻波法测量交流电频率的装置

实验任务

设计制作一个用弦驻波测量交流电频率的装置。

实验要求

1. 研究弦驻波测频原理，说明有界弦出现稳定振动的条件。

2. 提出测量装置的设计方案，选择器材，组装并测试一个信号发生器的输出频率，与仪器标称值进行比较并给出测量结果的不确定度。

实验提示

要先将信号发生器输出的电振动转变成机械振动。

6.2.16　显微镜和望远镜的组装

实验任务

学习了解显微镜和望远镜的结构和特点，设计并组装显微镜和望远镜系统，测定其放大率。

实验要求

1. 学习或总结显微镜和望远镜的结构与特点。

2. 选择两个透镜，测定透镜的焦距。组装显微镜和望远镜，测定其放大率。

实验提示

测定透镜焦距可采用自准法、物距像距法、共轭法。

6.2.17　电子温度计的组装

实验任务

设计并组装一个可以通过电压表或电流表显示温度的电子温度计。

实验要求

1. 研究各种测温传感器件的工作原理。

2. 选用热电偶、铂电阻、热敏电阻、PN结的一种，设计并组装温度计，测温范围为0～100 ℃。

3. 使用标准温度计对所组装的电子温度计进行标定、检验。

实验提示

测温传感器件的应用原理可以参考本书4.5。

6.2.18 声源定位的 GPS 模拟实验

实验任务

利用波（机械波或电磁波）在传播过程中的时差信息，可由时空坐标关系来推断未知对象的空间位置。本实验以超声波信号发射器模拟定位用的卫星，以超声波接收器模拟用户GPS接收机，进行二维的声源定位和形象直观的三维空间的GPS定位的实验模拟。试设计一种时差定位测量方法，定量研究GPS定位的工作原理，保证定位精度误差<5%。

实验要求

1. 参阅相关资料，了解并掌握二维平面的声源定位的原理和计算方法。

2. 通过三维空间 GPS 模拟实验，了解 GPS 卫星定位的工作原理与应用技术（模拟实验仪如图 6.2-4 所示）。

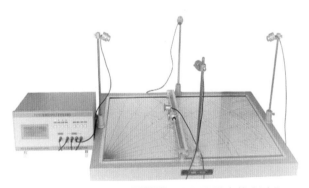

图 6.2-4　FB750 型模拟 GPS 卫星定位实验仪

3. 设计利用四个发射探头对一个目标进行定位的方法。

4. 完成利用平面二个、三个、四个发射探头和空间四个发射探头对一个目标进行定位的实验验证，用辅助软件处理实验数据。

实验提示

1. 利用四个发射探头对一个目标进行定位的方法以手算为主，其他情况使用计算机软件处理数据。

2. 不同的实验内容采用的坐标系和坐标原点可能不同，测量和计算时需注意。实验时思考影响定位精度有哪些原因？如何消除定位误差，提高定位精度的校准方法。

参考资料：

陈红雨．基于声源定位的 **GPS** 模拟实验设计．实验技术与管理．2009 年 02 期

附录：声源定位的
GPS 模拟实验。

常用物理常量

物理量	符号	数值	单位	相对标准 不确定度
真空中的光速	c	299 792 458	$m \cdot s^{-1}$	精确
普朗克常量	h	$6.626\ 070\ 15 \times 10^{-34}$	$J \cdot s$	精确
约化普朗克常量	$h/2\pi$	$1.054\ 571\ 817 \cdots \times 10^{-34}$	$J \cdot s$	精确
元电荷	e	$1.602\ 176\ 634 \times 10^{-19}$	C	精确
阿伏伽德罗常量	N_A	$6.022\ 140\ 76 \times 10^{23}$	mol^{-1}	精确
玻耳兹曼常量	k	$1.380\ 649 \times 10^{-23}$	$J \cdot K^{-1}$	精确
摩尔气体常量	R	$8.314\ 462\ 618 \cdots$	$J \cdot mol^{-1} \cdot K^{-1}$	精确
理想气体的摩尔体积 （标准状况下）	V_m	$22.413\ 969\ 54 \cdots \times 10^{-3}$	$m^3 \cdot mol^{-1}$	精确
斯特藩-玻耳兹曼常量	σ	$5.670\ 374\ 419 \cdots \times 10^{-8}$	$W \cdot m^{-2} \cdot K^{-4}$	精确
维恩位移定律常量	b	$2.897\ 771\ 955 \cdots \times 10^{-3}$	$m \cdot K$	精确
引力常量	G	$6.674\ 30(15) \times 10^{-11}$	$m^3 \cdot kg^{-1} \cdot s^{-2}$	2.2×10^{-5}
真空磁导率	μ_0	$1.256\ 637\ 062\ 12(19) \times 10^{-6}$	$N \cdot A^{-2}$	1.5×10^{-10}
真空电容率	ε_0	$8.854\ 187\ 812\ 8(13) \times 10^{-12}$	$F \cdot m^{-1}$	1.5×10^{-10}
电子质量	m_e	$9.109\ 383\ 701\ 5(28) \times 10^{-31}$	kg	3.0×10^{-10}
电子荷质比	$-e/m_e$	$-1.758\ 820\ 010\ 76(53) \times 10^{11}$	$C \cdot kg^{-1}$	3.0×10^{-10}
质子质量	m_p	$1.672\ 621\ 923\ 69(51) \times 10^{-27}$	kg	3.1×10^{-10}
中子质量	m_n	$1.674\ 927\ 498\ 04(95) \times 10^{-27}$	kg	5.7×10^{-10}
氘核质量	m_d	$3.343\ 583\ 772\ 4(10) \times 10^{-27}$	kg	3.0×10^{-10}
氚核质量	m_t	$5.007\ 356\ 744\ 6(15) \times 10^{-27}$	kg	3.0×10^{-10}
里德伯常量	R_∞	$1.097\ 373\ 156\ 816\ 0(21) \times 10^7$	m^{-1}	1.9×10^{-12}
精细结构常数	α	$7.297\ 352\ 569\ 3(11) \times 10^{-3}$		1.5×10^{-10}

物理量	符号	数值	单位	相对标准不确定度
玻尔磁子	μ_B	$9.274\ 010\ 078\ 3(28) \times 10^{-24}$	$\mathrm{J \cdot T^{-1}}$	3.0×10^{-10}
核磁子	μ_N	$5.050\ 783\ 746\ 1(15) \times 10^{-27}$	$\mathrm{J \cdot T^{-1}}$	3.1×10^{-10}
玻尔半径	a_0	$5.291\ 772\ 109\ 03(80) \times 10^{-11}$	m	1.5×10^{-10}
康普顿波长	λ_C	$2.426\ 310\ 238\ 67(73) \times 10^{-12}$	m	3.0×10^{-10}
原子质量常量	m_u	$1.660\ 539\ 066\ 60(50) \times 10^{-27}$	kg	3.0×10^{-10}

注：① 表中数据为国际科学理事会（ISC）国际数据委员会（CODATA）2018 年的国际推荐值.

② 标准状况是指 $T = 273.15$ K，$p = 101\ 325$ Pa.

读者意见反馈

为收集对教材的意见建议，进一步完善教材编写并做好服务工作，读者可将对本教材的意见建议通过如下渠道反馈至我社。

咨询电话　400-810-0598

反馈邮箱　hepsci@pub.hep.cn

通信地址　北京市朝阳区惠新东街 4 号富盛大厦 1 座

　　　　　高等教育出版社理科事业部

邮政编码　100029

防伪查询说明

用户购书后刮开封底防伪涂层，使用手机微信等软件扫描二维码，会跳转至防伪查询网页，获取所购图书详细信息。

防伪客服电话　（010）58582300